Scheer

Instandhaltungspolitik

Schriftenreihe des Instituts für Unternehmensforschung
und des Industrieseminars der Universität Hamburg

Herausgeber: Professor Dr. Herbert Jacob, Universität Hamburg

Band 8

Dr. August-Wilhelm Scheer

Instandhaltungspolitik

Betriebswirtschaftlicher Verlag Dr. Th. Gabler · Wiesbaden

ISBN 978-3-409-34152-3   ISBN 978-3-322-88013-0 (eBook)
DOI 10.1007/978-3-322-88013-0

Vorwort des Herausgebers

Fragen der optimalen Ergiebigkeit des Produktionsfaktors Betriebsmittel sind in zunehmendem Maße Gegenstand betriebswirtschaftlicher Forschung geworden. Diese Fragen beziehen sich einmal auf die optimale Gestaltung des Produktionsapparates, zum andern auf den planvollen Einsatz jener Maßnahmen, die der Sicherung der Betriebsbereitschaft und damit der Vermeidung von Produktionsausfällen dienen. Zu diesen Maßnahmen zählen z. B. der vorbeugende Ersatz ausfallverdächtiger Teile, die Bereithaltung von Reserveaggregaten, die Einschaltung von Pufferlägern zwischen verketteten Aggregaten usw. Über den isolierten Einsatz jeder dieser Maßnahmen existiert - vor allem im angelsächsischen Bereich - eine reichhaltige Literatur. Die Veröffentlichungen sind jedoch oft stark mathematisch-methodisch ausgerichtet, während die betriebswirtschaftliche Fragenstellung in den Hintergrund tritt.

In der vorgelegten Arbeit versucht der Verfasser, vor allem die betriebswirtschaftliche Fragestellung in den Vordergrund zu rükken. Gleichzeitig ist er bemüht, das Zusammenwirken der verschiedenen Maßnahmen zur Sicherung der Betriebsbereitschaft deutlich zu machen und bestimmte Kombinationen dieser Maßnahmen zu betrachten.

Ausgangspunkt der Untersuchung bildet ein typisches Grundmodell der vorbeugenden Ersatzpolitik bei stochastischen Aggregatausfällen. Die einengenden Prämissen dieses Modelles werden nacheinander aufgehoben und schrittweise komplexere Entscheidungssituationen analysiert. So versucht der Autor z. B. entgegen dem üblichen Vorgehen, bei stochastisch ausfallenden Produktionsanlagen die Ausfallverteilung eines Aggregatteiles als ein von vornherein gegebenes Datum zu behandeln, diese Ausfallverteilung, aufbauend auf der von Erich Gutenberg begründeten modernen betriebswirtschaftlichen Produktionstheorie, aus der Z-Situation eines Aggregates abzuleiten. Weiter: Es werden Modellansätze entwickelt, bei denen die Ersatzkosten und Ausfallverteilungen mehrerer Aggregatteile bzw. mehrerer Aggregate sich gegenseitig beeinflussen. Durch Einbeziehung auch der Produktionsplanung erreicht es der Verfasser, daß der Opportunitätskostensatz der Ausfallzeit nicht mehr als Datum vorgegeben werden muß, sondern vom Modell selbst bestimmt wird.

Zu interessanten, insbesondere auch für die Praxis relevanten Ergebnissen führen die Untersuchungen einmal zum Problem der Verknüpfung von Pufferlägern und der Gestaltung der Ersatzpolitik, zum andern zum Problem der Koordination von Sortenwechselterminen mit vorbeugenden Ersatzmaßnahmen. Numerische Beispiele erläutern die dazu entwickelten Entscheidungsmodelle und zeigen ihre Effektivität.

Es leuchtet ein, daß die in einem Unternehmen vorhandene Instandhaltungskapazität die Ersatzpolitik beeinflußt. Diese Zusammenhänge werden im vorletzten Kapitel untersucht. Zur Analyse zieht der Verfasser Elemente der Warteschlangentheorie heran. Unter Verwendung bewerteter Markovprozesse wird ein Modell entwickelt, in dem die Entscheidung über den vorbeugenden Ersatz eines Aggregates in Abhängigkeit von der bestehenden Warteschlangensituation getroffen wird.

Während Kombinationen von zwei, gegebenenfalls noch drei Maßnahmen zur Sicherung der Betriebsbereitschaft in einem Optimierungsmodell erfaßt werden können, ist die Anwendung exakter Optimierungsverfahren nicht mehr möglich, wenn die zu betrachtende Kombination von Maßnahmen die genannte Grenze überschreitet. Erfolgversprechend erscheint hier nur noch die Simulation. Angewandt auf einfachere Situationen, die sich noch im Rahmen von Optimierungsmodellen behandeln lassen, kann, wie gezeigt wird, die Güte der Simulationsergebnisse durch Vergleich mit den Ergebnissen der Optimierungsrechnung erkannt und Hinweise auf ihre zweckmäßige Ausgestaltung beim Vorliegen komplexerer Situationen gewonnen werden.

Der Verfasser bietet in dem hier vorgelegten Buch nicht nur theoretisch interessante, sondern auch für die Praxis relevante Lösungen zum Problemkreis "Sicherung der Betriebsbereitschaft" an. Die Bedeutung der theoretischen Analyse für die Bewältigung praktischer Probleme wird ebenso deutlich wie die Notwendigkeit, die praktischen Gegebenheiten und Erfordernisse in der rechten Weise zu erkennen und zum Ausgangs- und Bezugspunkt der theoretischen Untersuchungen zu machen.

Hamburg, im Sommer 1973

Herbert Jacob

Inhaltsverzeichnis

Kapitel III

Grundmodelle der Ersatzpolitik

Kapitel VI

Ersatz- und Ersatzteilpolitik

Kapitel VII

Ersatzpolitik bei beeinflußbaren Ersatzzeiten

Symbolverzeichnis

$A(t)$	Durchschnittlicher Ausschußprozentsatz im Zeitpunkt t
$A'(t)$	Ausschußprozentsatz im Zeitpunkt t
$h(A'(t))$	Dichtefunktion des Ausschußprozentsatzes
$B(t)$	Durchschnittliche Betriebskosten im Zeitpunkt t
$B'(t)$	Betriebskosten im Zeitpunkt t
$g(B'(t))$	Dichtefunktion der Betriebskosten
$b(w, Tp)$	Durchschnittliche Betriebskosten pro ZE in Abhängigkeit von der Produktionsgeschwindigkeit w und dem Ersatzzeitpunkt Tp
C_T	Kapitalwert einer Investitionskette im Planungszeitraum (0, T)
Cl	Lagerkostensatz
C^*r	Kosten für gleichzeitiges Umrüsten und Ersetzen
Cr	Umrüstkosten
c_1	Anschaffungskosten eines Ersatzteiles
c_2	Kosten der Nachbestellung eines Ersatzteiles
D	Maß der Dimensionierung einer Instandhaltungsabteilung
$E(\ldots)$	Erwartungswert von ...
$E(Z)$	Erwartete Zykluslänge
$E(L)$	Erwartete Laufzeit eines Zyklus
$E(R)$	Erwartete Ersatzzeit eines Zyklus
$_{t''}E_t$	Entscheidungsvariable
$ek(w, Tp)$	Durchschnittliche Ersatzkosten pro Zeiteinheit
$f(t)$	Dichtefunktion
$F(t)$	Verteilungsfunktion
f_t	Ausfallwahrscheinlichkeit im Zeitintervall t, t $+ \Delta$t
f^{r+1}	Dichtefunktion der Zeit bis zum r $+$ 1ten Ausfall
G	Gewinn
$\bar{G}$	Gewinn pro ZE
g	Deckungsspanne pro ZE
I	Zahl der parallel einsetzbaren Instandhaltungsgruppen
k	Phasenwert der Erlang-Verteilung
$\overline{KE}$	Direkte Ersatzkosten pro Periode
$\overline{KB}$	Produktionskosten pro Periode
KE	Ersatzkosten pro Periode (einschließlich Gewinnentgang während der Ersatzzeiten)
KB	Betriebskosten einschließlich Erlösentgang durch Ausschußproduktion
KA	(durchschnittliche) Kosten bei Ausfallersatz
KV	(durchschnittliche) Kosten bei vorbeugendem Ersatz

ka	Teilekosten bei Ausfallersatz
kv	Teilekosten bei vorbeugendem Ersatz
K_D	Kosten der Instandhaltungsabteilung pro ZE
λ	Parameter der Exponentialverteilung, $\lambda = 1/Ta$
$\lambda(t)$	Ausfallrate $= f(t)/R(t)$
λ_t	bedingte Ausfallwahrscheinlichkeit (Ausfallquote) $= f_t/R_t$
la	zeitbezogener Kostensatz bei Ausfallersatz
lv	zeitbezogener Kostensatz bei vorbeugendem Ersatz
l, l'	Lagerbestand eines Zwischenlagers
L	maximale Lagerkapazität eines Zwischenlagers
$l_{\bar{s}}$	Lagerbestand der Sorte $\bar{s}$
LK	Lagerkostensatz (GE/(ME · ZE))
$_tM_{t^*}$	mittlere erste Passierzeit
μ	$1/Ra =$ Servicerate
N	Zustand „ausgefallen"
N_T	Zahl der Ausfälle in (0, T)
N_T^p	Zahl benötigter Ersatzteile im Intervall (0, T) bei p parallel eingesetzten Systemen
$P(\ldots)$	Wahrscheinlichkeit
P	Politik
$_tP_{t'}$	Übergangswahrscheinlichkeit für Übergang vom Zustand t in den Zustand t'
π_t	(stationäre) Wahrscheinlichkeit für den Zustand t
Q, Q_1, Q_2	Losgrößen
q	Gewinn — Kosten — Verhältnis $g \cdot Ta/c_1$
$R(t)$	Zuverlässigkeitsfunktion
R_t	Zuverlässigkeit im Zeitintervall $(t, t + \Delta t)$
Ra'	Ersatzzeit bei ausfallbedingtem Ersatz
Ra	mittlere Ersatzzeit bei ausfallbedingtem Ersatz
Rv'	Ersatzzeit bei vorbeugendem Ersatz
Rv	mittlere Ersatzzeit bei vorbeugendem Ersatz
$\bar{r}$	Verzinsungsintensität
RF	„fixe" Ersatzzeit, die bei einer verbundenen Ersatzpolitik bei dem Ersatz mehrerer Teile nur *einmal* anfällt
r	Zahl von Ersatzteilen
$R^r(t)$	Zuverlässigkeit eines Systems mit r Ersatzteilen
Rv_D	vorbeugender Ersatzzustand bei der Instandhaltungsdimensionierung D
Ra_D	ausfallbedingter Ersatzzustand bei der Instandhaltungsdimensionierung D
s	Index einer Sorte, die gerade produziert wird
$\bar{s}$	Sortenindex
s^2	Varianz
s_i	Zustand des Aggregats i im Wartezeitmodell

t	Laufzeit, Einsatzzeit eines Aggregats bzw. Aggregatteiles
T	Ende des Planungszeitraumes
T^*	Zeitpunkt innerhalb des Planungszeitraumes $(0, T)$
Ta	mittlere Laufzeit eines Aggregats bzw. Aggregatteiles (Mittelwert der Laufzeitverteilung $f(t)$)
Tp	vorbeugender Ersatzzeitpunkt
t_s^*	maximale Einsatzzeit eines Teiles s
$T_p{}'$	vorbeugender Ersatzzeitpunkt zur Erzielung des maximalen Kapazitätsausnutzungsgrades
$T_p{}''$	vorbeugender Ersatzzeitpunkt im Zeitkostenminimum
T_p^*	vorbeugender Ersatzzeitpunkt im Stückkostenminimum
$t_r{}^p$	Zeit bis zum r-ten Ausfall bei p parallel eingesetzten Systemen
Tp_s	Stopzeitpunkt
$U(T, P)$	Erlös pro Periode in Abhängigkeit von der Politik P
U	Erlös pro ZE
V	Wirkungsgrad $=$ Kapazitätsausnutzungsgrad
V_s	Absatzgeschwindigkeit der Sorte $\bar{s}$
w	Maß der technischen Produktionsgeschwindigkeit
W	Verweilzeit
W_W	Wartezeit
W_R	Ersatzzeit
Wv_i	Wartezustand bei vorbeugendem Ersatz
Wa_i	Wartezustand bei Ausfallersatz
X_t	Zuvallsvariable
$_{t''}X_t$	$\pi_{t''} \cdot {}_{t''}E_t =$ Wahrscheinlichkeit, mit der das stationäre System am Anfang der ZE t'' durch die Entscheidung $_{t''}E_t$ in den Zustand t übergeht
X	Produktionsmenge in einem Zeitraum
x	Produktionsmenge pro ZE
z	Kalkulationszinsfuß

Abkürzungsverzeichnis

Mng. Sci.	=	Management Science
O. R.	=	Operations Research — Journal of the Operations Research Society of America
O. R. Q.	=	Operations Research Quarterly
ZfB	=	Zeitschrift für Betriebswirtschaft
J. O. A. ST. A.	=	Journal of the American Statistical Association
J. Roy. Stat. Soc.	=	Journal of the Royal Statistical Society
Nav. Res. Log. Qu.	=	Naval Research Logistics Quarterly

Kapitel I

Betriebswirtschaftlich bedeutsame Grundlagen der Ersatzpolitik

A. Der Einfluß von Maßnahmen der Ersatzpolitik auf Kapazität und Produktionskosten

Die durch Mechanisierung und Automation hervorgerufene verstärkte Kapitalbindung in industriellen Produktionsanlagen hat bewirkt, daß Fragen der optimalen Ergiebigkeit des Produktionsfaktors Betriebsmittel in zunehmendem Maße Gegenstand betriebswirtschaftlicher Forschungen sind. Im Rahmen der betriebswirtschaftlichen Investitionstheorie werden Verfahren zur wirtschaftlich optimalen Gestaltung des betrieblichen Produktionsapparates entwickelt (1). Aber nicht nur die Beschaffung der Betriebsmittel bedarf einer rationalen Planung, sondern auch diejenigen Maßnahmen fordern einen planvollen Einsatz, die der Erhaltung und Sicherung der Betriebsbereitschaft von Anlagen dienen. Die Teile eines Aggregats sind während der Einsatzzeit des Aggregats unterschiedlichen Einflüssen und Belastungen ausgesetzt, die die Eigenschaften der Teile mehr oder weniger stark beeinflussen und verändern können (2). Wirtschaftlich bedeutsam sind solche Änderungen, wenn sie sich in den Kosten oder Erlösen des Betriebes niederschlagen. Das ist z. B. dann der Fall, wenn infolge Verschleißerscheinungen an einem Werkzeug der Ausschußprozentsatz des Aggregats steigt oder wenn sich für eine bestimmte Produktionsleistung im Zeitablauf der Verbrauch an Einsatzfaktoren erhöht. Derartige Effekte drücken sich in Änderungen der Verbrauchsfunktionen und damit der Kostenleistungsfunktion des Aggregates aus.

Ein weiterer Fall liegt vor, wenn ein Werkzeug derartig starken Belastungen ausgesetzt wurde, daß es nunmehr den geforderten produktionstechnischen Zweck nicht mehr erfüllen kann. Der Schaden an diesem einen Teil hat damit den Stillstand des gesamten Aggregats zur Folge und führt zu einer Verminderung der betriebsbereiten Produktionsstunden, in denen das Aggregat im Betrachtungszeitraum zur Verfügung steht und damit zu einer Verminderung der in

---

1)   Vgl. H. Jacob, Neuere Entwicklungen in der Investitionsrechnung, Sonderdruck der ZfB, Wiesbaden 1965, (im folgenden zitiert mit "Neuere Entwicklungen").

2)   Eine genauere Analyse dieser Einflüsse und ihrer Auswirkungen wird weiter unten gegeben. Vgl. S. 25 ff.

Produktionsstunden gemessenen Kapazität (3). Ein derartiger Kapazitätsverlust kann zusätzliche Produktionskosten oder Erlöseinbußen verursachen (4). Durch geeignete Maßnahmen wie z. B. durch den Ersatz des abgenutzten bzw. zerbrochenen Werkzeugs durch ein neues kann das betrachtete Aggregat wieder in den produktionsbereiten Zustand versetzt werden.

Derartige strukturelle Änderungen von Teilen eines Aggregates und ihre Beseitigung sowie die daraus resultierenden Kosten- und Kapazitätseffekte gehen zwar als Daten in das investitionspolitische Kalkül ein - z. B. in Form von einsatzzeitabhängigen Betriebskosten und zur Verfügung stehenden Produktionszeiten (5) -, sind aber im Rahmen der Investitionstheorie nicht Gegenstand der Analyse. Je stärker aber das Gewicht dieser Kosten und Kapazitätseffekte wird, desto stärker tritt in Theorie und Praxis die Forderung in den Vordergrund, diese Effekte durch die Entwicklung und den Einsatz geeigneter Planungsverfahren in den Griff zu bekommen (6). So liegt

---

3)   In Planungsmodellen wird die Kapazität eines Aggregates in Produktionszeiteinheiten gemessen; vgl. z. B. H. Jacob, Produktionsplanung und Kostentheorie, in: Zur Theorie der Unternehmung, Festschrift für Erich Gutenberg, hrsg. von H. Koch, Wiesbaden 1962, (im folgenden zitiert mit "Produktionsplanung"), S. 251.

4)   Vgl. E. Gutenberg, Grundlagen der Betriebswirtschaftslehre, 1. Band: Die Produktion, 13. Aufl. Berlin - Heidelberg - New York 1967 (im folgenden zitiert mit 'Produktion'), S. 73.

5)   Vgl. H. Jacob, Neuere Entwicklungen, S. 33 ff.

6)   Über das Gewicht, das Unternehmen derartigen Maßnahmen in Gegenwart und Zukunft beilegen, vgl. die empirischen Erhebungen von E. Turban, The Use of Mathematical Models in Plant Maintenance Decision Making, in: Mng. Sci., Vol. 13 (1967), No. 6, S. B-343 bis B-358; C. C. Schuhmacher und B. C. Smith, A Sample Survey of Industrial Operations Research Activities II, O. R. Vol. 13 (1965), S. 1023-1027. - Zu empirischen Ergebnissen über den Kapazitäts- und Kosteneffekt der Einführung von vorbeugenden Ersatzmaßnahmen vgl. J. Hormann, Computergesteuerte Wartung im Werk Sindelfingen der IBM Deutschland, in: IBM Nachrichten, Nr. 199, 20. Jg. (1970), S. 59-67. Es wird als Beispiel ein Maschinenkomplex angeführt, bestehend aus acht numerisch gesteuerten Belichtungsmaschinen, bei dem durch vorbeugende Wartung die Kapazität um 13% gesteigert werden konnte. Vgl. auch H. Cornely, Hilfsmittel zur Werkzeugvoreinstellung und Organisation des planmäßigen Werkzeugschnellwechsels, in: Werkstattechnik, Jg. 50 (1960), S. 154 ff; B. Rietdorf, Die planmäßige Anlagenerhaltung von Werkzeugmaschinen und ihr

es z. B. nahe, ein Teil kurz vor seinem Ausfall (z. B. Bruch) vorbeugend zu ersetzen, wenn ein vorzeitiger Ersatz geringere Kosten oder Kapazitätswirkungen verursacht als die Schadensbeseitigung nach dem Ausfall. Diesem Vorgehen steht aber entgegen, daß der genaue Ausfallzeitpunkt eines Teils vor dem Ausfall in der Regel nicht bekannt, sondern Zufallseinflüssen unterworfen ist und somit ein stochastisches Ereignis darstellt. Ebenfalls unterliegen die mit der Schadensbeseitigung bzw. mit den vorbeugenden (geplanten) Maßnahmen verbundenen Kosten- und Kapazitätseffekte häufig stochastischen Einflüssen. Diesen Umständen, die das Vorgehen bei der Entwicklung geeigneter Planungsverfahren erheblich komplizieren, müssen die anzuwendenden Methoden Rechnung tragen.

Wegen ihres stochastischen Charakters sind Aggregatausfälle nicht vollkommen zu vermeiden. Wenn aber ein bestimmtes, noch näher zu beschreibendes Ausfallverhalten vorliegt (7), und wenn ein geplanter Ersatz weniger Zeit verursacht als ein Ersatz bei Ausfall, so können durch geeignete vorbeugende Maßnahmen Ausfälle und damit Ausfallzeiten bis zu einem gewissen Grad vermieden werden.

Durch die Unterhaltung von Ersatzteillägern können Ersatzzeiten verkürzt werden, weil u. U. lange Beschaffungszeiten von Ersatzteilen vermieden werden.

Werden die Maßnahmen der Anlagenunterhaltung von einer speziellen Abteilung des Betriebes vorgenommen - z. B. einer Instandhaltungsabteilung - und hat diese mehrere Aggregate zu betreuen, so können für ein Aggregat Wartezeiten auftreten, wenn die Abteilung noch mit der Instandsetzung eines anderen Aggregats beschäftigt ist. Durch die personelle und maschinelle Ausstattung dieser Abteilung und damit durch die Beeinflussung der Ersatzzeiten können ebenfalls Stillstandszeiten vermindert werden.

Alle drei Maßnahmen: vorbeugende Ersatzpolitik, Unterhaltung von Ersatzteillägern und Dimensionierung der Instandhaltungskapazität sind eng miteinander verbunden und haben zum Ziel, die Ausfälle bzw. Ausfallzeiten eines Aggregats d i r e k t zu vermindern.

Daneben können Maßnahmen getroffen werden, die die F o l g e n eines ausgefallenen Aggregats verringern. Beispielsweise können durch die Bereithaltung von Reserveaggregaten und ihren Einsatz bei Ausfall eines Aggregates Produktionsausfälle vermieden werden.

Einfluß auf die Wirtschaftlichkeit eines Fertigungsbetriebes, Diss. Aachen 1964, S. 139 ff.
7)   Vgl. dazu unten S. 45 ff.

2*

Sind Aggregate produktionstechnisch so starr miteinander verbunden, daß bei dem Ausfall eines Aggregats auch alle anderen vor- und nachgeschalteten Aggregate stillgelegt werden müssen, so können durch die Einschaltung von Pufferlägern die vor- bzw. nachgeschalteten Aggregate weiter betrieben werden.

Alle aufgeführten Maßnahmen sind kostenmäßig und in ihrer Wirkung eng miteinander verknüpft, so daß nur eine simultane Betrachtung zu einem Gesamtoptimum führen kann. Bisher sind in der Literatur aber die Instrumente weitgehend isoliert betrachtet worden, da bereits hier bei realitätsnahen Problemstellungen erhebliche methodische Probleme zu bewältigen sind.

Ursache dieser Maßnahmen ist

die Zustandsänderung von Aggregatteilen, die durch einen Ersatz (geplant oder ungeplant) vorbeugend oder nach einem Ausfall behoben werden soll. Aus diesem Grund stehen Maßnahmen der Ersatzpolitik im Vordergrund dieser Arbeit. Wegen der sehr engen Beziehungen zu Fragen der Ersatzteilpolitik und der Gestaltung von Instandhaltungskapazitäten soll deren Einfluß auf die Ersatzpolitik untersucht werden. Optimierungsmodelle, in denen der optimale Einsatz dieser Instrumente simultan bestimmt wird, werden zunächst analytisch-exakt zu formulieren versucht und die Struktur der Maßnahmen anhand von Beispielen erörtert.

Diese Methoden und Modelle versagen aber zur Zeit noch wegen ihres hohen Rechenaufwandes bei komplizierten Systemen. Aus diesem Grund können im Kapitel VIII, in dem alle genannten Mittel der Störungsabwehr simultan in ihrem Zusammenwirken betrachtet werden, nur mit Hilfe von Simulationsmodellen befriedigende Ergebnisse erzielt werden.

B. Technisch bedingte und ökonomisch bedingte Ersatzzeitpunkte

Maßnahmen der Ersatzpolitik haben zur Aufgabe, bestimmte unerwünschte substantielle Veränderungen eines Aggregates zu beseitigen und es in einen Zustand zu versetzen, wie er vom Betrieb verlangt wird.

Die eigentlichen Ursachen der Ersatzpolitik sind demnach die substantiellen Änderungen des Aggregates. Haben diese ein Ausmaß erreicht, daß das Aggregat bzw. Aggregatteil eine definierte technische Aufgabe nicht mehr erfüllen kann (8), wenn also die sogenannte Totalkapazität verbraucht ist, so ist allein aus technischen Gründen ein Ersatz des Aggregates bzw. des Teiles erforderlich.

Aber auch bevor dieser technische Ersatzzeitpunkt erreicht ist, können die Zustandsänderungen ein Ausmaß erreicht haben, das die technische Aufgabe zwar noch erfüllen läßt, aber nur unter nachteiligen wirtschaftlichen Auswirkungen. In einer solchen Situation kann es sinnvoll sein, ein Aggregat bzw. Aggregatteil vor Verbrauch seiner Totalkapazität zu ersetzen.

I. Der technisch bedingte Ersatzzeitpunkt

a) Die Problematik einer Definition der Totalkapazität von Betriebsmitteln

Im Zentrum der neueren betriebswirtschaftlichen Produktionstheorie steht die Betrachtung von Aggregaten, da "in ihnen die Beziehungen zwischen Produktmengen und Verbrauchsmengen wie in einem Prisma gebrochen" (9) werden. Die Faktoreinsatzmengen sind nicht unmittelbar von der Ausbringung, den Produktmengen, abhängig, sondern mittelbar über die Aggregate. Diese indirekten Beziehungen werden in den sogenannten Verbrauchsfunktionen erfaßt (10). In ihnen wird der Verbrauch an Einsatzfaktoren in Abhängigkeit von der Belastung (11) des Aggregats und seinen technischen Eigenschaften, der sogenannten Z-Situation, erfaßt. Die technischen Eigenschaften eines Aggregates werden in dem Vektor Z mit den Komponenten z_1, z_2 ... z_n quantifiziert (12). Als technische Eigenschaften gelten vor allem konstruktive Merkmale eines Aggregats wie z. B. bei einem Schmelzofen (13) sein Fassungsvermögen, die Art der Ofenausmauerung usw.

---

8) Dieser technischen Aufgabe liegen in der Regel auch ökonomische Anforderungen (z. B. des Absatzbereiches) zugrunde.

9) E. Gutenberg, Produktion, a. a. O., S. 316.

10) Zum Begriff der Verbrauchsfunktion, vgl. E. Gutenberg, Produktion, a. a. O., S. 319.

11) In dem Begriff "Belastung" werden die Einflüsse des Produktionsablaufs, der Geschwindigkeit des Produktionsprozesses, Qualitätseinflüsse der Faktoren und Produkte sowie Umwelteinflüsse zusammengefaßt. Diese werden entsprechend der Bezeichnung Z-Situation auch als V-Situation und Q-Situation bezeichnet. Vgl. dazu D. B. Pressmar, Kosten- und Leistungsanalyse im Industriebetrieb, Wiesbaden 1970, S. 122 ff; E. Heinen, Betriebswirtschaftliche Kostenlehre, Bd. I, Begriff und Theorie der Kosten, 2. Aufl. Wiesbaden 1965, S. 230 ff.

12) D. B. Pressmar, a. a. O., S. 120 f.

13) E. Gutenberg, Produktion, a. a. O., S. 317.

Derartige Eigenschaften geben auch darüber Auskunft, ob eine bestimmte technische Leistungsart von dem Aggregat grundsätzlich erbracht werden kann oder nicht und bestimmen darüber hinaus entscheidend den Verlauf der Verbrauchsfunktion. In den meisten produktionstheoretischen Untersuchungen wird die Z-Situation konstant gehalten und der Verbrauch an Einsatzmengen nur in Abhängigkeit der anderen Einflußfaktoren untersucht. Dieses Vorgehen ist vor allem dann berechtigt, wenn auch in der Realität eine gewisse Konstanz der Z-Situation über längere Zeiträume hinweg besteht. Das ist dann der Fall, wenn die Z-Situation lediglich das Vorhandensein bzw. Nichtvorhandensein technischer Eigenschaften beschreibt, nicht aber den Grad der Abnutzung und Betriebsfähigkeit. Gerade aber diese beiden Faktoren können die Ergiebigkeit von Betriebsmitteln in erheblichem Umfang beeinflussen (14). Die Z-Situation muß deshalb mindestens so weit gefaßt werden, daß sie auch darüber Auskunft gibt, ob ein vorhandenes konstruktives Merkmal eines Aggregates sich auch in einem betriebsbereiten Zustand befindet.

Wenn von dem Grad der Abnutzung erhebliche Wirkungen auf die Gestalt der Verbrauchsfunktionen bzw. auf die Qualität der Produktionsleistung ausgehen, so muß die Z-Situation so fein untergliedert werden, daß auch der Grad der Abnutzung der relevanten Teile erfaßt wird. In solchen Fällen ist die Z-Situation durch den Produktionsprozeß selbst Änderungen ausgesetzt. Jede Leistung, die ein Betriebsmittel abgibt, zehrt an seiner Substanz und verändert damit die Z-Situation, da sie "das molekulare Gefüge der Betriebsmittel belastet, das heißt Verschleiß verursacht" (15). Eine solche Änderung der Z-Situation, die den Verbrauch des Potentialfaktors Betriebsmittel widerspiegelt, ist bisher in der Literatur nur sehr global betrachtet worden. Nicht die Änderung der einzelnen Komponenten des Z-Vektors werden betrachtet, sondern es werden Maßgrößen definiert, die global und anstelle der tatsächlichen Substanzänderungen den Verzehr eines Potentialfaktors angeben (16). Als eine solche Maßgröße gilt z. B. für Maschinen der Einsatz an Betriebsstunden bei einer bestimmten Leistung. In gleicher Weise wird auch die Gesamtarbeit, die ein Potentialfaktor erbringen kann, die sogenannte Totalkapazität, in Laufstunden gemessen; nach Ablauf dieser Gesamtlaufstunden ist der Potentialfaktor verbraucht und damit seine technische Lebensdauer beendet.

Eine solche Maßgröße ist aber nicht unproblematisch. Einmal ist sie nur dann sinnvoll, wenn mit der Zahl der noch vorhandenen Betriebsstunden auch eine Angabe über die geforderte Leistung erfolgt.

---

14)   Vgl. E. Gutenberg, Produktion, a.a.O., S. 71 f.
15)   Ebenda, S. 314.
16)   Vgl. E. Heinen, a.a.O., S. 252.

Diese kann z. B. als feste Größe oder als Mindestgröße erfolgen. Damit hängt aber das in Betriebsstunden ausgedrückte Potential eines Faktors von der Art der geforderten Leistung ab, da das Potential dann aufgezehrt ist, wenn eine definierte Mindestleistung nicht mehr erbracht werden kann.

Als Beispiel wird eine Anlage betrachtet mit nur einer relevanten technischen Eigenschaft, die sich in der Toleranz einer Eigenschaft des hergestellten Produktes äußert. Aufgrund von Verschleißerscheinungen in Abhängigkeit der Laufzeit verändern sich die Toleranzen, wie in Abb. (1. 01) angedeutet ist.

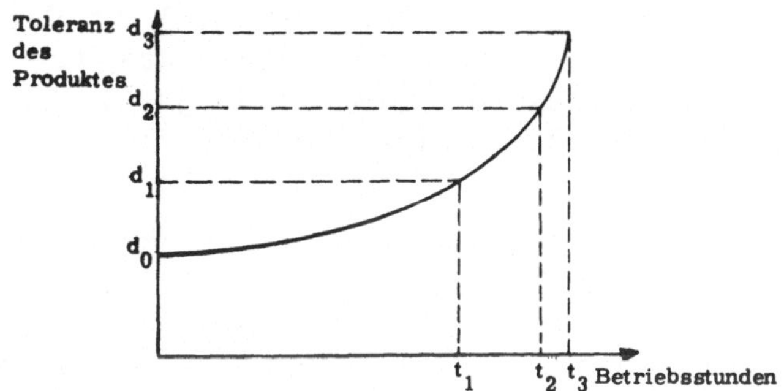

Abb. (1. 01)

Wird nun von dem Aggregat bei konstanter Belastung eine Toleranz von maximal d_1 verlangt, so ist das Nutzungspotential gleich t_1; wird dagegen lediglich eine maximale Toleranz von d_2 gefordert, so ergibt sich ein Potential von t_2 Betriebsstunden und damit ein anderer technisch bedingter Ersatzzeitpunkt als im ersten Fall, in t_3 soll das Aggregat aufgrund der Belastung ausfallen. Hat jeder Toleranzwert zwischen d_0 und d_3 unterschiedliche Kosten- oder Erlöseffekte, so ist eine ökonomisch sinnvolle Angabe des zu einem beliebigen Zeitpunkt noch vorhandenen Nutzenpotentials allein durch die Angabe der noch zur Verfügung stehenden Betriebsstunden nicht möglich.

Eine weitere Problematik bei der Angabe einer Totalkapazität ergibt sich daraus, daß sie allgemein auf das gesamte Aggregat bezogen wird. Ein Aggregat bildet aber ein System mit einer Vielzahl von Untersystemen von oftmals unterschiedlicher Verschleißanfälligkeit. Je nach der Verknüpfung der Untersysteme, also der Struktur des Aggregates, und der Wirkung des Zustandes von Untersystemen auf das Gesamtsystem sind unterschiedliche Fälle zu unterscheiden.

Einmal kann für jedes Untersystem ein Kriterium gelten, bei dessen Erfüllung, unabhängig vom Zustand der anderen Untersysteme, das gesamte System ausgefallen ist. Es kann aber auch sein, daß alle Untersysteme dieses Kriterium noch nicht erfüllt haben, trotzdem aber durch das Zusammenwirken der Zustände das System ausfällt.

Weiterhin können auch Untersysteme so verbunden sein, daß erst ihr gemeinsamer Ausfall den Ausfall des gesamten Aggregates bedeutet.

Andererseits kann durch den Ersatz ausgefallener Untersysteme das Gesamtsystem wieder in einen Zustand (eine Z-Situation) geführt werden, wie er für den Betriebsanlauf erforderlich ist. Damit kann eine sinnvolle Angabe der Totalkapazität eines Aggregats nur bei gleichzeitiger Angabe der Ersatzpolitik gemacht werden. Würde kein Ersatz zugelassen, so wäre z. B. das Gesamtpotential eines Aggregates bereits verbraucht, wenn nur ein einziges, minderwertiges aber technisch wichtiges Teil ausfällt. Wenn dagegen jedes ausgefallene Untersystem sofort durch ein neues ersetzt wird, so ist die technische Lebensdauer unendlich lang (17), d. h. , das Gesamtnutzungspotential läßt sich immer wieder "auffüllen".

Die Ausführungen zeigen, daß es notwendig ist, von der Betrachtung des Gesamtaggregates auf die Betrachtung von Untersystemen überzugehen. Weiterhin kann keine globale Größe wie z. B. Betriebsstunden als Maß des Zustands der Z-Situation gewählt werden, sondern es müssen die technischen Eigenschaften und ihre Änderungen selbst betrachtet werden. Die Z-Situation eines Aggregates ist dabei so zu definieren, daß ihr die ökonomisch relevanten Informationen entnommen werden können. Das sind einmal ihre Einflüsse auf die Bindung von Einsatzfaktoren und auf die qualitative und quantitative Leistung des Aggregats, sowie andererseits ihre Wirkung auf das Ausfallverhalten des Aggregats. Weiterhin muß aus ihr hervorgehen, ob Maßnahmen der Ersatzpolitik erforderlich sind und wie sie die Z-Situation beeinflussen. Diese Faktoren bestimmen auch, wie fein das System Aggregat in Untersysteme gegliedert werden muß. Vom Standpunkt der Ersatzpolitik aus genügt es, als Untersystem jeweils eine solche Einheit zu bezeichnen, die als Gegenstand eines Ersatzes infrage kommen kann. Damit können unterschiedliche Elemente eines Untersystems jeweils den Ersatz des gesamten Untersystems erforderlich machen, weil ein Element allein aus technischen oder ökonomischen Gründen nicht einzeln ersetzt wird. Damit bezieht sich der technisch bedingte Ersatzzeitpunkt grundsätzlich auf Untersysteme oder Kombinationen von Untersystemen, deren technischer Zustand eine bestimmte geforderte technische (qualitative oder quantitative) Leistungsabgabe nicht mehr zuläßt.

---

17)   Vgl. D. Schneider, Die wirtschaftliche Nutzungsdauer von Anlagegütern als Bestimmungsgrund der Abschreibungen, Köln und Opladen 1961 (im folgenden zitiert mit 'Nutzungsdauer'), S. 36; E. Heinen, a. a. O. , S. 253.

b) Einflußfaktoren der Änderung der Z-Situation eines Aggregates

Die Z-Situation eines Aggregates kann sich aus zwei Ursachen heraus ändern:

Einmal unterliegen Teile des Aggregats einem Abnutzungsprozeß, der substantielle Veränderungen hervorruft - zum anderen wird die Z-Situation durch den Ersatz schadhafter Teile willentlich verändert.

1) Der Abnutzungsprozeß

Belastungen, die zu einer Abnutzung von Teilen führen, können sowohl während der Laufzeit des Aggregates als auch in ruhenden Phasen auftreten. Entsprechend wird zwischen dem Verschleiß durch Gebrauch und dem ruhenden bzw. natürlichen Verschleiß unterschieden. Hinzu kommen Belastungen aufgrund zufälliger Zerstörungsursachen, der sogenannte Katastrophenverschleiß. Da der Katastrophenverschleiß sich einer planerischen Einflußnahme weitgehend entzieht, soll er in den weiteren Untersuchungen nicht mehr behandelt werden.

Die Belastung eines Teils kann in der V- und Q-Situation erfaßt werden. In der V-Situation werden technische Einflüsse erfaßt, die den Ablauf und die Geschwindigkeit des Produktionsprozesses beschreiben wie z. B. Umdrehungszahlen, Druck, Temperatur usw. Auch kommen in ihr unterschiedliche Belastungen während der einzelnen Phasen einer Elementarzeit zum Ausdruck (18). Der Vektor der Q-Situation enthält Variablen, die Qualitätseinflüsse der Faktoren und des Produktes kennzeichnen. Die Qualität eines Einsatzfaktors kann den Verschleiß z. B. durch eine erhöhte Reibung in erheblichem Maße bestimmen.

Neben den Einflüssen der V- und Q-Situation kann das Ausmaß einer Änderung der Z-Situation auch von der Z-Situation selbst abhängen: Je stärker ein Abnutzungsprozeß bereits fortgeschritten ist, desto

---

18)　Heinen unterscheidet deshalb zwischen einer Stillstandsphase, Anlaufphase, Leerlaufphase, Bearbeitungsphase und Bremsphase. Vgl. E. Heinen, a. a. O. , S. 230. Zu dem Einfluß der V-Situation z. B. durch Temperatur, Schnittgeschwindigkeit usw. auf den Werkzeugverschleiß vgl. H. Opitz und E. Schaller, Untersuchungen der Ursachen des Werkzeugverschleißes, F. L. N. W. , Köln und Opladen 1966, S. 9 ff. und die dort angegebenen Untersuchungen.

geringer ist im allgemeinen der Materialwiderstand, so daß bei fortschreitender Abnutzung eine bestimmte Belastung eine andere Wirkung zeitigt als am Anfang des Abnutzungsprozesses (19). Wird die Änderung der Z-Situation eines Aggregates während der Zeit t+ Δ t mit Δ t→0 durch den Änderungsvektor Z' mit den Komponenten z'_1, z'_2, ... z'_n bezeichnet, so gilt die Beziehung (20):

$$(1.01) \qquad \frac{dZ}{dt} = Z' = f(Z(t), \ V(t), \ Q(t)).$$

Wenn der funktionale Zusammenhang zwischen der Änderung der Z-Situation und den Einflußgrößen bekannt ist, so kann für eine bekannte Belastung und bekannten Ausgangszustand der Z-Situation ihre Änderung im Zeitablauf angegeben werden. Insbesondere kann auch ermittelt werden, ob die Z-Situation der Belastung ohne Beeinträchtigung der geforderten technischen Leistungsabgabe noch genügt oder ob einzelne Teile ihren technischen Ersatzzeitpunkt erreicht haben. Wie im weiteren Verlauf dieser Untersuchung noch gezeigt wird, ist aber sowohl eine genaue Verfolgung der Z-Situation in jedem Zeitpunkt als auch eine genaue Angabe der Belastungen im allgemeinen nicht möglich. Die sich daraus ergebenden Probleme müssen dann einer genaueren Analyse unterzogen werden.

2) Der Ersatzprozeß

Durch den Ersatz eines ausgefallenen Teils durch ein neues Teil wird die Z-Situation des Aggregates willentlich geändert. Welcher Art im konkreten Fall ein solcher Ersatz ist, ob z. B. der Ersatz durch ein unbenutztes Teil oder durch das reparierte Teil erfolgt, ist hier nur dann erheblich, wenn er zu einer unterschiedlichen Änderung der Z-Situation führt. Maßnahmen, die zu einer gleichen Z-Situation führen, werden als technisch gleichwertig angesehen (21). Dagegen können die mit einzelnen, technisch gleichwertigen, Ersatzmaßnahmen verbundenen ökonomischen Auswirkungen unterschiedlich sein.

---

19)   Vgl. H. Arnold, H. Borchert, A. Lange und J. Schmidt, Grundmittel, Investitionen, Produktionskapazitäten in der Industrie der DDR, Berlin 1967, S. 36.

20)   Der Z-Vektor wird als differenzierbar vorausgesetzt.

21)   "Anlagenreparatur und Anlagenersatz unterscheiden sich nur in technischen Einzelheiten." D. Schneider, a. a. O. , S. 35; wichtig ist hier lediglich ihr Effekt. Von diesen Ersatzmaßnahmen zu unterscheiden sind solche Maßnahmen, die pflegerischen Charakter haben, aber zu keiner substantiellen Änderung des Aggregates führen. Solche Maßnahmen sind z. B. der Einsatz von Schmierstoffen, Reinigungen usw. Sie werden deshalb im allgemeinen als Hilfsstoffe bzw. Betriebsstoffe in den Verbrauchsfunktionen für Betriebsmittel erfaßt.

Bestehen Wahlmöglichkeiten bei Ersatzmaßnahmen, so sind diese aufgrund der ökonomischen Auswirkungen zu beurteilen.

II. Ökonomisch bedingte Ersatzzeitpunkte

Bevor der Verschleiß eines Teils aus technischen Gründen den Ersatz notwendig macht, kann es wiftschaftlich sein, das noch nicht "verbrauchte" Teil zu ersetzen. Ausschlaggebend für eine solche Entscheidung sind die mit der willentlichen Änderung der Z-Situation des Aggregates verbundenen Kosten- und Kapazitätseffekte.

a) Steigender Faktoreinsatz — abnehmende Leistungsfähigkeit

Wie bereits erörtert wurde, werden die technischen Verbrauchsfunktionen eines Aggregates in erheblichem Maße von der Z-Situation des Aggregates beeinflußt. Ein Abnutzungsprozeß, der sich in der Z-Situation niederschlägt, kann nun bewirken, daß bei gleichen V- und Q-Situationen die Bindung an Faktoren steigt. Gleichzeitig kann sich auch die Leistungsabgabe des Aggregates verschlechtern, indem z. B. der Ausschußanteil steigt.

Insgesamt haben solche Veränderungen der Z-Situation zur Folge, daß sich die Kostenleistungsfunktion des Aggregats nach oben verschiebt (22).

Für konstante V- und Q-Situationen steigen damit in Abhängigkeit von der Änderung der Z-Situation die Betriebskosten. Durch das Auswechseln bestimmter Komponenten können die Z-Situation und damit die Betriebskosten geändert werden. Bei einer bestimmten Höhe der Betriebskosten kann dieses wirtschaftlicher sein als der weitere Einsatz der betreffenden Komponenten.

Eine ähnliche Situation wird - wenn auch sehr global betrachtet - im Rahmen der betriebswirtschaftlichen Investitionsrechnung behandelt (23). Allerdings wird dort als Maß der Z-Situation global die

---

22)　Daneben gibt es auch den Fall, daß eine allmähliche Änderung der Z-Situation keine Wirkungen auf Erlöse oder Kosten zeigt. In diesem Fall wird ein System erst ersetzt, wenn eine solche Änderung eintritt, die das System zum Ausfall bringt. Der wirtschaftliche Ersatzzeitpunkt ist in diesem Fall gleich dem technischen Ersatzzeitpunkt.

23)　Vgl. E. Schneider, Wirtschaftlichkeitsrechnung, 4. Aufl., Tübingen u. Zürich 1962; H. Jacob, Investitionsrechnung, in: Allgemeine Betriebswirtschaftslehre in programmierter Form, Hrsg. H. Jacob, Wiesbaden 1969, S. 636 ff.

Einsatzdauer (Betriebsstunden, Kalenderzeit) des gesamten Aggregates angesetzt, und auch die Ersatzentscheidung wird dort auf das gesamte Aggregat bezogen, während hier gerade Untersysteme eines Aggregates untersucht werden. Die im Rahmen der Bestimmung der wirtschaftlichen Lebensdauer eines gesamten Aggregates angestellten Überlegungen können aber auch auf Untersysteme übertragen werden.

b) Zeitliche Koordination von Ersatzzeitpunkten

Neben den Kosten- und Erlöswirkungen, die aus der Änderung der Z-Situation resultieren, können auch Kapazitätswirkungen von Maßnahmen der Ersatzpolitik den Ersatztermin beeinflussen. Der Ersatz eines Untersystems bedingt im allgemeinen, daß das Aggregat während der Ersatzzeit stillgelegt wird. Mit dieser Stillstandszeit, die eine Verminderung der zur Verfügung stehenden Kapazität bedeutet, können Kosten und Erlöswirkungen verbunden sein. Sie beeinflussen den Erlös, wenn der Produktionsausfall zu einem Absatzausfall führt, der nicht wieder aufgeholt werden kann; wird ein Absatzentgang zwar durch eine entsprechende Lagerpolitik vermieden, der Produktionsausfall aber nur durch erhöhte Produktionsgeschwindigkeiten aufgeholt, so entstehen im allgemeinen erhöhte Produktionskosten.

Unter diesen Bedingungen wird erstrebt, die Ersatzzeiten möglichst klein zu halten bzw. ihre Auswirkungen zu vermeiden. Als erste Möglichkeit bietet sich an, die Ersatzzeiten in Zeiten zu verlegen, in denen der Betrieb ohnehin ruht. Systeme mit geringer Abnutzung, die einmal im Jahr erneuert werden müssen, können z. B. in den Betriebsferien ausgewechselt werden; Systeme mit starker Verschleißneigung, die häufiger ausgewechselt werden, können je nach dem zeitlichen Abstand an Feiertagen oder in Arbeitspausen ersetzt werden. Auch können andere dispositionsbedingte Stillstandszeiten wie Umrüstungszeiten mit Ersatzzeiten kombiniert werden, wenn dadurch die Stillstandszeiten insgesamt verringert werden können.

Derartige Überlegungen, die zu einer Verminderung von ersatzbedingten Stillstandszeiten führen, können zu einer Veränderung derjenigen Ersatztermine führen, wie sie oben behandelt wurden. Es kann dann günstiger sein, den technisch bedingten Ersatztermin vorzuverlegen oder den aufgrund steigenden Faktorverbrauchs bzw. abnehmender Leistungsabgabe optimalen Ersatztermin zu überschreiten oder zu unterschreiten.

c) Vermeidung von Ausfallkosten und Ausfallzeiten durch vorbeugenden Ersatz

Ein anderer ökonomischer Grund zur Vorverlegung des Ersatzzeitpunktes liegt vor, wenn der Ersatz eines Untersystems zu seinem technisch bedingten Ersatzzeitpunkt höhere Ausfallkosten verursacht als ein vorzeitiger Ersatz. Dieser Fall tritt vor allem dann auf, wenn das System bis zum technischen Ersatzpunkt eine annähernd konstante Leistung zeitigt und erst durch einen Bruch die kritische Leistungsgrenze erreicht. Eine solche abrupte Zustandsänderung kann andere Teile in Mitleidenschaft ziehen oder z. B. höhere Reinigungsarbeiten erforderlich machen. Um diese Kosten (24) wenigstens teilweise zu vermeiden, ist es oftmals vorteilhaft, ein Teil kurz vor seinem technischen Ersatzzeitpunkt zu ersetzen. Voraussetzung dafür ist, daß der technische Zustand genau beobachtet werden kann, damit der Ausfallzeitpunkt vorherbestimmt werden kann.

III. Gesetzliche Vorschriften bzw. Vorschriften der Hersteller

In der Luftfahrtindustrie gibt es bestimmte Vorschriften über die Einsatzzeit von Teilen in Flugzeugen. Diese Angaben können zwar unterschritten, dürfen aber nicht überschritten werden, so daß dieser Ersatzzeitpunkt nur dann relevant wird, wenn er später als der wirtschaftliche Ersatzpunkt liegt. Ähnlich gibt es bei Kraftfahrzeugen Vorschriften über den Mindestzustand bestimmter Teile (z. B. Reifen usw.). Weiterhin schreiben Herstellerwerke häufig bestimmte Instandhaltungsmaßnahmen vor, wenn nicht der Garantieanspruch verlorengehen soll.

Derartige Vorschriften werden zu Nebenbedingungen der Ersatzpolitik.

---

24)   Eine genaue Aufstellung der in den beiden Fällen auftretenden Kosten findet sich bei F. Schwarz, Die Ermittlung der optimalen Reparatur- oder Ersatzstrategie mit Hilfe der Simulation und mit Hilfe analytischer Methoden, in: Operations Research und Datenverarbeitung bei der Instandhaltungsplanung, Hrsg. K. F. Bussmann und P. Mertens, Stuttgart 1968, S. 40 bis 51, insbesondere S. 42 ff.

Kapitel II

Interpretation der Zustandsänderung eines Teiles als stochastischer Prozeß

A. Möglichkeiten zur Messung des Zustands eines Verschleißteils

Die im vorhergehenden Abschnitt genannten technischen und ökonomischen Ersatzpunkte, die an den Zustand des Verschleißteils, wie er für die Z-Situation von Bedeutung ist, gebunden sind, können nur dann wahrgenommen werden, wenn in jedem Zeitpunkt der technische Zustand des Teils bekannt ist. Die Verfolgung des technischen Zustands ist in der Regel mit erheblichen Schwierigkeiten verbunden, wenngleich auch z. B. durch den Einsatz von Meßgeräten, die auf radioaktiver Grundlage den Verschleiß bestimmen, erhebliche Fortschritte erzielt wurden (1). Häufig bedingt eine exakte Messung, daß das Aggregat ausgeschaltet und die Produktion unterbrochen werden muß.

Eine indirekte Methode zur Bestimmung des technischen Zustands eines Teils besteht darin, die Belastung des Teils zu verfolgen und daraus die Zustandsänderungen abzuleiten (2). Voraussetzung dafür ist aber, daß die Beziehungen zwischen den Einflußfaktoren der Z- und Q-Situation und der Zustandsänderung sowie die Belastungen selbst in jedem Zeitpunkt bekannt sind. Die Messung dieser Beziehungen sowie der Belastungen ist aber mit erheblichem Aufwand verbunden.

Aus diesem Grunde stellt sich die Frage, ob nicht Maßgrößen für den Zustand eines Teils gefunden werden können, die leichter zu erfassen sind und trotzdem den hier geforderten Zweck hinreichend genau erfüllen. Zweck des Ersatzes eines Aggregatteils ist es, die mit dem Zustand des Teils verbundenen technisch-ökonomischen Wirkungen zu vermeiden. Aus diesem Grund liegt es nahe, nicht die eigentliche Ursache, die Z-Situation, sondern deren Wirkung zu betrachten, um von ihr auf den Zustand des Teils zu schließen.

---

1) Vgl. zu Methoden einer exakten technischen Verschleißmessung: H. Opitz und E. Schaller, Untersuchungen der Ursachen des Werkzeugverschleißes, a. a. O.; O. Hake, Radioaktive Verschleißmessung - ein betriebsnahes Kurzprüfverfahren, in: Industrieanzeiger VI 1955; H. Arnold, H. Borchert, A. Lange, J. Schmidt, a. a. O., S. 40.

2) Bei bekanntem Anfangszustand kann dann durch Fortschreibung für jeden beliebigen Zeitpunkt der Zustand ermittelt werden.

Als ökonomisch relevante Wirkungen war die Veränderung der Faktorbindung sowie der Leistungsabgabe erkannt worden. Mit zunehmendem Verschleiß steigt der Faktorverbrauch. Aus der Messung dieser Größe kann dann auf den Verschleißzustand geschlossen werden (3). Ebenso kann die Erhöhung des Ausschußprozentsatzes bzw. eine allgemeine Qualitätsabnahme - ausgedrückt z. B. in einer Abnahme der Präzision - etwas über den Verschleißzustand aussagen. Aber auch bei diesen Meßverfahren ergeben sich Probleme. Einmal kann auch hier eine hinreichend exakte Qualitätskontrolle bzw. Kontrolle des Faktorverbrauchs relativ aufwendig sein. Zudem entsteht das Problem, den Einfluß der Z-Situation auf Faktorbindung und Leistungsabgabe zu isolieren. Faktorbindung und Leistung werden aber aus dem Zusammenwirken von V-, Q- und Z-Situation bestimmt. Aus diesem Grunde kann eine Änderung nur dann der Z-Situation zugerechnet werden, wenn die anderen Einflußgrößen konstant sind. Weiterhin ist es vorstellbar, daß mehrere unterschiedliche Z-Situationen zu einer gleichen Wirkung führen können, so daß zusätzlich die Frage auftritt, welches von mehreren ausfallverdächtigen Teilen tatsächlich ausgefallen ist.

In diesen Fällen ist es nur schwer möglich, aus der Beobachtung der Wirkungen direkt auf den Zustand eines bestimmten Teils zu schließen, es können in erheblichem Umfang sogenannte Fehler erster und zweiter Art auftreten (4). Die Möglichkeiten zur Bestimmung des Zustandes eines Aggregatteils sollen abschließend in Abb. (2. 01) dargestellt werden:

---

3)   Die steigende Faktorbindung kann mengenmäßig oder wertmäßig in Form von Kosten erfolgen; so fußt z. B. das repair-limit-Kriterium auf den Reparaturkosten. Ein Aggregat wird dann ersetzt, wenn eine bestimmte Reparaturkostengrenze erreicht ist. Es ist darauf hinzuweisen, daß bei dieser Betrachtung das gesamte Aggregat ersetzt wird und die erhöhte Faktorbindung sich in einem zunehmenden Verbrauch an Verschleißteilen äußert. Zum repair-limit-Kriterium vgl. im einzelnen R. W. Drinkwater und N. A. J. Hastings, An Economic Replacement Model, in: O. R. Q. , Vol. 18 (1967), S. 121-138; N. A. J. Hastings, The Repair Limit Replacement Method, in: O. R. Q. , Vol. 120 (1969), S. 337-349; M. Eisen und M. Leibowitz, Replacement of Randomly Deteriorating Equipment, in: Mng. Sci. Vol. 9 (1963), S. 268-276.

4)   Zur Definition der Fehler erster und zweiter Art vgl. W. Uhlmann, Statistische Qualitätskontrolle, Stuttgart 1966, S. 71. Verfahren der statistischen Qualitätskontrolle setzen im allgemeinen eine stationäre Verteilung der Belastung voraus und können dann bei einer wesentlichen Änderung des Ausschußprozentsatzes auf eine Änderung der Z-Situation schließen.

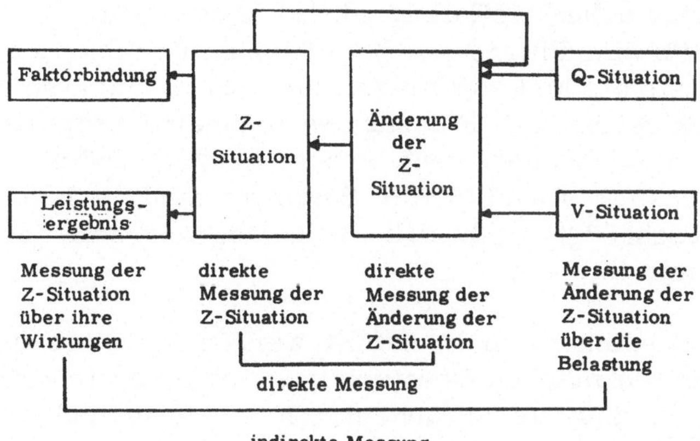

Abb. (2. 01)

Die bisher behandelten Verfahren zur direkten und indirekten Bestimmung des technischen Zustands eines Teils sind mit erheblichem Aufwand verbunden. Es erhebt sich daher die Frage, ob es Größen gibt, die weniger schwierig zu erfassen sind, aber trotzdem eng mit dem technischen Zustand eines Aggregatteils korreliert sind. Das ist vor allem dann der Fall, wenn diese Größen mit der Gesamtbelastung des Teils korrelieren. Aus der Belastung seit Einsatz des Teils kann dann auf den gegenwärtigen Zustand geschlossen werden. Da sich die Zustandsänderungen in der Zeit vollziehen, liegt es nahe, Zeitgrößen als eine solche Surrogatgröße heranzuziehen. Ist die Haupteinflußgröße für eine Zustandsänderung die Belastung während der Produktionszeit, so eignet sich die Produktionszeit am besten. Treten die Belastungen auch in Stillstandszeiten auf, dann kann die Kalenderzeit eine engere Korrelation zu der Belastung und damit der Zustandsänderung zeigen. Die Betrachtung von Zeitgrößen hat vor allem den Vorteil, daß diese leicht zu erfassen und damit für planerische Überlegungen zu verwenden sind. Aus diesem Grunde sind andere Größen, die eine enge Verbindung zur Gesamtbelastung zeigen, wie z. B. die Zahl der gefertigten Produkte, problematisch, da bei einem Mehrzweckaggregat Fragen der Aggregation unterschiedlicher Produkte auftreten.

Es ist klar, daß nicht alle den Verschleiß eines Teiles bestimmenden Faktoren parallel zu einer Zeitgröße verlaufen. Vielmehr werden die einzelnen Einflüsse im Zeitablauf schwanken. Wenn die Einflüsse aber unabhängig voneinander sind, werden sie sich doch zu einer relativ gleichmäßigen Belastung überlagern. Das bedeutet nicht, daß die Belastung während der Zeit konstant sein muß, sondern sie muß über relativ größere Zeiträume hinweg gleich sein (5).

---

5)   Die Zeiträume richten sich nach dem für den Ersatz eines Teils relevanten Planungszeitraum.

Beispielsweise haben McCall et. al. (6) festgestellt, daß die Haupt-
belastungen für eine Flugzeugturbine die Zahl der Starts sind; trotzdem wählen sie als Maß die Flugstunden, da in längeren Intervallen
die Zahl der Starts den Flugstunden annähernd proportional sind.
Aus diesen Ausführungen geht bereits hervor, daß die Zeitgrößen
ein um so genaueres Maß für die Belastung sind, je homogener das
Aggregat beschäftigt wird, d. h. je homogener z. B. das Produktionsprogramm ist, usw.

Wenn diese Bedingung nicht erfüllt werden kann, so daß die Zeit
zwischen den technischen Ersatzzeitpunkten erhebliche Schwankungen zeigt, muß versucht werden, durch eine Kombination mehrerer
leicht erfaßbarer Größen den Zustand genauer zu erfassen. Wenn
z. B. der rein zeitabhängige Verschleiß und der produktionsbedingte
Verschleiß gleichermaßen wichtig sind, so kann die Kombination
dieser beiden Größen als Maß des Zustandes gewählt werden (7).
Andere Kombinationen wären z. B. Produktionsgeschwindigkeiten
und Produktionszeit.

Im einzelnen muß ein Kompromiß zwischen der Feinheit der Maßgröße und ihrer Eignung für Planungsüberlegungen gefunden werden.
Wenn Größen wie die seit dem Einsatz eines Teils verflossene Kalenderzeit oder Produktionszeit gewählt werden, so ist es klar, daß
diese die wahre Belastung und damit die wahre Zustandsänderung
eines Teils nur unvollkommen wiedergeben können. Vielmehr wird
infolge der Aggregation der einzelnen Einflußgrößen lediglich eine
stochastische Beziehung zwischen der Hilfsgröße Zeit und der wirklichen Belastung des Teils bestehen. Damit ist auch der technische
Zustand des Teils zu einem bestimmten Zeitpunkt eine Zufallsvariable.

Die Angabe des technischen Zustands eines Teils mittels einer aggre-
gierten Hilfsgröße hat damit den Übergang von einem deterministischen Abnutzungsprozeß zu einem stochastischen Prozeß zur Folge (8), d. h. , es wird eine Zufallsvariable betrachtet, die von einem

---

6)   D. W. Jorgenson, J. J. McCall und R. Radner, Optimal Re-
     placement Policy, Amsterdam 1967, S. 151.
7)   Albach sieht z. B. die beiden Verschleißursachen als unabhän-
     gig voneinander an und versucht sie gemeinsam zu erfassen;
     vgl. H. Albach, Zur Verbindung von Produktionstheorie und
     Investitionstheorie, in: Zur Theorie der Unternehmung, Fest-
     schrift zum 65. Geburtstag von Erich Gutenberg, Hrsg. H. Koch,
     Wiesbaden 1962, S. 132 ff.
8)   Unter einem stochastischen Prozeß wird "eine willkürliche,
     unendliche Schar von reellen Zufallsveränderlichen $(X_t, t\epsilon T)$"
     verstanden. Vgl. T. Takács, Stochastische Prozesse, Mün-

Parameter t abhängt. Die Zufallsvariable X_t stellt den Zustand des Teils zum Zeitpunkt t im Zeitintervall T dar, wobei T die maximale Lebenszeit, evtl. $(0, \infty)$, umfaßt.

B. Die Zufallsvariablen der Ersatzpolitik

Mit dem Übergang von der Betrachtung einer deterministischen Z-Situation zu einem stochastischen Prozeß der Zustandsänderung bekommen auch die weiteren von der Z-Situation abhängigen Faktoren stochastischen Charakter.

Das gilt für den Eintritt des technischen Ersatzzeitpunktes, für die Bindung von Produktionsfaktoren sowie für die Leistungsfähigkeit eines Aggregates. Als weitere für die Ersatzpolitik relevante Größe gilt die Zeit, die mit dem Ersatz eines Teils verbunden ist. Auch sie muß bei einer realistischen Betrachtung als Zufallsvariable angesehen werden. In Planungsmodellen können diese Größen deshalb nur in Form von Wahrscheinlichkeitsverteilungen erfaßt werden. Im folgenden sollen deshalb empirisch begründbare Verläufe der Verteilungen abgeleitet werden.

I. Die technische Lebensdauer

Der technische Ersatzzeitpunkt eines Systems ist gegeben, wenn es sich in einem definierten technischen Zustand befindet, in dem es eine geforderte technische Leistung nicht mehr erbringen kann. Im allgemeinen ist dieser Zustand sofort zu erkennen. Oft ist aber auch der Ausfall eines Teils erst nach einer Kontrolle des Teils oder der gefertigten Produkte zu erkennen. Den Ausführungen in dieser Arbeit liegt die Annahme zugrunde, daß die Zustände "heil" oder "ausgefallen" in jedem Zeitpunkt bekannt sind. Wenn das nicht der Fall ist, die Unterscheidung zwischen "heil" und "ausgefallen" also nur aufgrund von technischen Untersuchungen getroffen werden kann, so führt das zu sogenannten Inspektionsmodellen, auf die hier nicht näher eingegangen werden soll (9). Wenn auch in jedem Zeitpunkt

---

chen 1966, S. 9; H. Lahres, Einführung in die diskreten Markoff-Prozesse und ihre Anwendungen, Braunschweig 1964, S. 2; M. Fisz, Wahrscheinlichkeitsrechnung und mathematische Statistik, 5. erw. Aufl., Berlin 1970, S. 320 f.

9) Zu Inspektionsmodellen vgl. z. B. M. Klein, Inspection - Maintenance - Replacement Schedules under Markovian Deterioration, in: Mng. Sci. Vol. 9 (1962/63), S. 25 ff; D. W. Jorgenson und J. J. McCall, Optimal Scheduling of Replacement and In-

bekannt ist, ob das System ausgefallen ist oder nicht, so ist nicht bekannt, so lange das System noch läuft, zu welchem Zeitpunkt es ausfällt, d. h. wann der kritische Zustand erreicht ist. Die Zeit zwischen der Erneuerung eines Teils und seinem Ausfall wird als technische Lebensdauer bezeichnet. Sie wird durch die Zufallsvariable X_t ausgedrückt. X_t mit $\begin{cases} 1 = \text{ausgefallen} \\ 0 = \text{intakt} \end{cases}$ gibt an, ob das Teil zum Zeitpunkt t intakt oder ausgefallen ist und $P(X_t = 0)$ die Wahrscheinlichkeit, daß zum Zeitpunkt t das System intakt ist. Im folgenden soll untersucht werden, welche Faktoren diese Zufallsvariable beeinflussen.

a) Stochastischer Anfangszustand und stochastische Belastung — die Ausfallverteilung

Die technische Lebensdauer gleichartiger Teile kann selbst bei konstanter Belastung unterschiedlich lang sein, wenn sich die Teile bereits bei ihrem Einsatz in einem unterschiedlichen Zustand befinden. Der Grund dafür kann darin liegen, daß die Fertigungsaggregate des Herstellers Produkte unterschiedlicher Qualität fertigen oder daß die Teile während ihrer Montage beschädigt wurden.

Die V- und Q-Situation eines Aggregates unterliegen im Zeitablauf ebenfalls Schwankungen. Diese können durch die Produktion verschiedener Produktarten, durch unterschiedliche Faktorqualitäten, Produktionsgeschwindigkeiten usw. hervorgerufen werden. Eine unterschiedliche Belastung in gleichen Zeiträumen führt zu unterschiedlichen Verschleißerscheinungen und damit zu einer unterschiedlich langen technischen Lebensdauer.

Die beiden Ursachen, stochastischer Anfangszustand und stochastische Belastung, führen dazu, daß die technische Lebensdauer eines Teils nur in der sogenannten Ausfallverteilung erfaßt werden kann (10).

---

spection of Stochastic Failing Equipment, in: Studies in Applied Probability and Management Science, Stanford University Press 1962, S. 184-206. - Die hier genannten Beiträge beziehen sich immer auf die technische Inspektion der T e i l e . Eine andere Möglichkeit zur Feststellung des Zustandes besteht darin, die Wirkungen zu untersuchen. Das kann z. B. anhand der Qualität der gefertigten Produkte erfolgen. Auf die hier aufgezeigte Verbindung zwischen der statistischen Qualitätskontrolle und der Ersatztheorie ist bisher kaum hingewiesen worden. Vgl. A. -W. Scheer und H. Seibt, Aufbau eines integrierten Systems der statistischen Qualitätskontrolle in einem Industriebetrieb, in: Schriften zur Unternehmensführung, Bd. 17, Wiesbaden 1973, S. 97-122.

10) Für die Ausfallverteilung, im Englischen failure distribution genannt, werden in der Literatur auch die Begriffe Lebensdauerverteilung, Laufzeitverteilung gleichbedeutend verwendet.

In Abb. (2. 02) ist ein typischer Verlauf der Verteilungsfunktion mit der mittleren Laufzeit Ta angegeben.

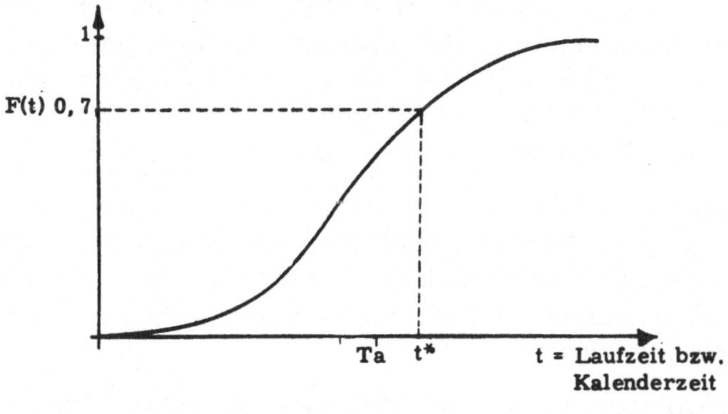

Abb. (2. 02)

$F(t) = P(X_t = 1)$ gibt an, wie hoch die Wahrscheinlichkeit ist, daß das Teil zum Zeitpunkt t ausgefallen ist. Beispielsweise ist die Wahrscheinlichkeit, daß das Teil eine technische Lebensdauer aufweist, die kleiner oder gleich t* ist, gleich 0. 7.

Die Ausfallverteilung eines Teils kann grundsätzlich auf zwei Arten ermittelt werden: Einmal kann sie aufgrund der Verteilungen des Anfangszustands und der Belastung abgeleitet werden - zum anderen kann sie empirisch anhand statistischer Aufzeichnungen ermittelt werden.

Wenn in einem konkreten Fall die Ausfallverteilung anhand obiger Überlegungen über die stochastischen Einflußgrößen abgeleitet werden soll, ist es einmal nötig, die Verteilung der Belastungen und der Verschleißwirkungen zu kennen, zum anderen muß auch die Wirkung der Belastung auf die Zustandsänderung bekannt sein. Mit dieser Art der Ermittlung der Ausfallverteilung ist damit ein erhebliches Maß an Information erforderlich.

Der Übergang von der detaillierten Entwicklung der Z-Situation zur Betrachtung von Ausfallverteilungen soll aber gerade zu einer Vereinfachung der Betrachtungsweise führen. Aus diesem Grunde ist die statistische Erfassung der Ausfallverteilung besser geeignet.

b) Statistische Ermittlung der Ausfallverteilung

Grundlage dieser Erfassung sind Aufzeichnungen über die Lebensdauer eines Teils. Voraussetzung dafür ist, daß das betrachtete Teil häufig eingesetzt wird, so daß genügend Beobachtungswerte anfallen. Dabei ist es für die Ermittlung der Verteilung unerheblich, ob es parallel im Betrieb eingesetzt ist oder aber zeitlich nacheinander in lediglich einem Aggregat (11). Voraussetzung ist lediglich, daß die Belastung keinen systematischen Unterschied zeigt. Die Lebensdauer der Teile kann dann in einer Tabelle erfaßt werden. Aus dieser Tabelle kann dann die Häufigkeitsverteilung gewonnen werden. Dabei ist es zweckmäßig, die Laufzeiten in Klassen zusammenzufassen (12). Für die Klassen können dann durch einfaches Auszählen die Häufigkeiten gewonnen werden.

Um Aussagen zu erhalten, die vom Stichprobenumfang unabhängig sind, werden die absoluten Häufigkeiten zu relativen Häufigkeiten transformiert. Aus der Häufigkeitsverteilung kann auch die Summenkurve F (t) durch einfaches Aufaddieren der relativen Häufigkeiten gewonnen werden.

In Entscheidungsmodelle über den ökonomischen Ersatzzeitpunkt gehen häufig die Ausfallverteilungen in Form algebraischer Funktionen ein. Aus diesem Grunde müssen die empirisch gewonnenen Verteilungen durch theoretische Verteilungen angenähert werden (13). Für diese Annäherung gelten zwei Kriterien: Einmal muß die Form der theoretischen Verteilung die empirischen Werte recht genau annähern (14), zum anderen müssen sich die Parameter der

---

11) Zur systematischen Erfassung von Ausfalldaten in schematisierten Karteikarten vgl. B. Rietdorf, a. a. O. , S. 41 ff.

12) Zu den Überlegungen, die bei einer derartigen Gruppierung angestellt werden müssen, vgl. z. B. R. Karrenberg und A. W. Scheer, Statistische Verfahren zur Aufbereitung betrieblicher Daten, in: Schriften zur Unternehmensführung (SzU), Hrsg. H. Jacob, Bd. 9, Wiesbaden 1969, S. 125-138.

13) Entsprechend diesem Vorgehen sind, vor allem in der amerikanischen Literatur, zahlreiche Untersuchungen über die Ermittlung von Ausfallverteilungen angestellt worden. Vgl. z. B. Z. W. Birnbaum und S. C. Saunders, A Statistical Model for Life-Length of Materials, in: J. O. A. St. A. , Vol. 53(1958), S. 151 ff.
Für gemischte Daten, d. h. Angaben über die Lebensdauer von ausgefallenen Systemen und Laufzeiten von noch nicht ausgefallenen Zeiten, schlägt W. Nelson ein Verfahren vor: W. Nelson, Hazard Plotting for Incomplete Failure Date, in: Journal of Quality Technology, Vol. 1 (1969), S. 27 ff. In Deutschland haben empirische Untersuchungen angestellt: S. Lehmann, Beitrag zur Anwendung der Warteschlangentheorie bei Mehrstellenarbeit für eine optimale Produktions- und Fertigungsplanung in Industriebetrieben, in: F. L. N. W. , Köln und Opladen 1966, S. 21 ff und S. 56 ff; B. Rietdorf, a. a. O. , S. 151 ff.

14) Die Enge der Anpassung der theoretisch an die empirische Verteilung kann statistisch mit Hilfe des Chi-Quadrat-Tests geprüft werden.

theoretischen Verteilung relativ leicht aus den empirischen Daten ermitteln lassen. Zur Schätzung der Parameter einer bestimmten Verteilung kann als einfachste Methode die Anwendung des sogenannten Wahrscheinlichkeitspapiers genannt werden. Hier werden die Parameter graphisch ermittelt (15).

Eine direkte Schätzung der Parameter kann für die meisten relevanten Verteilungstypen anhand des Maximum-likelihood-Prinzips vorgenommen werden (16). Aus dem Stichprobenergebnis der erfaßten Ausfallzeiten werden die Schätzwerte der unbekannten Parameter eines Verteilungstyps so bestimmt, daß die wahrscheinlichkeitstheoretische Dichte für das Auftreten dieses Stichprobenergebnisses maximal ist. Wenn $f(t, P'_1, P_2 \ldots P_r)$ die Dichtefunktion der technischen Lebensdauer t ist mit den unbekannten Parametern $P_1, P_2, \ldots P_r$ und n beobachtete Lebensdauern t_i $(i = 1, 2, \ldots n)$ vorliegen, so ergibt sich als Wahrscheinlichkeit L (Likelihood) für das Stichprobenergebnis von n Ausfällen zu den Zeiten t_i aus dem Multiplikationssatz der Wahrscheinlichkeiten (17)

$$(2.01) \qquad L(t_i, n, P_1, P_2, \ldots P_r) = \prod_{i=1}^{n} f(t_i, P_1, P_2, \ldots P_r)$$

Die Parameter $P_1, P_2, \ldots P_n$ sollen nun so bestimmt werden, daß L maximiert wird. Mit Hilfe der Differentialrechnung kann aus der Wahrscheinlichkeitsfunktion ein Gleichungssystem abgeleitet werden, aus dem die unbekannten Parameter errechnet werden können. Wenn mit wachsender Einsatzzeit weitere Ausfalldaten anfallen, so können die Schätzwerte $P_1, P_2, \ldots P_r$ anhand der nun insgesamt zur Verfügung stehenden Informationen modifiziert werden. Grundsätzlich gehen bei diesem Verfahren aber nur beobachtete Stichprobenwerte ein. Damit kann dieses Verfahren nur angewandt werden, wenn bereits eine Reihe von Ausfällen beobachtet worden ist.

---

15) Vgl. dazu z. B. W. Nelson, a. a. O., und die dort angeführte Literatur.

16) Vgl. z. B. S. Lehmann, a. a. O., S. 26; M. B. Wilk, R. Gnanadesikan und M. J. Huyett, Estimation of Parameters of the Gamma Distribution Using Order Statistics, in: Biometrika, Vol. 49 (1962), S. 525-536; A. Hald, Statistical Theory with Engineering Applications, 4. Aufl., New York, London 1960, S. 205 ff; D. W. Jorgenson, J. J. McCall, R. Radner, a. a. O., S. 170 f.

17) Voraussetzung ist, daß die Ausfallzeiten voneinander unabhängig sind.

Häufig soll aber bereits mit Hilfe von Ausfallverteilungen eine Ersatzpolitik bestimmt werden, ohne daß eine hinreichende Zahl von Ausfalldaten zur Verfügung stehen - wohl aber bestimmte subjektive Vorstellungen über die Parameter der Verteilung. Die subjektiven Schätzwerte können z. B. aufgrund von Erfahrungen mit ähnlichen Teilen gewonnen worden sein oder aus Informationen der Herstellerfirma stammen. Häufig werden auch derartige Informationen zwischen Unternehmen, die die gleichen Anlagen einsetzen, ausgetauscht (18). Diese Informationen können Grundlage einer ersten Schätzung der Parameter sein, die im Zeitablauf anhand anfallender Daten über Ausfallzeiten weiter verbessert wird. Auf diesem Prinzip bauen Schätzverfahren nach Bayes auf (19). Nach jedem Ausfall kann die geschätzte a priori-Verteilung anhand der neuen Information zu der a posteriori-Verteilung verändert werden.

Der Grundgedanke zur Ermittlung des Schätzwertes nach dem Bayes' schen Theorem soll anhand eines einfachen Beispiels erörtert werden. In einem Unternehmen wird ein Aggregat eines neuen Typs angeschafft. Es ist bekannt, daß ein Teil des Aggregats gemäß einer Exponentialverteilung ausfällt. Der Erwartungswert der Lebensdauer ist nicht bekannt (20); aufgrund seiner Erfahrungen mit ähnlichen Aggregaten hält der Planende zwei Hypothesen $\mu_1 = 10$ Zeiteinheiten oder $\mu_2 = 20$ über die mittlere Lebensdauer μ für gleich wahrscheinlich (21). Als erster Schätzwert für die mittlere Lebensdauer μ der Ausfallverteilung gilt der Erwartungswert E aus den Hypothesen:

$$(2.02) \qquad E_0(\mu) = \mu_1 \cdot P_0(\mu_1) + \mu_2 \cdot P_0(\mu_2) = 10 \cdot 0{,}5 + 20 \cdot 0{,}5$$

$$= 15 \text{ Zeiteinheiten.}$$

---

18) Diese Möglichkeit wird z. B. in der zivilen Luftfahrt genutzt.

19) Zu den in Deutschland bisher noch wenig beachteten Bayes' schen Schätzverfahren und ihre Beziehungen zur Gestaltung optimaler Entscheidungsprozesse vgl.: S. Sturm, Mehrstufige Entscheidungen unter Ungewißheit - Zur Theorie adaptiver Prozesse, Meisenheim am Glan 1970; K. Weber, Entscheidungsprozesse unter Verwendung des Theorems von Bayes, in: Entscheidung bei unsicheren Erwartungen, Hrsg. H. Hax, Opladen 1970.

20) Die Formel für die Dichtefunktion der Exponentialverteilung lautet: $f(t) = \lambda e^{-\lambda t}$ und besitzt damit nur einen Parameter, den Kehrwert der mittleren Lebensdauer: $\lambda = \frac{1}{\mu}$
Die mittlere Laufzeit bzw. Lebensdauer wird an anderer Stelle dieser Arbeit mit Ta bezeichnet.

21) Die beiden Hypothesen können z. B. Angaben des Herstellers und eine Schätzung des Planenden sein.

Der Index an P_0 und E_0 gibt an, daß die Wahrscheinlichkeit P bzw. der Erwartungswert aufgrund der a priori-Informationen gebildet worden ist.

Während des Betriebes fällt das Aggregat zweimal nach 8 Zeiteinheiten aus. Die anfängliche Information des Planenden, die in der a priori-Verteilung erfaßt wurde, wird nunmehr mit der Information aus der Stichprobe zu der a posteriori-Verteilung verbunden (22).

Dazu wird gefragt, wie groß unter Kenntnis des Stichprobenergebnisses nunmehr die Wahrscheinlichkeiten für die Hypothesen μ_1 und μ_2 sind. Zur Unterscheidung werden diese Wahrscheinlichkeiten mit $P_1(\mu_1)$ bzw. $P_1(\mu_2)$ bezeichnet.

Die Wahrscheinlichkeit $P_1(\mu_1)$ unter der Bedingung der n Stichprobenwerte (hier 2 Werte) mit den Ausfallzeiten t_i (hier $t_1 = t_2 = 8$) lautet dann nach der Formel für die bedingte Wahrscheinlichkeit (23):

$$(2.03) \qquad P_1(\mu_1/t_i, n) = \frac{L_1(t_i, n; \mu_1) \cdot P_0(\mu_1)}{\sum_{j=1}^{m} L_j(t_i, n; \mu_j) \cdot P_0(\mu_j)} \qquad \text{bzw.}$$

$$(2.04) \qquad P_1(\mu_2/t_i, n) = \frac{L_2(t_i, n; \mu_2) \cdot P_0(\mu_2)}{\sum_{j=1}^{m} L_j(t_i, n; \mu_j) \cdot P_0(\mu_j)}$$

---

22) A priori-Verteilung wird die Verteilung vor Anfall der Stichprobenergebnisse genannt; a posteriori, nachdem die Stichprobeninformationen eingegangen sind. Dabei ist die a priori-Verteilung für ein neues Stichprobenergebnis die a posteriori-Verteilung der letzten Stichprobe.

23) Allgemein wird die Wahrscheinlichkeit für das Ergebnis A_j unter der Voraussetzung, daß ein Ereignis B bereits eingetroffen ist, definiert als

$$P(A_j/B) = \frac{P(A_j B)}{P(B)}.$$ Dabei gibt $P(A_j B)$ die Wahrscheinlichkeit für das gemeinsame Eintreffen der beiden Ereignisse an, P(B) die unbedingte Wahrscheinlichkeit für das Eintreffen des Ereignisses B. $P(A_j B)$ ergibt sich gemäß dem Multiplikationssatz für Wahrscheinlichkeiten nach $P(A_j B) = P(A_j/B) \cdot P(B)$ bzw. gleichbedeutend nach $P(B A_j) \cdot P(A_j)$. Die Wahrscheinlichkeit P(B) kann anhand des Satzes über die totale

$L_j(t_i, n;\ \mu_j)$ ist die sogenannte Wahrscheinlichkeitsfunktion; sie gibt aufgrund der Hypothese μ_j die Wahrscheinlichkeit für das vorliegende Stichprobenergebnis $\{t_i, n\}$ an. Für das Beispiel zeigt sie also, wie groß die Wahrscheinlichkeit für das Stichprobenergebnis ist, daß das Aggregat bei exponentialverteilter Laufzeit mit dem Parameter $\lambda_j = \frac{1}{\mu_j}$ nacheinander zweimal nach 8 Zeiteinheiten ausfällt. Da die Ausfallzeiten unabhängig voneinander sind, ergibt sich diese Wahrscheinlichkeit als Produkt der Einzelwahrscheinlichkeiten:

$$(2.05) \qquad L_1(t_1 = t_2 = 8; \mu_1 = 10) = \frac{1}{\mu_1} \cdot e^{-t_1/\mu_1} \cdot \frac{1}{\mu_1} \cdot e^{-t_2/\mu_1}$$

$$= \frac{1}{\mu_1^2} \cdot e^{-\frac{1}{\mu_1}(t_1 + t_2)} = \frac{1}{100} \cdot e^{-\frac{1}{10}(8+8)} = 0,00219$$

bzw. für

$$(2.06) \qquad L_2(t_1 = t_2 = 8; \mu_2 = 20) = \frac{1}{400} \cdot e^{-\frac{1}{20}(8+8)} = 0,001233$$

Die Wahrscheinlichkeiten für die Hypothesen unter der Bedingung der beobachteten Stichproben errechnen sich dann neu zu:

$$P_1(\mu_1/t_i = 8, n = 2) = \frac{0,00219 \cdot 0,5}{0,00219 \cdot 0,5 + 0,001233 \cdot 0,5}$$

$$= \frac{0,001095}{0,0017016} = 0,643$$

$$P_1(\mu_2/t_i = 8, n = 2) = \frac{0,001233 \cdot 0,5}{0,00219 \cdot 0,5 + 0,001233 \cdot 0,5} = 0,357$$

Wahrscheinlichkeit abgeleitet werden nach

$$P(B) = \sum_{j=1}^{m} P(BA_j) \quad \text{bzw.} \quad P(B) = \sum_{j=1}^{m} P(B/A_j) \cdot P(A_j).$$

Voraussetzung für die Anwendung dieses Satzes ist, daß die m zufälligen Ereignisse A_j ein vollständiges Ereignisfeld bilden. Damit kann die Ausgangsgleichung für die bedingte Wahrscheinlichkeit umgeformt werden zu:

$$P(A_j/B) = \frac{P(A_j B)}{P(B)} = \frac{P(B/A_j) \cdot P(A_j)}{\sum_{q=1}^{m} P(B/A_q) \cdot P(A_q)}$$

Daraus geht hervor, daß die erste Hypothese für wahrscheinlicher gehalten wird als die zweite. Das posteriore Mittel $E_1(\mu)$ der Verteilung für den Parameter der Ausfallverteilung verringert sich von 15 auf

$$E_1(\mu) = 10 \cdot 0,643 + 20 \cdot 0,357 = 13,57.$$

Wenn zusätzliche Ausfallzeiten auftreten, können diese Informationen in gleicher Weise verarbeitet werden. Dabei nimmt mit zunehmenden Stichprobeninformationen das Gewicht der Anfangsschätzungen ab.

In dem betrachteten Beispiel werden für den unbekannten Parameter $E(\mu)$ nur die zwei Werte 10 bzw. 20 für möglich gehalten. Der Wirklichkeit wird es aber besser entsprechen, wenn ein Wertebereich für möglich gehalten wird. Aus diesem Grund wird im allgemeinen für die Verteilung des unbekannten Parameters (hier die mittlere Laufzeit μ) eine stetige Verteilung angenommen. Die Verteilung für diesen Parameter ändert sich mit zunehmender Information über das Ausfallverhalten. Der Erwartungswert kann dann jeweils als Schätzwert für die unbekannte mittlere Laufzeit angesetzt werden.

Wenn lediglich der Erwartungswert als Schätzwert für die mittlere Laufzeit ermittelt werden soll und nicht die gesamte Verteilung für ihn, so kann dieser mit Hilfe vereinfachter Formeln als gewogenes Mittel der vorläufigen Information (Information vor Kenntnis des Stichprobenergebnisses) und posteriorer Information (Information nach Kenntnis des Stichprobenergebnisses) ermittelt werden (24).

c) Charakteristische Ausfallverteilungen

Im folgenden sollen Charakteristika einiger gebräuchlicher theoretischer Ausfallverteilungen erörtert werden. Das Ausfallverhalten eines Teils kann dabei auf verschiedene Arten dargestellt werden (25). Abb. (2.03) gibt die Wahrscheinlichkeitsdichte f (t) an.

---

24) Formeln für die Schätzwerte finden sich für die Normalverteilung, logarithmische Normalverteilung und Poissonverteilung bei W. H. McGlothlin und R. Radner, The Use of Bayesian Techniques for Predicting Spare-Parts Demand, Projekt Rand Research Memorandum RM-2536, 1960; für Gamma-Verteilung und Weibull-Verteilung vgl. D. W. Jorgenson, J. J. McCall, R. Radner, a.a.O., S. 167 ff.

25) Vgl. z. B. D. R. Cox, Erneuerungstheorie, München - Wien 1966, S. 12 ff; E. Rusch, Theorie und Praxis von Lebensdauerverteilungen, in: Technische Zuverlässigkeit in Einzeldarstellungen, Heft 2, 1964, S. 84 ff; Ph. M. Morse, Quelles, Inventories and Maintenance, New York 1958, S. 6 ff.

Sie ist zu einer Interpretation des Ausfallverhaltens wenig geeignet; anschaulich wird sie dagegen, wenn der Inhalt einer Fläche unter

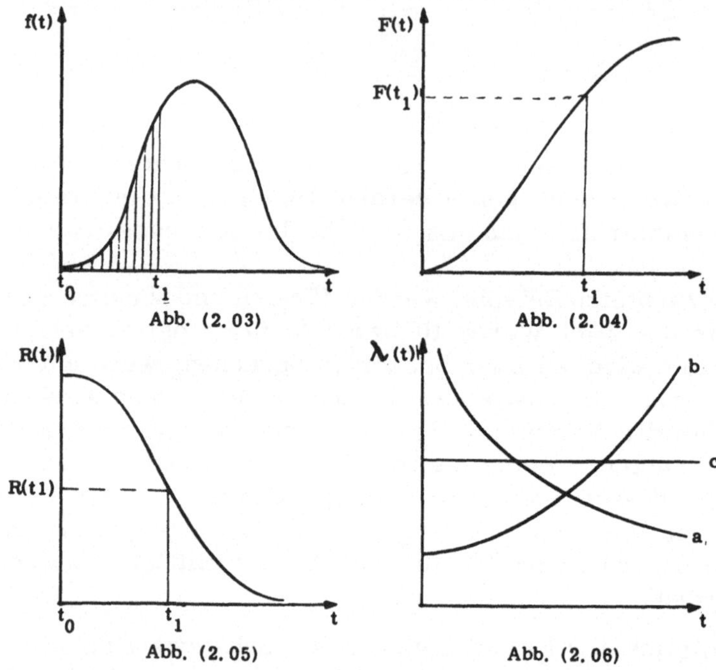

der Kurve betrachtet wird. Die Fläche in Abb. (2.03) stellt die Wahrscheinlichkeit für einen Ausfall in dem Zeitintervall zwischen t_0 und t_1 dar. Diese schrittweise ermittelten Wahrscheinlichkeiten sind in Abb. (2.04), der eigentlichen Ausfallverteilung, dargestellt. $F(t_1)$ gibt damit die Wahrscheinlichkeit an, daß das Teil bis zum Zeitpunkt t1 ausgefallen ist. Entsprechend ist $R(t_1) = 1 - F$ (t1) in Abb. (2.05) die Wahrscheinlichkeit, daß das Teil bis zum Zeitpunkt t1 nicht ausgefallen ist. R(t) wird auch als Zuverlässigkeit eines Teils bezeichnet. Besonders anschaulich zur Beschreibung des Ausfallverhaltens ist die sogenannte bedingte Ausfallrate

λ (t) (oder einfach Ausfallrate). Sie ist definiert als $\lambda (t) = \dfrac{f(t)}{1 - F(t)} = $

$\dfrac{f(t)}{R(t)}$ und gibt die bedingte Wahrscheinlichkeit an für den Ausfall des Teils im Intervall (t, t+ Δ t) unter der Bedingung, daß das Teil zum Zeitpunkt t noch intakt ist (26). In λ (t) kommt der Verschleiß-

---

26)   Etwas genauer gilt für λ (t):

$$\lambda(t) = \lim_{\Delta t \to 0} \frac{P(t < X \leq t + \Delta t / t < X)}{\Delta t},$$

wobei X die Zufallsvariable Ausfallzeit ist.

prozeß zum Ausdruck. Ist λ (t) eine fallende Funktion in t (vgl. Fall a in Abb. (2.06)), so spricht man von negativer Alterung (27). Je älter ein Teil ist, desto weniger wahrscheinlich ist es, daß es in der nächsten Zeiteinheit ausfällt. Ein solches Ausfallverhalten ist für Komponenten typisch, die in ihrer Anlaufphase großen Belastungen ausgesetzt sind oder bereits bei ihrem Einsatz fehlerhaft sind. Der Fall b in Abb. (2.06) zeigt eine positive Alterung; die Wahrscheinlichkeit für einen Ausfall nimmt mit der Einsatzzeit zu. Dieser Fall kann als Normalfall bezeichnet werden und entspricht den Darstellungen der Abb. (2.03) bis (2.05).

Als dritter Fall ist (Fall c in Abb. (2.06)) dann noch eine konstante Ausfallrate denkbar: die Wahrscheinlichkeit für einen Ausfall des Teils ist unabhängig von dem Einsatzalter.

In einem konkreten Fall sind auch Kombinationen aus den drei Fällen vorstellbar, indem zunächst während der Anlaufphase die Ausfallrate in t fällt, dann konstant ist und ab einem bestimmten Einsatzalter ansteigt.

Das einsatzalterabhängige Ausfallverhalten eines Teils bestimmt nun entscheidend die Möglichkeiten, durch planerische Maßnahmen der Ersatzpolitik die Stillstandszeiten zu beeinflussen. Beispielsweise ist es nicht möglich, bei konstanter Ausfallrate durch vorbeugende Ersatzmaßnahmen ungeplante Ausfälle zu vermeiden, da ein gerade eingesetztes neues Teil bezüglich der Ausfallneigung dem ausgewechselten Teil äquivalent ist.

Die theoretischen Verteilungen, die empirisch gewonnene Ausfalldaten angleichen sollen, können nun danach eingeteilt werden, welches Ausfallverhalten in ihnen zum Ausdruck kommt (28). Hier soll lediglich die spezielle Erlangverteilung angeführt werden; sie nähert einen weiten Bereich möglicher empirischer Verteilungen hinreichend genau an und unterliegt deshalb den weiteren Beispielen in dieser Arbeit. Die Verteilung ist von K. A. Erlang entwickelt

---

27) D. R. Cox, a. a. O. , S. 16.

28) Zur formelmäßigen Darstellung gebräuchlicher Verteilungen vgl. E. Rusch, a. a. O. ; D. R. Cox, Erneuerungstheorie, a. a. O. , S. 24 ff; D. W. Jorgenson, J. J. McCall und R. Radner, a. a. O. , S. 134 ff; M. Wolff, Optimale Instandhaltungspolitiken in einfachen Systemen, Berlin-Heidelberg-New York 1970, S. 129 ff.

worden (29). Die Dichtefunktion lautet:

$$(2.07) \qquad f(t) = \frac{k \cdot \lambda (k \lambda t)^{k-1} \cdot e^{-k \lambda t}}{(k-1)!}$$

und die Zuverlässigkeitsfunktion:

$$(2.08) \qquad R(t) = \sum_{i=1}^{k-1} e^{-k \lambda t} \frac{(k \lambda t)^i}{i!}$$

Die Erlangverteilung besitzt die Parameter λ und k. Der Parameter λ ist der Kehrwert der mittleren Laufzeit Ta des Teils: $\lambda = \frac{1}{Ta}$ und besitzt die Dimension 1/Zeiteinheiten. Der Parameter k ist ganzzahlig $(0 < k)$ und ist ein Maß für die Streuung $\sigma = \sqrt{k/k} \cdot \lambda$ der Verteilung bzw. deren relative Streuung $\frac{\sigma}{Ta} = \frac{1}{\sqrt{k}}$. Die bedingte Ausfallrate $\lambda (t)$ errechnet sich nach:

$$(2.09) \qquad \lambda(t) = \frac{f(t)}{R(t)} = \frac{k \cdot \lambda (k \lambda t)^{k-1}}{(k-1)! \sum_{i=1}^{k-1} \frac{(k \lambda t)^i}{i!}}$$

In Abb. (2.07), (2.08) und (2.09) sind die Dichtefunktionen, Zuverlässigkeitsfunktionen und Ausfallraten für verschiedene Phasenparameter und Ta = 1 eingezeichnet. Die Erlangverteilung enthält als Spezialfall für k = 1 die Exponentialverteilung mit

$$f(t) = \lambda \cdot e^{-\lambda t} \quad \text{und} \quad F(t) = 1 - e^{-\lambda t}.$$

------

29) Strenggenommen ist die Erlangverteilung kein eigener Verteilungstyp, sondern lediglich ein Spezialfall der Gammaverteilung mit ganzzahligem Parameter k. Die Lebensdauer eines Teils ergibt sich bei der Erlangverteilung gedanklich als Summe von k-unabhängigen exponentiell verteilten Zeiten, d. h.

$$t = \sum_{i=1}^{k} t_i.$$

Der Parameter k wird deshalb auch als die Zahl der Phasen bezeichnet, aus der sich die eigentliche Zufallsvariable, hier die Lebensdauer eines Teils, zusammensetzt. Zur allgemeinen Ableitung der Erlangverteilung vgl. D. R. Cox, Erneuerungstheorie, a. a. O., S. 25 f; Ph. M. Morse, a. a. O., S. 39 ff; E. Rusch, a. a. O., S. 65 ff.

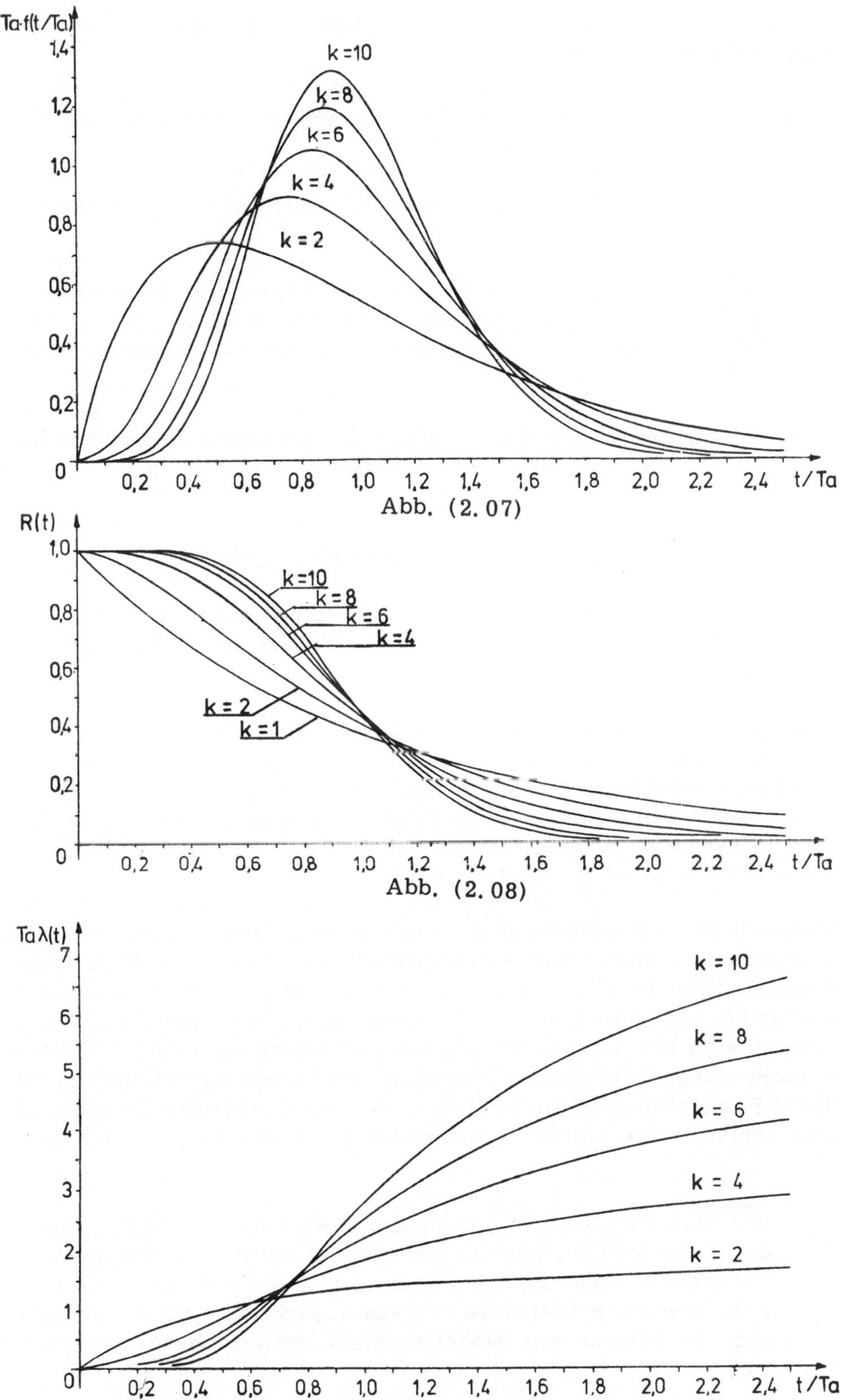

Abb. (2. 07)

Abb. (2. 08)

Abb. (2. 09)

Wie leicht zu sehen ist, ist die Ausfallrate der Exponentialverteilung konstant gleich λ :

$$\lambda(t) = \frac{\lambda \cdot e^{-\lambda t}}{e^{-\lambda t}} = \lambda \ , \qquad \text{der reziproken mittleren Laufzeit Ta.}$$

Mit kleiner werdender Streuung gegenüber der Streuung der Exponentialverteilung ergeben sich steigende Ausfallraten, die eine positive Alterung ausdrücken.

Für festes λ und $k \rightarrow \infty$ wird die Erlangverteilung asymptotisch normal mit dem Mittelwert $\frac{1}{\lambda}$ und der relativen Streuung $1/\sqrt{k}$. Die endgültig sich ergebende Grenzverteilung ist eine Einpunktverteilung in Ta.

Mit der Angabe seiner Ausfallverteilung ist somit die technische Lebensdauer eines Aggregatteils hinreichend beschrieben.

II. Produktionskosten und Ausschuß

Neben dem technischen Ausfallpunkt bedingen die technischen Zustandsänderungen auch Änderungen der Produktionskosten und Erlöse.

Die Kostenleistungsfunktion eines Aggregates wird über die Verbrauchsfunktionen von der Z-Situation beeinflußt, so daß die Zustandsänderung eines Verschleißteils bei konstanter V- und Q-Situation zu höherem Faktorverzehr führt. Weiterhin wird auch der Qualitätsgrad, z. B. ausgedrückt durch die Zahl der Ausschußprodukte (30), von der Z-Situation wesentlich bestimmt.

Während für die Definition der technischen Lebensdauer nur die zwei Zustände "intakt" und "ausgefallen" betrachtet zu werden brauchen, sind für die Betrachtung von Produktionskosten und Ausschuß gerade die allmählichen Verschleißwirkungen von Bedeutung. Damit würden sich als direkte Maßgrößen des Zustands eines Teils der Faktorverbrauch bzw. der Ausschuß am besten eignen. Häufig ist deren Feststellung und die Isolierung des Einflusses der Z-Situation allerdings mit erheblichen Aufwendungen verbunden, so daß auch

---

Als Maß der Qualität der Produkte wird im folgenden jeweils der Ausschußprozentsatz, bezogen auf die Produktion in einer Zeiteinheit, benutzt. Sind mehrere Qualitätsgrade, die sich z. B. in den zu erzielenden Preisen ausdrücken, zu unterscheiden, so können die Modelle leicht entsprechend erweitert werden.

hier lediglich Zeitgrößen als Maßgröße für den Zustand eines Teils angesetzt werden (31).

In der Literatur zu Problemen der Ersatzpolitik wird streng zwischen den zwei Fällen: Teile mit stochastischem Ausfallverhalten und Teile mit abnehmender Nutzenstiftung unterschieden (32). Beim ersten Fall wird davon ausgegangen, daß die Nutzenstiftung konstant ist - im zweiten Fall ist die technische Lebensdauer bekannt. Aber auch Kombinationen beider Fälle können in praktischen Fällen relevant werden. Um die Kosten- und Ausschußwirkungen in Modellen erfassen zu können, müssen sie in Abhängigkeit von der Laufzeit formuliert werden.

Auch hier kann wie bei der Ableitung der Ausfallverteilung versucht werden, die Kosten- und Ausschußfunktion aus der Verteilung des Anfangszustands bzw. der Belastung herzuleiten. In der Praxis wird es sich aber auch hier empfehlen, empirisch induktiv vorzugehen.

Dazu müssen die Betriebskosten $B'(t)$ und Ausschußanteile $A'(t)$ pro Zeiteinheit für ein Teil in Abhängigkeit vom Einsatzalter bis zu seinem Ausfall statistisch erfaßt werden. Aus der Beobachtung mehrerer Teile kann für jedes Einsatzalter eine Verteilung für beide Größen ermittelt werden (33), deren Dichtefunktionen mit $g(B'(t))$ und $h(A'(t))$ angegeben werden.

Infolge des Verschleißprozesses können sich mit steigendem Einsatzalter die Mittelwerte und Streuungen der Verteilungen ändern.

Die Erwartungswerte für Betriebskosten und Ausschuß des Zeitpunktes t ergeben sich als:

$$(2.10) \qquad B(t) = \int_{0}^{\infty} B'(t)\, g(B'(t))\, dB'(t)$$

---

31) Wenn dagegen diese Größen leicht zu erfassen sind, so können sogenannte Mehrzustandmodelle angewandt werden. Vgl. z. B. M. Klein, a. a. O.

32) Vgl. z. B. C. W. Churchman, R. L. Ackoff und E. L. Arnoff, Operations Research, 3. Aufl., Wien 1966, S. 339; D. W. Jorgenson, J. J. McCall, R. Radner, a. a. O., S. 5 ff; S. Eilon, J. R. King und D. E. Hutchinson, A Study in Equipment Replacement, in: O. R. Q., Vol. 17 (1966), S. 59-71, hier S. 59; W. Männel, Wirtschaftlichkeitsfragen der Anlagenerhaltung, Wiesbaden 1968, S. 49.

33) Für die empirische Ermittlung und Schätzung der Parameter der Verteilungen gelten die gleichen Ausführungen wie bei der Ermittlung der Ausfallverteilung.

$$(2.11) \qquad A(t) = \int_0^\infty A'(t) \; h(A'(t)) \; dA'(t).$$

Diese Erwartungswerte gelten unter der Bedingung, daß ein Teil zur Zeit t noch intakt ist. Wenn der Kostenerwartungswert eines Teils für seine gesamte Lebenszeit ermittelt werden soll, müssen alle Zeiteinheiten seiner Lebensdauer abgetastet werden. Dabei muß jeweils berücksichtigt werden, mit welcher Wahrscheinlichkeit das Teil zu den Zeitpunkten noch intakt ist. Diese Wahrscheinlichkeit ist gleich der Zuverlässigkeit R(t), so daß als Kostenerwartungswert eines Teiles gilt:

$$(2.12.) \qquad E(B) = \int_0^\infty R(t) \int_0^\infty B'(t) \cdot g(B'(t)) \cdot dB'(t) \cdot dt$$

$$= \int_0^\infty R(t) \cdot B(t) \; dt$$

Analog gilt für den Ausschuß:

$$(2.13) \qquad E(A) = \int_0^\infty R(t) \int_0^\infty A'(t) \cdot h(A'(t)) \cdot dA'(t) \cdot dt$$

$$= \int_0^\infty R(t) \cdot A(t) \; dt$$

Werden Teile betrachtet, die während der Betrachtungsperiode nicht ausfallen können, so ist R(t) während des Betrachtungszeitraumes gleich 1. Diese Beziehung wird in den traditionellen deterministischen Ersatzmodellen jeweils unterstellt, in denen die Betriebskosten B(t) dem Kostenerwartungswert pro Zeiteinheit der obigen Ausdrücke entsprechen. Für den Zeitraum (0, T) fallen danach Betriebskosten in Höhe von $K(T) = \int_0^T B(t) \; dt$ an.

III. Dauer von Maßnahmen der Ersatzpolitik

Neben der technischen Lebensdauer, den Betriebskosten und dem Ausschuß ist die Dauer von Maßnahmen der Ersatzpolitik eine stochastische Größe. Auch hier beeinflussen eine Vielzahl von Faktoren die Zeit, die mit dem Ersatz eines Teils verbunden ist. Die Zeit wird dabei gerechnet von dem Zeitpunkt an, an dem das Aggregat stillgelegt wird, bis zu dem Zeitpunkt, zu dem es wieder in Betrieb gesetzt wird. Umschließt dieser Zeitraum Zeiten, in denen das Aggregat ohnehin stillgelegt wird (Pausen, arbeitsfreie Zeiten), so werden diese nicht zu der Ersatzzeit gerechnet. Damit umfaßt die Ersatzzeit nur Zeiten, die der Produktionszeit verlorengehen.

Die Streuung der Ersatzzeit kann daraus resultieren, daß Wartezeiten auftreten, weil z. B. die Reparaturgruppe bereits beschäftigt ist oder Ersatzteile beschafft werden müssen. Aber auch die reine Bearbeitungszeit kann streuen; es können Arbeitskräfte unterschiedlicher Qualifikation eingesetzt werden oder die Folgeschäden eines Ausfalls können unterschiedlich hoch sein. Aus diesen Gründen ergibt sich eine Verteilung der Ersatzzeit, die wiederum empirisch ermittelt werden kann.

Im weiteren wird unterstellt, daß keine Abhängigkeit zwischen der Ersatzzeit und der Lebensdauer eines Teils besteht. Dagegen sollen für vorbeugende Maßnahmen und den Ersatz nach Ausfall unterschiedliche Verteilungen gelten. Dabei wird angenommen, daß bei einem vorbeugenden Ersatz der Erwartungswert der Ersatzzeit kleiner ist als bei einem Ersatz nach Ausfall. Diese Annahme erscheint berechtigt, da bei geplanten Maßnahmen die oben genannten Einflußgrößen besser kontrolliert werden können und die Ersatzzeiten teilweise von vornherein in Zeiten verlegt werden können, in denen der Betrieb ohnehin ruht. Auch wird aus diesen Gründen die Streuung der Verteilung kleiner sein als bei den Ausfallersatzzeiten.

Damit ergeben sich für die geplante Ersatzzeit Rv und die Ausfallersatzzeit Ra schematisch folgende Dichtefunktionen $f_1(Ra)$ und $f_2(Rv)$ mit den Erwartungswerten Ra und Rv, wobei gilt:

$$(2.14) \qquad Ra = \int_0^\infty Ra' \cdot f_1(Ra') \cdot dRa' \quad \text{und}$$

$$(2.15) \qquad Rv = \int_0^\infty Rv' \cdot f_2(Rv') \cdot dRv'.$$

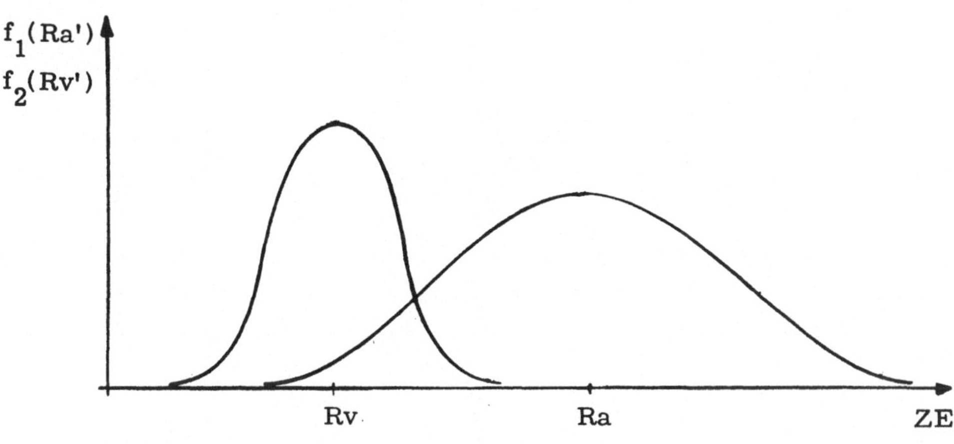

Abb. (2.10)

Kapitel III

Grundmodelle der Ersatzpolitik

Nachdem die Haupteinflußgrößen der Ersatzpolitik abgeleitet worden
sind, gilt es nun, diese Faktoren in Entscheidungsmodellen der Ersatzpolitik zu erfassen.

Zielsetzung dieser Modelle ist allgemein die Maximierung des Gewinns für einen vorgegebenen Planungszeitraum. Aktionsparameter
sind vor allem die wirtschaftlichen Ersatzzeitpunkte (1), die entsprechend der jeweils vorliegenden Entscheidungssituation optimal
bestimmt werden sollen. Die Entscheidungssituation wird beschrieben durch: die Art der möglichen Maßnahmen der Ersatzpolitik, die
Struktur des betrachteten Produktionsprozesses, die Absatzsituation, die Verflechtung des betrachteten Aggregatteils zu anderen
Teilen, die Art der Abhängigkeit der Produktionskosten, die Ersatz-
teilsituation und die Kapazität der Reparaturgruppe.

Die in diesem Kapitel behandelten Grundmodelle der Ersatzpolitik
beruhen bezüglich dieser Merkmale der Entscheidungssituation auf
folgenden Prämissen:

1.   Der Produktionsapparat besteht aus lediglich e i n e m Aggre-
      gat.

2.   Lediglich e i n Teil dieses Aggregats unterliegt Verschleiß-
      wirkungen.

3.   Bei einem vorbeugenden oder ausfallbedingten Ersatz wird das
      Aggregat wieder in den definierten Ausgangszustand versetzt.
      (Alle eingesetzten Teile besitzen die gleiche Ausfallverteilung.)

4.   Auf dem Aggregat wird nur e i n Produkt gefertigt.

5.   Absatzgrenzen werden nicht relevant.

---

1)   Dieser Aktionsparameter steht im Vordergrund der Arbeit. In
      speziellen Situationen werden im Zusammenhang mit dem op-
      timalen Ersatzzeitpunkt auch andere Größen, wie z. B. die
      Kapazitätsdimensionierung der Instandhaltungsabteilung, die
      Produktionsgeschwindigkeit des Aggregats, die Zahl der zu
      beschaffenden Ersatzteile, optimal bestimmt.

6. Der Preis des Produktes ist für eine definierte Qualitätsstufe konstant.

7. Die Produktionsgeschwindigkeit ist konstant.

8. Den Maßnahmen der Ersatzpolitik lassen sich eindeutig bestimmte Ersatzzeiten und Ersatzkosten (bzw. eindeutige Verteilungen dieser Größen) zurechnen.

9. Die benötigten Ersatzteile sind sofort verfügbar.

10. Die benötigte Instandsetzungskapazität ist verfügbar.

11. Die Verteilungen der Dauern von Maßnahmen der Ersatzpolitik sind fest vorgegeben und lassen sich durch organisatorische Maßnahmen nicht beeinflussen.

Aus Prämisse 2 folgt, daß die für die Ersatzpolitik relevante Z-Situation des Aggregats nur von dem einen Teil abhängt.

Die Prämisse 4 muß nur insoweit eingehalten werden, wie durch ihre Auflösung keine systematische Änderung der Ausfallverteilung eintritt.

Die Prämissen 1, 4 und 6 bewirken, daß dem Aggregat eindeutige Erlöse zugerechnet werden können. Prämisse 9 schließt Fragen der Ersatzteilbeschaffung und Lagerung aus der Betrachtung aus und Prämisse 10 verhindert, daß Wartezeiten vor der Reparaturgruppe entstehen können.

Zu diesen Prämissen, die in der Literatur den meisten Entscheidungsmodellen der Ersatzpolitik bei stochastischem Ausfallverhalten zugrunde liegen (ohne dort allerdings explizit genannt zu werden), tritt als weitere Prämisse die Bedingung hinzu, daß die Betriebskosten konstant sind. Hier sollen aber, wie oben ausgeführt wurde, stochastisches Ausfallverhalten und steigende Faktorbindung bzw. abnehmende Leistungsfähigkeit simultan behandelt werden.

Die im folgenden behandelten Grundmodelle der Ersatzpolitik dienen dazu, die grundsätzliche Struktur der Entscheidungssituationen und der Entscheidungsregeln zu verdeutlichen. In den nachfolgenden Kapiteln der Arbeit werden dann die aufgezeigten Prämissen schrittweise aufgehoben und damit die Entscheidungsmodelle der betrieblichen Realität nähergebracht. Für eine vollständige Beschreibung des Ersatzprozesses sind über die Angabe der genannten Prämissen hinaus Angaben über die spezielle Zielfunktion und die Struktur der gewählten Ersatzpolitik erforderlich.

A. Zielfunktion und Struktur der Politik

I. Die Zielsetzung des Ersatzprozesses

Maßnahmen der Ersatzpolitik wirken sowohl auf den Erlös als auch auf die Kosten einer Periode. Der Erlös U wird durch die Produktion von Ausschuß und bei knapper Kapazität durch den Kapazitätsverlust durch Stillstandszeiten während der Ersatzmaßnahmen beeinflußt. Als direkte Ersatzkosten $\overline{KE}$ bzw. Ersatzkosten i. e. S. werden die mit dem Ersatz eines Teils verbundenen variablen Kosten bezeichnet, die hauptsächlich aus den Materialkosten, der mit einem Ausfall verbundenen Ausschußproduktion, den Anlaufkosten beim erneuten Einsatz des Aggregats sowie aus Lohnkosten der Instandsetzungsgruppe bestehen. Die Betriebskosten $\overline{KB}$ der Periode werden ebenfalls von der Ersatzpolitik beeinflußt.

Damit ergibt sich der zu maximierende Gewinn in Abhängigkeit von der Periodenlänge T und der Ersatzpolitik P als Differenz zwischen dem Erlös U(T, P) und den Produktionskosten $\overline{KB}$(T, P) sowie den direkten Ersatzkosten $\overline{KE}$(T, P) zu:

$$(3.01) \qquad G(T, P) = U(T, P) - \overline{KB}(T, P) - \overline{KE}(T, P) \longrightarrow \max$$

Wenn die Prämissen 4 bis 7 gelten, kann der Erlösentgang durch Ausschußproduktion während der Laufzeit als Opportunitätskosten den Betriebskosten zugeordnet werden und der Entgang an Deckungsspannen während der Stillstandszeiten als Opportunitätskosten den Ersatzkosten (2). Damit ist die Zielfunktion (3.01) äquivalent der Minimierung der erweiterten Betriebs- und Ersatzkosten:

$$(3.02) \qquad K(T, P) = KB(T, P) + KE(T, P) \longrightarrow \min !$$

Diese Zielfunktionen sind nur dann anwendbar, wenn deterministische Ersatzprozesse betrachtet werden. Sind Produktionskosten oder Ersatzkosten stochastische Größen, muß von Erwartungswerten ausgegangen werden. Die Maximierung des Gewinnerwartungswertes einer Periode ist strenggenommen aber nur dann der allgemeinen Zielsetzung der Gewinnmaximierung äquivalent, wenn der sogenannte Bernoulli-Fall der häufigen Wiederholung vorliegt, denn nur dann werden die Erwartungswerte im Planungszeitraum realisiert, so daß sie als "quasi sichere" Werte behandelt werden kön-

---

2) Zur ausführlichen Ableitung vgl. S. 69 ff; vgl. ferner auch K. Opfermann, Kostenoptimale Zuverlässigkeit produktiver Systeme, Wiesbaden 1968, S. 247 ff.

nen (3). Ist diese Voraussetzung nicht erfüllt, ist der Gewinn- oder
Kostenerwartungswert allein kein ausreichendes Zielkriterium (4).
Im weiteren werden nur solche Entscheidungssituationen betrachtet, in denen eine solche Häufigkeit der Entscheidungen besteht,
daß das Bernoulli-Prinzip zumindest eine hinreichende Annäherung
erfährt.

Damit ergibt sich für die betrachteten Ersatzprozesse als Zielfunktion einmal für deterministische Ansätze die Maximierung des Peri-
odengewinns und für stochastische Ansätze die Maximierung des
Gewinnerwartungswertes der Periode. In besonderen Fällen sind
diese Kriterien der Minimierung bestimmter Kostenwerte äquivalent.

II. Sequentielle Ersatzpolitik

Strenggenommen ist mit einer definierten Zielsetzung und einer definierten Datensituation auch die optimale Politik bestimmt, so daß
eine Diskussion über mögliche Politikstrukturen entfallen müßte.
In der Ersatztheorie wird aber zwischen sequentiellen und periodischen Politiken unterschieden (5).

Eine sequentielle Ersatzpolitik liegt dann vor, wenn in jedem Zeitpunkt eines Planungszeitraumes ein anderes Ersatzintervall optimal
ist, oder anders ausgedrückt: wenn mit fortschreitender Zeit in einem Planungszeitraum jeweils die Politik, d. h. das Ersatzinter-

---

3)   Zur genauen Definition des Bernoulli-Prinzips vgl. z. B. M.
Fisz, a. a. O. , S. 214 ff; K. Opfermann, a. a. O. , S. 64 f. und
die dort angegebene Literatur.

4)   Für derartige Entscheidungssituationen ist eine Reihe von Entscheidungskriterien entwickelt worden, auf die hier aber nicht
näher eingegangen werden soll. Vgl. dazu K. Opfermann, a. a.
O. , S. 63 ff; H. Schneeweiss, Entscheidungskriterien bei Risiko, Berlin-Heidelberg-New York 1967; H. Jacob, Zum Problem der Unsicherheit bei Investitionsrechnungen, in: ZfB,
37. Jg. (1967), S. 153 ff; H. Jacob, Flexibilitätsüberlegungen
in der Investitionsrechnung, in: ZfB, 37. Jg. (1967), S. 1 ff;
A. - W. Scheer, Die industrielle Investitionsentscheidung,
Wiesbaden 1969, S. 61 ff.

5)   Vgl. M. Wolff, a. a. O. , S. 38 f; J. J. McCall, Maintenance
Policies for Stochastically Failing Equipment, in: Mng. Sci. ,
Vol. 11 (1965), S. 493-524, hier S. 499 ff; P. Mertens, Die
gegenwärtige Situation der betriebswirtschaftlichen Instand-
haltungstheorie, in: ZfB, 38. Jg. (1968), S. 805-837, hier
S. 821.

vall, neu bestimmt wird. Von einer periodischen Politik wird dagegen gesprochen, wenn während der gesamten Zeit nur e i n Ersatzintervall optimal ist.

Die Unterscheidung zwischen sequentieller und periodischer Politik gilt sowohl für deterministische als auch für stochastische Modelle.

a) Sequentielle Ersatzpolitik bei deterministischen Modellen

Die Belastungen der Produktion bewirken bei einem Aggregat, daß mit zunehmendem Einsatzalter der Faktorverbrauch und der Ausschußanteil steigen. Beide Wirkungen werden in der Betriebskostenfunktion B(t) erfaßt (6). Für den Planungszeitraum (0, T) soll für das Verschleißteil des Aggregates eine optimale Ersatzpolitik unter Berücksichtigung von Zinseszinsen bestimmt werden (7). Dazu gilt es, die Ersatzpunkte und damit auch die Zahl der Ersetzungen so zu bestimmen, daß der Kapitalwert der gesamten Kosten minimiert wird.

Wenn zwei gleichartige Aggregatteile während eines Planungszeitraumes (0, T) eingesetzt werden sollen, ergibt sich der Kapitalwert $C_T(t_1, t_2)$ in Abhängigkeit der zwei wirtschaftlichen Laufzeiten t_1 und t_2 (mit $t_1 + t_2 = T$) zu (8):

$$(3.03) \qquad C_T(t_1, t_2) = \int_0^{t_1} B(t)e^{-rt}dt + KV + \left[\int_0^{T-t_1} B(t)e^{-rt}dt + KV \right]e^{-rt_1}$$

---

6) Der Ausschuß kann je nach Zweckmäßigkeit einmal in einer speziellen Ausschußfunktion A(t), zum anderen als Erlösentgang in der Betriebskostenfunktion B(t) erfaßt werden. Da beide Möglichkeiten in dieser Arbeit genutzt werden, wird jeweils dargelegt, ob B(t) Ausschußverluste enthält oder nicht.

7) Damit wird der allgemeine Fall dieses Problems betrachtet; häufig sind die Ersatzintervalle in den hier untersuchten Situationen so klein, daß der Ansatz einer Verzinsung nicht erforderlich ist.

8) Das Problem hat gewisse Ähnlichkeiten mit dem Modell zur Bestimmung der wirtschaftlichen Lebensdauer eines Aggregates, das eine endliche Anzahl von Malen durch gleichartige Aggregate ersetzt wird. Nur ist dort auch T, der Planungszeitraum, eine Entscheidungsvairable. Vgl. dazu G. A. D. Preinreich, Economic Life of Industrial Equipment, in: Econometrica, Vol. 8 (1940), S. 14 f; E. Schneider, Wirtschaftlichkeitsrechnung, a. a. O. , S. 84 ff; D. Schneider, Nutzungsdauer, a. a. O. , S. 34 ff.

In (3.03) bezeichnet KV die mit dem Einsatz eines Teiles verbundenen Kosten und $\bar{r}$ die sogenannte Verzinsungsintensität (9).

Dieser Ausdruck nach t_1 differenziert, führt nach einigen Umformungen zu der Bestimmungsgleichung für den optimalen Ersatzzeitpunkt des ersten Teiles:

$$(3.04) \qquad B(t_1) = B(T-t_1)e^{-\bar{r}\cdot(T-t_1)} + \bar{r}\left[\int_0^{T-t_1} B(t)e^{-\bar{r}t}\,dt + KV\right]$$

$B(t_1)$ sind die Betriebskosten des ersten Teils im Zeitpunkt t_1. Der erste Term auf der rechten Seite in (3.04) gibt die Betriebskosten des zweiten Teils am Ende seiner Einsatzzeit t_2 an, abgezinst auf den Zeitpunkt t_1. Der zweite Ausdruck beinhaltet die Verzinsung des Kapitalwertes der Kosten des zweiten Teils für eine Zeiteinheit. Da $B(t)$ als Grenzkosten in bezug auf die Zeit interpretiert werden können, besagt Gleichung (3.04), daß das erste Teil dann ersetzt werden soll, wenn seine Grenzkosten in bezug auf seinen Ersatzzeitpunkt t_1 gleich den Grenzkosten in bezug auf den Ersatzzeitpunkt t_2 des zweiten Teils sind (10). Ob der Ersatzzeitpunkt t_2 des zweiten Teils größer oder kleiner als der Ersatzzeitpunkt des ersten Teils ist, hängt von den konkreten Daten ab, insbesondere von der Höhe von $\bar{r}$ und KV.

Falls mehrere Ersetzungen im Zeitraum (0, T) möglich sind, müssen für jede mögliche Zahl von Ersetzungen n jeweils die optimalen t_i und damit die Kapitalwerte $C(n;t_i)$ bestimmt werden. Die Zahl der Ersetzungen mit dem niedrigsten Kapitalwert ist optimal. Für eine

---

9)   Da $B(t)$ eine stetige Funktion in t ist, muß mit der sogenannten Momentanverzinsung gearbeitet werden. Zur Ableitung der Momentanverzinsung vgl. E. Schneider, a.a.O., S. 138 ff.

10)   Um die rechte Seite leichter als Grenzkosten interpretieren zu können, sollen gedanklich die Kostenwirkung einer Verlängerung der wirtschaftlichen Lebensdauer t_1 um eine Zeiteinheit, die mit der Vorverlegung des wirtschaftlichen Ersatzzeitpunktes t_2 identisch ist, verfolgt werden: Für das erste Teil fallen zusätzliche Kosten von $B(t_1)$ an. Da das zweite Teil eine Zeiteinheit später eingesetzt wird, fallen die Betriebskosten $B(t_2)$ fort. Weiterhin fallen alle Kosten des zweiten Teils um eine Zeiteinheit verspätet an, d.h. daß der Kapitalwert der Kosten des zweiten Teils ebenfalls um eine Zeiteinheit verspätet anfällt und deshalb die Zinsen auf den Kapitalwert einer Zeiteinheit eingespart werden können.

diskrete Betriebskostenfunktion kann das Problem als eine Aufgabe der diskreten Dynamischen Optimierung formuliert werden (11). Dazu wird der Planungszeitraum $(0, T)$ in $T+1$ Zeitstufen (im folgenden auch Zeiteinheiten genannt) $T^* = 0, 1, 2, \ldots T$ aufgespalten. Der Zustand des Systems wird in jedem Zeitpunkt T^* durch die Zustandsvariable t, das Einsatzalter des Aggregatteils, beschrieben. Mit $F_{T^*}(t)$ wird der auf den Zeitpunkt T^* bezogene Kapitalwert der Kosten bis zum Ende des Planungszeitraums T bezeichnet. Dieser Kapitalwert gilt unter den Voraussetzungen, daß ab T^* bis zum Planungsendpunkt T eine optimale Ersatzpolitik befolgt wird.

Am Anfang jeder Zeitstufe muß entschieden werden, ob das Teil ersetzt werden soll oder nicht. Wird also am Anfang der Zeiteinheit T^* das Teil ersetzt, fallen für diese Zeiteinheit die Ersatzkosten KV und die Betriebskosten $B(0)$ für das neue Teil an.

Wenn angenommen wird, daß diese Zahlungen am Anfang der Zeiteinheit anfallen, brauchen sie nicht abgezinst zu werden. Der gesamte Kapitalwert ergibt sich, wenn hierzu alle folgenden Zahlungen, abgezinst auf den Zeitpunkt T^*, addiert werden. Die dem Zeitpunkt T^* folgenden abgezinsten Zahlungen sind gleich dem Kapitalwert $F_{T^*+1}(1)$, der um eine Zeitstufe zum Kalkulationszinsfuß abgezinst werden muß. Das neu eingesetzte Teil befindet sich dann im Zustand $t = 1$ (12).

---

11)   Zur Methode der Dynamischen Optimierung und ihrer Anwendung auf einfache Probleme der Ersatzpolitik vgl. R. Bellman, Dynamic Programming, Princeton 1957; R. Bellman und St. E. Dreyfus, Applied Dynamic Programming, Princeton 1962, insbesondere S. 144 ff; R. Henn und H. P. Künzi, Einführung in die Unternehmensforschung, Bd. II, Berlin - Heidelberg - New York 1968, S. 119 ff; K. Neumann, Dynamische Optimierung, Mannheim 1969, S. 51 ff; M. J. Beckmann, Dynamic Programming of Economic Decisions, Berlin - Heidelberg - New York 1968, vor allem S. 26 ff und S. 55 ff. In den meisten der angeführten Veröffentlichungen werden Ersatzmodelle lediglich zur Demonstration methodischer Probleme herangezogen und basieren häufig auf dem von Howard aufgestellten Beispiel des wirtschaftlichen Ersatzzeitpunktes von Autos; vgl. R. A. Howard, Dynamische Programmierung und Markov-Prozesse, Zürich 1965, S. 49 ff. Vgl. auch W. Wolf, Die Howardsche Berechnung optimalen Anschaffungs- und Betriebsalters für Kraftwagen, in: UF Bd. 12 (1968), S. 50-54.

12)   Damit wird unterstellt, daß die Ersatzzeit gegenüber der Länge einer Zeiteinheit relativ klein ist.

Bei einem Ersatz ergibt sich für den Kapitalwert mithin der Ausdruck (z = Kalkulationszinsfuß):

Ersatz: $F_{T*}(t) = KV + B(0) + F_{T*+1}(1)/(1 + z)$.

Wird ein Teil im Zustand t nicht ersetzt, so befindet sich das Teil nach einer Zeiteinheit im Zustand t+1 und der Kapitalwert, bezogen auf den Zeitpunkt T*, errechnet sich nach:

Weiterbetrieb: $F_{T*}(t) = B(t) + F_{T*+1}(t+1)/(1 + z)$.

Durch diese Beziehungen ist der Kapitalwert $F_{T*}(t)$ rekursiv mit dem Kapitalwert $F_{T*+1}(t)$ verbunden. Da die optimale Ersatzpolitik ab der Stufe T* nur von dem Wert der Zustandsvariablen t zu Beginn von T* abhängt, gilt das Bellmansche Optimalitätsprinzip (13).

Die Entscheidung über den Ersatz oder Weiterbetrieb des Teils wird dann in jedem Zeitpunkt bestimmt nach der Vorschrift (14):

$$(3.05) \qquad F_{T*}(t) = \text{Min} \left\{ KV + B(0) + F_{T*+1}(1)/(1 + z), \right.$$

$$\left. B(t) + F_{T*+1}(t+1)/(1 + z) \right\}.$$

Dazu werden vom Ende des Planungszeitraumes T aus (mit $F_{T+1}(t)$ = 0) die Zeitstufen für alle Zustandsbereiche für t bis T* = 0 durchschritten.

Die Struktur der so erhaltenen optimalen sequentiellen Politik soll anhand eines Beispiels verdeutlicht werden:

Die Ersatzkosten KV eines Teils betragen 500 GE. In Abhängigkeit vom Einsatzalter steigt die Betriebskostenfunktion B(t) um 10 GE. Hinzu kommt ein fixer Kostenbetrag von 100 GE pro Zeiteinheit. Damit errechnen sich die diskreten Betriebskosten nach der Formel (15): $B(t) = 100 + \dfrac{2t+1}{2} \cdot 10$.

---

13) Vgl. dazu die auf S. 58 f angegebene Literatur.

14) Wenn der Erlös in Abhängigkeit der Zustandsvariablen t und der Entscheidungsvariablen explizit eingeführt wird, muß jeweils das Maximum der Funktion bestimmt werden.

15) Vgl. dazu auch H. Jacob, Neuere Entwicklungen, a.a.O., S. 577 f; H. Jacob, Investitionsrechnung, in: Allgemeine Betriebswirtschaftslehre in programmierter Form, Hrsg. H. Jacob, Wiesbaden 1969, S. 636 ff.

Die technische Lebensdauer beträgt 19 Jahre, d. h. am Anfang des 20. Jahres muß das Aggregatteil spätestens ersetzt werden (16). Damit durchläuft die Zustandsvariable 't' den Wertebereich 0, 1. . . 19.

In Abb. (3. 01) ist für den Planungszeitraum (0, 50) und für die Zinssätze z = 0, 0. 05,0. 10 pro Zeiteinheit die optimale Ersatzpolitik eingetragen (17). Die geradlinig verbundenen Punkte geben jeweils die kritischen Einsatzzeiten des Aggregats t_K in Abhängigkeit von T* an (18). Befindet sich das Teil zum Zeitpunkt T* in diesem oder in einem höheren Einsatzalter t, so wird es ersetzt. Ist jedoch die Einsatzzeit kleiner, wird es nicht ersetzt. Da ein Teil jeweils nur am Anfang einer Zeiteinheit ersetzt werden kann, sind nur diese Ersatzzeitpunkte existent. Sollen beispielsweise die Kosten für einen Planungszeitraum von 50 Zeiteinheiten minimiert werden und wird das Aggregatteil zu Beginn des Zeitraumes neu eingesetzt, ist es bei einem Zinssatz von i=0 optimal, das Teil jeweils nach 10 Zeiteinheiten zu ersetzen (vgl. dazu die durchgezogenen Pfeile in Abb. (3. 01). Wird dagegen nur ein Planungszeitraum 24 Zeiteinheiten betrachtet (mit t=0 in T*=26), so wird das Teil zum Einsatzalter 12 einmal ersetzt. Analog kann für jeden Planungszeitraum zwischen 1 bis 50 Zeiteinheiten und die Zinssätze 0; 0, 05 und 0, 10 die Ersatzpolitik angegeben werden (19). Dabei zeigt sich, daß sich mit zunehmender Länge des Planungszeitraumes die kritischen Ersatzzeitpunkte konstanten Werten nähern, da der Einfluß des Planungsendpunktes immer mehr zurückgeht. Während sich bei dem Zinssatz 0 kein einzelner konstanter Wert einstellt, sondern periodisch die Einsatzzeiten 10 und 11 sich ablösen, nähern sich unter Berücksichtigung der Zinssätze z > 0 die Ersatzzeitpunkte den Zuständen 11 bzw. 12. Mit steigendem Zinssatz wird die Politik eher unabhängig

---

16) Die Wahl eines maximalen Einsatzalters ergibt sich aus der Notwendigkeit, die Zahl der Zustände (und damit später die Zahl der Variablen) zu begrenzen. Durch geeignete Vorüberlegungen, insbesondere über den maximal möglichen vorbeugenden Ersatzzeitpunkt, kann vermieden werden, daß das maximale Einsatzalter die optimale Entscheidungsregel beeinflußt.

17) Zur Lösung wurde ein in ALGOL programmiertes Rechenprogramm herangezogen. Alle in dieser Arbeit angestellten Rechnungen wurden auf der TR 4 des Rechenzentrums der Universität Hamburg durchgeführt.

18) Aus der Abbildung kann für jeden Planungszeitraum (0, T) mit T ≤ 50 und jeden Anfangszustand des Aggregatteils die optimale Ersatzpolitik abgelesen werden.

19) Es muß darauf hingewiesen werden, daß bei deterministischen Modellansätzen ohne Berücksichtigung von Zinsen mehrere unterschiedliche optimale Lösungen existieren.

vom Planungszeitraum, da durch den Abzinsungseffekt weiter in der
Zukunft liegende Zahlungen einen geringeren Einfluß auf den Kapitalwert ausüben. Auf die "stationären" Grenzwerte, denen die Ersatzzeitpunkte zustreben, wird weiter unten eingegangen (20).

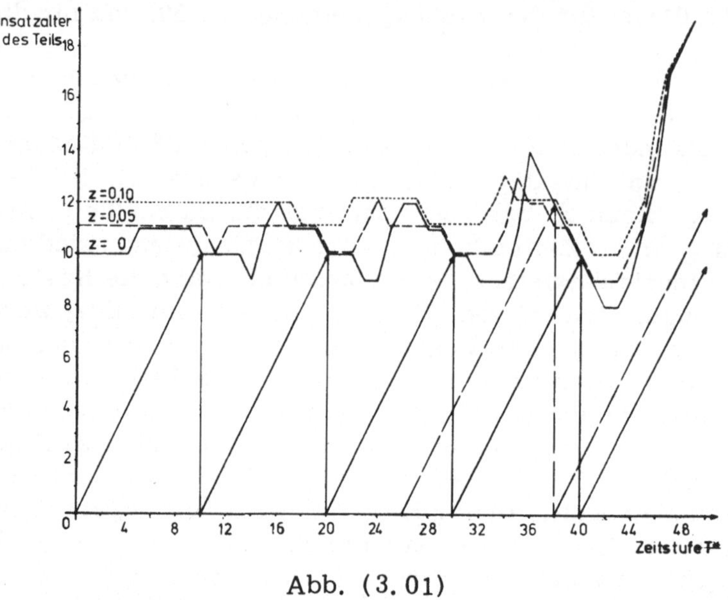

Abb. (3.01)

b) Sequentielle Ersatzpolitik bei stochastischem Ausfallverhalten

Bei einem Aggregat ist auch bei konstanten Betriebskosten eine
planmäßige Ersatzpolitik sinnvoll, wenn es mit altersabhängiger
Ausfallrate stochastisch ausfällt und ein vorbeugender Ersatz weniger Kosten verursacht als ein Ersatz nach Ausfall. Dabei stellt sich
die gleiche Fragestellung bezüglich der Anwendung einer sequentiellen oder periodischen Politik wie bei dem deterministischen Ansatz. Wegen der stochastischen Einflüsse gilt als Ziel der Ersatzpolitik für einen Zeitraum (0, T) die Maximierung des Gewinn- bzw.
Minimierung des Kostenerwartungswertes für diesen Zeitraum (21).

---

20)   Aus Abb. (3.01) geht hervor, daß bei Anwendung der optimalen
      Entscheidungsregel der Zustand 19 nie erreicht werden kann,
      da das Teil immer vorher ersetzt wird, so daß die Annahme
      dieses maximalen Einsatzalters keine Einschränkung des Pro-
      blems darstellt.

21)   Es sei noch einmal darauf hingewiesen, daß strenggenommen
      der Erwartungswert nur dann ein ausreichendes Entscheidungs-
      kriterium ist, wenn das Bernoulli-Prinzip der häufigen Wieder-
      holung gilt. Diese Bedingung kann z. B. dadurch erfüllt werden,
      daß eine große Zahl gleichartiger Aggregate parallel in dem
      Planungszeitraum (0, T) eingesetzt sind, oder mehrerer dieser
      Planungszeiträume hintereinander geschaltet sind.

Auch dieses Problem kann für diskrete Ersatzpunkte mit Hilfe eines Ansatzes der dynamischen Optimierung untersucht werden. Dazu muß das Beispiel um die stochastischen Ausfallmöglichkeiten erweitert werden. Während bei dem deterministischen Ansatz ein Teil während einer Zeitstufe jeweils um eine Zeiteinheit alterte, d. h. vom Zustand t in den Zustand t+1 überging, kann nunmehr das Teil entweder um eine Zeiteinheit altern oder aber ausfallen. Der Ausfallzustand wird durch das maximale Einsatzalter 19 gekennzeichnet und kann von allen Zuständen aus erreicht werden (22). Wenn sich ein Teil mithin zum Zeitpunkt T^* im Einsatzalter t befindet, kann es in der Zeitstufe T^*+1 entweder noch intakt sein (den Zustand t*1 erreicht haben) oder ausgefallen sein (sich im Zustand 19 befinden). Die Wahrscheinlichkeiten für die jeweiligen Übergänge werden als Übergangswahrscheinlichkeiten $_tp_t'$ bezeichnet (23). Dabei bezeichnet der Index t den Ausgangszustand und t' den folgenden Zustand, der entweder gleich t+1 oder gleich 19 sein kann. In Abb. (3. 02) sind in einem Markov-Graphen die Zustände, also die Einsatzalter des Teils, als Kreise dargestellt und die Übergänge von jedem Zustand aus durch Pfeile gekennzeichnet. Zu beachten ist, daß vom Einsatzalter 18 nur ein Übergang mit der Übergangswahrscheinlichkeit $_{18}p_{19} = 1$ stattfinden kann. Wenn das Teil ausgefallen ist, so wird es

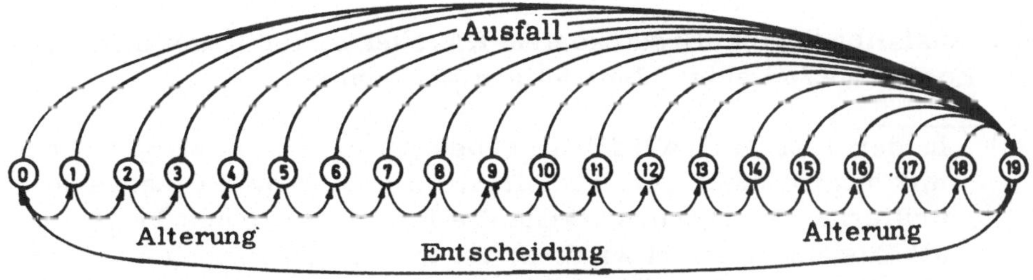

Abb. (3. 02)

ersetzt und wieder in den Zustand 0 überführt. Die Wahrscheinlichkeit, daß ein intaktes Teil während der nächsten Zeiteinheit ausfällt, entspricht der Ausfallquote $\lambda_t = f_t/R_t$, wobei f_t die Wahrscheinlichkeit für einen Ausfall im Einsatzalter $[t, t+1]$ angibt und R_t die Wahrscheinlichkeit, daß ein Teil nach t Einsatzzeiten noch intakt ist. Im stetigen Fall entspricht damit die Übergangswahrscheinlichkeit λ_t der bedingten Ausfallrate $\lambda(t)$, wie sie oben (vgl. S. 44) abgeleitet worden ist. Die Übergangswahrscheinlichkeit ist nur von dem

---

22)　　Damit wird wieder sichergestellt, daß nur eine endliche Zahl von Zuständen betrachtet zu werden braucht.

23)　　Zur statistischen Schätzung von Übergangswahrscheinlichkeiten vgl. T. C. Lee, G. G. Judge und A. Zellner, Estimating the Parameters of the Markov Probability Model from Aggregate Time Series Data, Amsterdam und London 1970.

augenblicklichen Einsatzalter abhängig, so daß das System Markov-Eigenschaft besitzt (24).

Für die vorbeugende Ersatzpolitik ergeben sich wie bei dem deterministischen Modell am Anfang jeder Zeiteinheit die Entscheidungsalternativen: Ersatz und Weiterbetrieb. In jedem Zeitpunkt muß deshalb analog dem deterministischen Beispiel das Minimum der beiden Entscheidungen bestimmt werden (25):

$$(3.06) \qquad F_{T^*}(t) = \text{Min} \left\{ \text{Ersatz: } KE(t)+B(0)+\left[{}_0P_1 \cdot F_{T^*+1}(1) \right.\right.$$

$$\left. + {}_0P_{19} \cdot F_{T^*+1}(19) \right]/(1+z);$$

$$\text{Weiterbetrieb: } B(t)+\left[{}_tP_{t+1} \cdot F_{T^*+1}(t+1) \right.$$

$$\left.\left. + {}_tP_{19} \, F_{T^*+1}(19) \right]/(1+z) \right\}$$

$$\text{mit } KE(t) = \begin{cases} KV, & \text{wenn } t \leq 19 \\ KA, & \text{wenn } t = 19 \end{cases}$$

Die ausfallbedingten Ersatzkosten KA sind in der Regel höher als die Kosten KV bei einer planmäßigen Maßnahme.

---

24) In der Literatur wird häufig bestritten, daß Ersatzprozesse mit altersabhängiger Ausfallrate als Markov-Prozesse formuliert werden können. Wenn die Einsatzzeit eines Teils aber als Zustand definiert wird, so ist die Voraussetzung der Markov-Eigenschaft erfüllt. Für einen diskreten Markov-Prozeß gilt:

$$P(X_{tn}=j \, / \, X_{tn-1}=i, \; X_{tn-2}=i_{n-2}, \; \ldots, \; X_{t0}=i_0) =$$
$$P(X_{tn}=j \, / \, X_{tn-1}=i) \qquad \text{für alle } i_0, \; \ldots i_{n-2}$$

und beliebige Parameterwerte tm (m=0, 1, ..., n; t0-t1-...tn) sowie für beliebige ganze Zahlen i, j. Vgl. M. Fisz, a.a.O., S. 323; H. Lahrs, a.a.O., S. 3. Damit bildet der Ausfallprozeß einen diskreten homogenen Markov-Prozeß mit endlich vielen Zuständen. Zu den folgenden Ausführungen vgl. auch S. 78 ff. Zur Formulierung eines Ersatzprozesses als Semi-Markov-Prozeß vgl. auch W. S. Jewell, Markov-Renewal Programming, in: Operations Research, Vol. 11 (1963), S. 938 bis 971.

25) Zu beachten ist, daß das Zielkriterium nunmehr der Erwartungswert des Kapitalwertes ist.

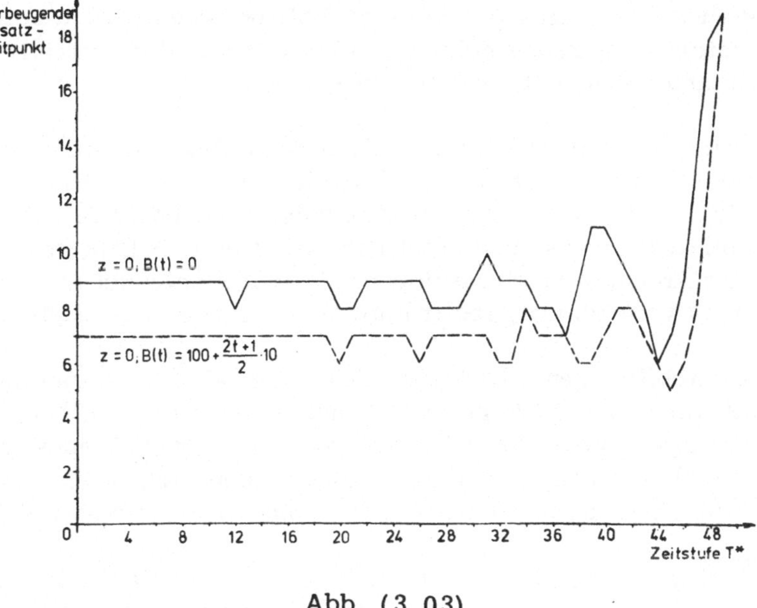

Abb. (3.03)

Für den Fall, daß ein vorbeugender Ersatz 500 GE und ein Ausfall-ersatz 1000 GE an Kosten verursacht, Betriebskosten nicht berücksichtigt werden und ein Kalkulationszinsfuß z=0 angesetzt wird, ergibt sich für eine Erlangverteilung mit der mittleren Laufzeit T_a =10 ZE und einem Phasenparameter k=6 die in Abb. (3.03) dargestellte Ersatzpolitik (26). Es zeigt sich, daß sich die Ersatzpolitik mit zunehmender Länge des Planungszeitraumes (T*, T) dem konstanten Ersatzpunkt 9 annähert; d. h. das Teil wird jeweils nach 9 Zeiteinheiten vorbeugend ersetzt. Da ein Teil in jedem Zeitpunkt ausfallen kann, ist die Verfolgung einer Ersatzfolge nicht mehr möglich. Wenn auch die Betriebskosten B(t) mit einbezogen werden, wird der Ersatzpunkt des Teils verkürzt, da sich die Vorteile der Vermeidung von höheren Betriebskosten und ausfallbedingten Ersatzkosten durch eine vorbeugende Ersatzpolitik verstärken.

III. Periodische Ersatzpolitik

Obwohl grundsätzlich bei endlichem Planungszeitraum eine sequentielle Ersatzpolitik sowohl für deterministische als auch für stochastische Modelle optimal ist, kann es sinnvoll sein, eine periodische

---

26) Die kontinuierlichen Ausfallraten werden durch diskrete Ausfallquoten approximiert. Die Ausfallquoten λ_t lauten dann von t=0 bis t=18: 0, 0.002, 0.009, 0.027, 0.052, 0.82, 0.114, 0.146, 0.175, 0.203, 0.228, 0.251, 0.272, 0.290, 0.307, 0.322, 0.336, 0.349, 1. Zur Darstellung der Übergangswahrscheinlichkeiten in einer Matrix vgl. S. 79.

Politik zu wählen. Eine periodische Politik ist durch ein konstantes Ersatzintervall gekennzeichnet und hat deshalb den Vorteil, besonders einfach gehandhabt werden zu können.

Das Ersatzintervall ist zwar auch dann noch abhängig vom Planungszeitraum, ändert sich aber nicht innerhalb des Planungszeitraums (27). Oft ist aber auch eine solche periodische Politik noch zu kompliziert anzuwenden, vielmehr wird eine Politik gewählt, die durch ein konstantes Ersatzintervall gekennzeichnet ist, das auch unabhängig vom Planungszeitraum, d. h. stationär ist (28).

Aus den Abbildungen (3.01) und (3.03) ist klar zu entnehmen, daß sich mit wachsender Länge des Planungszeitraumes (T*,T) die Ersatzintervalle konstanten Werten annähern. Diese Grenzwerte sind die optimalen Ersatzpunkte für einen unendlichen Planungszeitraum (29). Der Ersatzprozeß geht dann von einem evolutionären

---

27)   R. E. Barlow und F. Proschan haben den Verlauf einer solchen periodischen Ersatzpolitik für stochastisches Ausfallverhalten in Abhängigkeit von der Länge des Planungszeitraumes untersucht und festgestellt, daß das Ersatzintervall $T_p(T)$ sehr schnell mit wachsendem Planungszeitraum (0, T) gegen einen konstanten Wert konvergiert. Vgl. R. E. Barlow und F. Proschan, Planned Replacement, in: K. J. Arrow, S. Karlin und H. Scarf, Studies in Applied Probability and Management Science, Stanford University Press, Stanford 1962, S. 63-87, hier vor allem S. 67 f und S. 85 f.

28)   Zum Begriff "stationär" vgl. auch E. Schneider, Einführung in die Wirtschaftstheorie, Bd. II, 5. Aufl., Tübingen 1958, S. 263 ff; R. Schmidt, Kapazitätsplanung in stochastischen Produktionssystemen, Meisenheim am Glan 1968, S. 5 ff; M. Wolff, a. a. O., S. 13 f. Im weiteren werden sowohl für deterministische wie auch für stochastische Ersatzmodelle stationäre Entscheidungsregeln entwickelt. Nur wenn sich aus der Problemstellung zwangsläufig ein endlicher Planungszeitraum ergibt, werden evolutionäre Prozesse mit sequentiellen Entscheidungsregeln untersucht.

29)   Für eine unendliche Kette aus gleichartigen Investitionen hat E. Schneider klar und einfach dargelegt, daß die optimale Einsatzdauer aller Investitionen bei deterministischem Ansatz gleich lang ist. Vgl. E. Schneider, Wirtschaftlichkeitsrechnung, a. a. O., S. 61. Vgl. auch D. Schneider, a. a. O., S. 57; D. W. Jorgenson, J. J. McCall und R. Radner, a. a. O., S. 18. Für das stochastische Modell haben Barlow und Proschan ebenfalls bewiesen, daß für einen unendlich langen Planungszeitraum eine periodische Politik optimal ist. Vgl. R. E. Barlow und F. Proschan, Planned Replacement, a. a. O., S. 68 f.

Zustand in einen stationären Zustand über. Das optimale konstante Ersatzintervall ergibt sich dann für eine deterministische unendliche Ersatzkette aus folgendem Ansatz (30):

Der Kapitalwert der unendlichen Kette in Abhängigkeit des Ersatzintervalls T_p wird mit $C^*(T_p)$ bezeichnet und ergibt sich als Summe der abgezinsten Kapitalwerte $C(T_p)$:

$$(3.07) \qquad C(Tp) = C(Tp) + C(Tp) \cdot e^{-Tp \cdot \bar{r}} + C(Tp) \cdot e^{-2Tp \cdot \bar{r}} + \ldots$$

Der Ausdruck bildet eine geometrische Reihe und kann entsprechend vereinfacht werden. Mit Hilfe der Differentialrechnung erhält man, nachdem der Kapitalwert ausgeschrieben wird, als Bestimmungsgleichung für den optimalen Ersatzpunkt:

$$(3.08) \qquad B(Tp) = \frac{1}{1 - e^{-Tp \cdot \bar{r}}} \cdot \bar{r} \left(\int_0^{Tp} B(t) e^{-\bar{r}t} \, dt + KV \right).$$

Diese Beziehung ist äquivalent dem Ausdruck:

$$(3.09) \qquad B(Tp) = \frac{\displaystyle\int_0^{Tp} B(t) e^{-\bar{r}t} \, dt + KV}{\displaystyle\int_0^{Tp} e^{-\bar{r}t} \, dt} \, ,$$

also dem Kapitalwert $C(Tp)$ eines einzelnen Gliedes der Kette, dividiert durch die abgezinste Einsatzzeit des Teils.

$B(Tp)$ kann als Grenzkosten in bezug auf die Einsatzzeit des Aggregatteiles interpretiert werden und der rechte Ausdruck als Durchschnittskosten in bezug auf die Zeit. Damit ergibt sich, daß der Kapitalwert einer unendlich langen Kette von identischen Ersetzungen ihr Maximum annimmt, wenn für jedes Teil die Bedingung: Grenzkosten in bezug auf die Zeit gleich Durchschnittskosten in bezug auf die Zeit gilt. Um für einen konkreten Fall das optimale Tp zu bestimmen, braucht mithin nur ein Glied der Kette betrachtet zu werden und das Durchschnittskostenminimum bestimmt zu werden.

---

30)   Vgl. dazu z. B. McCall, Radner, Jorgenson, a. a. O., S. 18; E. Schneider, a. a. O., S. 86; D. Schneider, a. a. O., S. 57; H. Jacob, Investitionsrechnung, a. a. O., S. 637 f.

Wenn keine Zinsen einbezogen werden, reduziert sich der Ausdruck
(3. 09) unter Berücksichtigung einer Zeit Rv für den Ersatzvorgang
zu:

$$(3.10) \qquad B(T_p) = \frac{\displaystyle\int_0^{T_p} B(t)\, dt + KV}{T_p + R_v} \; .$$

Für die spezielle Betriebskostenfunktion $B(t) = B + \Delta Bt$ und $R_v = 0$
kann Tp direkt ausgerechnet werden zu (31):

$$(3.11) \qquad T_p = \sqrt{\frac{2\,KV}{\Delta B}} \; .$$

So ergibt sich für das oben mit Hilfe der Dynamischen Optimierung
für einen endlichen Planungszeitraum aufgestellte Beispiel für KV=
500 und Δ B=10 ein Grenzwert von Tp=10, wie auch aus Abb. (3.01)
zu ersehen ist.

Für das stochastische stationäre Ersatzmodell gelten ähnliche Überlegungen wie für den deterministischen Ansatz. Auch hier führt das
Ersatzintervall des Durchschnittskostenminimums eines Ersatzzyklus zu dem Minimum einer unendlichen Investitionskette. Dabei
muß aber von den erwarteten Kosten ausgegangen werden. Im Zähler der erwarteten Durchschnittskosten stehen dann die erwarteten
Kosten eines Zyklus und im Nenner die erwartete Zykluslänge (32),
die jeweils von dem vorbeugenden Ersatzzeitpunkt abhängen.

$$\text{Erwartete Durchschnittskosten} = \frac{\text{Erwartete Kosten eines Zyklus}}{\text{Erwartete Zykluslänge}} \; .$$

Dieser Ausdruck muß wie beim deterministischen Ansatz minimiert
werden (33). Da Zähler und Nenner jeweils komplizierter als bei
dem deterministischen Modell abzuleiten sind, werden sie im folgenden getrennt entwickelt.

---

31)   Vgl. H. Jacob, Investitionsrechnung, a. a. O. , S. 638 f.
32)   Vgl. zur exakten Ableitung den folgenden Abschnitt.
33)   Wenn von der Gewinnmaximierung ausgegangen wird, lautet

$$\text{der zu maximierende Ausdruck:} \quad \frac{\text{erwarteter Gewinn eines Zyklus}}{\text{erwartete Zykluslänge}}$$

B. Das stationäre stochastische Ersatzmodell

I. Die Größen des Modells

In Kapitel 2 wurden die Zufallsvariablen des Ersatzprozesses bereits allgemein dargelegt. Es gilt nun abzuleiten, wie sich Maßnahmen der Ersatzpolitik auf diese Beziehungen auswirken. Gleichzeitig soll gezeigt werden, wie Betriebskosten und Ersatzkosten interpretiert werden müssen, damit die in der Literatur gebräuchlichen Kostenkriterien der Zielsetzung "Gewinnmaximierung" äquivalent sind (34).

a) Ableitung des erwarteten Gewinns eines Ersatzzyklus

Der Gewinnerwartungswert E(G) eines Ersatzzyklus ist gleich der Differenz zwischen den Erwartungswerten Erlös E(U) und Betriebskosten E(B) sowie Ersatzkosten E(K). Erlös und Produktionskosten fallen nur während der Laufzeit eines Aggregats an, also maximal bis zum vorbeugenden Ersatzzeitpunkt Tp. Damit ergeben sich als Erwartungswerte:

$$(3.12) \qquad E(U(Tp)) = U \int_0^{Tp} R(t)\, dt; \quad E(B(Tp)) = \int_0^{Tp} R(t) \cdot B(t)\, dt.$$

U ist der (konstante) Erlös pro Zeiteinheit (35).

Die Ersatzkosten setzen sich aus Materialkosten und zeitabhängigen Kosten (z. B. Lohnkosten für die Instandhaltungsgruppe) zusammen. Unter Verwendung der Definition kv, ka = Materialkosten bei vorbeugendem bzw. Ausfallsatz und lv, la = zeitabhängige Kostensätze GE/ZE bei vorbeugendem bzw. ausfallbedingtem Ersatz sowie R'v, R'a = Ersatzzeit bei vorbeugendem bzw. Ausfallersatz ergeben sich dann als Ausdruck für einen geplanten bzw. Ausfallersatz:

$$(3.13) \qquad KV' = kv + lv \cdot R'v; \quad KA' = ka + la \cdot R'a.$$

---

34) In der sehr methodisch ausgerichteten Literatur zu Ersatzproblemen werden diese betriebswirtschaftlich bedeutsamen Fragen kaum berücksichtigt.

35) Erlösschmälerungen (z. B. durch nachlassende Qualität) können erfaßt werden, indem entweder der Erlös in Abhängigkeit von t als U(t) geschrieben wird, oder die Differenz U–U(t) zu den Betriebskosten gerechnet wird. Im folgenden wird der zweite Fall unterstellt.

Da die Ersatzzeiten Zufallsvariablen sind, sind die Erwartungswerte für den geplanten bzw. ausfallbedingten Ersatz gleich:

$$(3.14) \qquad KV = E(KV') = \int_0^\infty \left[kv + R'v \cdot lv \right] \cdot f_2(R'v)\, dR'v,$$

$$(315) \qquad KA = E(KA') = \int_0^\infty \left[ka + R'a \cdot la \right] \cdot f_1(R'a)\, dR'a.$$

Ein vorbeugender Ersatz kann nur durchgeführt werden, wenn die technische Lebensdauer des Teils mindestens gleich Tp ist. Unter der Voraussetzung, daß die Zufallsvariablen Ersatzzeit und technische Lebensdauer stochastisch unabhängig voneinander sind, bestimmen sich die Erwartungswerte der Kosten des vorbeugenden bzw. ausfallbedingten Ersatzes eines Ersatzzyklus nach (36):

$$(3.16) \quad R(Tp) \cdot KV = R(Tp) \left[kv + Rv \cdot lv \right]; \; F(Tp) \cdot KA = F(Tp) \left[ka + Ra \cdot la \right]$$

Der vollständige Ausdruck für den erwarteten Gewinn eines Ersatzzyklus lautet damit:

$$(3.17) \quad E(G) = U \int_0^{Tp} R(t)\,dt - \int_0^{Tp} R(t) \cdot B(t)\,dt - R(Tp) \cdot KV - F(Tp) \cdot KA$$

erwarteter Erlös	erwartete Betriebskosten	vorbeugende	ausfallbedingte
		erwartete Ersatzkosten	

b) Ableitung der erwarteten Zykluslänge E(Z)

Um das Zielkriterium "erwarteter Gewinn pro Zeiteinheit" zu erhalten, muß der oben abgeleitete erwartete Gewinn eines Ersatzzyklus durch den Erwartungswert der Zykluszeit dividiert werden,

---

36)

$$Rv = E(R'v) = \int_0^\infty R'v \cdot f_2(R'v) \cdot dR'v; \quad Ra = E(R'a) = \int_0^\infty R'a \cdot f_1(R'a) \cdot dR'a;$$

$$F(Tp) = \int_0^{Tp} f(t)\,dt; \quad R(Tp) = \int_{Tp}^\infty f(t)\,dt.$$

die sich aus dem Erwartungswert der Laufzeit E(L) des Aggregates
und der erwarteten Ersatzzeit E(R) zusammensetzt.

Die Laufzeit eines Aggregates wird entweder durch seinen Ausfall
vor dem Zeitpunkt Tp oder durch den vorbeugenden Ersatz in Tp beendet. Der Erwartungswert der Produktionszeit ist demnach gleich:

$$(3.18) \quad E(L) = \int_0^{Tp} t \cdot f(t)dt + \int_{Tp}^{\infty} Tp \cdot f(t)dt = \int_0^{Tp} t \cdot f(t)dt + R(Tp) \cdot Tp$$

Mit Hilfe der partiellen Integration kann E(L) weiter vereinfacht
werden zu:

$$(3.19) \quad E(L) = \int_0^{Tp} R(t)\, dt.$$

Zur Ermittlung des Erwartungswertes der Ersatzzeit eines Zyklus
müssen die erwarteten Ersatzzeiten Rv und Ra mit ihren Eintritts-
wahrscheinlichkeiten gewichtet werden. Die Wahrscheinlichkeit, daß
ein Teil bis zum Ersatzzeitpunkt Tp noch nicht ausgefallen ist, beträgt R(Tp): entsprechend ist die Wahrscheinlichkeit für einen Aus-
fallzyklus gleich F(Tp). Der Erwartungswert für die Zykluslänge
ist demnach:

$$(3.20) \quad E(Z) = \int_0^{Tp} R(t)dt + R(Tp) \cdot Rv + F(Tp) \cdot Ra$$

erwartete erwartete erwartete
Produk- vorbeugen- ausfallbedingte
tionszeit de Ersatz- Ersatzzeit
      zeit

II. Diskussion einiger Entscheidungskriterien

Der erwartete Gewinn pro Zeiteinheit kann nunmehr einfach durch
Division der abgeleiteten Ausdrücke $\dfrac{E(G)}{E(Z)}$ formuliert werden:

$$(3.21) \qquad \frac{E(G)}{E(Z)} = \frac{U \int_0^{Tp} R(t)dt - \int_0^{Tp} R(t)B(t)dt - R(Tp) \cdot KV - F(Tp) \cdot KA}{\int_0^{Tp} R(t)dt + R(Tp) \cdot Rv + F(Tp) \cdot Ra} \, .$$

Durch Erweiterung der Definition der erwarteten Ersatzkosten zu
$KV = kv + (lv+U) \cdot Rv$ und $KA = ka + (la+U) \cdot Ra$ kann der Ausdruck
(3.21) umgeformt werden zu:

$$(3.22) \qquad \frac{E(G)}{E(Z)} = U - \frac{\int_0^{Tp} R(t)B(t)dt + R(Tp) \cdot KV + F(Tp) \cdot KA}{E(Z)} \, .$$

Da U konstant ist, ist die Maximierung von (3.21) äquivalent der
Minimierung des rechten Terms aus (3.22).

Damit ist gezeigt, daß die Minimierung der angegebenen Kosten der
Gewinnmaximierung entspricht. Die Ersatzkosten setzen sich nunmehr aus den Materialkosten, zeitabhängigen Ersatzkosten und zeitabhängigen Opportunitätskosten zusammen.

Die Eigenschaften des Kostenkriteriums sollen zunächst nur für den
Fall betrachtet werden, daß konstante Betriebskosten berücksichtigt
werden und dann auf die Einbeziehung zeitabhängiger Kosten erweitert werden.

a) Ersatzkriterien bei konstanten Betriebskosten

1) Kriterium K1

Der Ansatz konstanter Betriebskosten B bedeutet, daß weder Erlös-
noch Kostennachteile mit zunehmender Einsatzdauer eines Aggregates auftreten. In diesem Fall vereinfacht sich der Ausdruck (3.22)
zu dem Ersatzkriterium

$$(3.23) \qquad K1 = \frac{R(Tp) \cdot KV + F(Tp) \cdot KA}{E(Z)} \xrightarrow{\;!\;} \text{Min}$$

mit $KV = kv + (lv+U-B) \cdot Rv$ und $KA = ka + (la+U-B) \cdot Ra$.

Die Ersatzzeit wird nicht mehr mit dem Erlösentgang bewertet,
sondern mit dem Gewinnentgang, weil die Betriebskosten nicht mehr

gesondert erfaßt werden. Für die Werte KV=500, KA=2500, Rv=1, Ra=5 ist in Abb. (3.04) der Verlauf der Durchschnittskosten in Abhängigkeit des vorbeugenden Ersatzzeitpunktes eingezeichnet. Die Ausfälle sind erlangverteilt mit dem Phasenwert k=6 und der mittleren Laufzeit Ta=10. Gleichzeitig geht aus Abb. (3.04) hervor, wie sich Ausfallersatzkosten und vorbeugende Ersatzkosten pro Zeiteinheit in Abhängigkeit von Tp entwickeln. Für den optimalen, d.h. pro Zeiteinheit kostenminimalen, Ersatzzeitpunkt T* kann mit Hilfe der Differentialrechnung folgende Bestimmungsgleichung abgeleitet werden:

$$(3.24) \qquad \frac{R(Tp) \cdot KV + F(Tp) \cdot KA}{E(Z)} = \lambda(Tp) \frac{KA - KV}{1 + \lambda(Tp)(Ra - Rv)}$$

Der linke Term ist gleich den Durchschnittskosten pro Zeiteinheit; die rechte Seite kann als Grenzkosten pro Zeiteinheit in bezug auf eine Erhöhung des Ersatzzeitpunktes Tp interpretiert werden. Aus dem Kriterium geht hervor, daß es nur dann zu einer Lösung führt, wenn KA > KV ist (37). Als weitere Voraussetzung für die Vorteilhaftigkeit einer vorbeugenden Ersatzpolitik gilt die steigende Ausfallrate $\lambda(t)$ des Teils. In dem Kriterium K1 sind alle relevanten Kosten erfaßt. Trotzdem wird den Ersatzmodellen in der Literatur nicht dieser Ausdruck zugrunde gelegt, sondern von vereinfachten Kriterien ausgegangen. Diese können aber aus dem obigen Ausdruck abgeleitet werden. Da in der Literatur auf die Prämissen der angewandten Entscheidungskriterien kaum hingewiesen wird, sollen diese bei der Ableitung verdeutlicht werden.

2) Kriterium K2

Bezüglich der Minimierung ist der Kostenausdruck K1 äquivalent dem Ausdruck K2:

$$(3.25) \qquad K2 = \frac{K1}{KV} = \frac{R(Tp) + F(Tp) \cdot \dfrac{KA}{KV}}{E(Z)},$$

so daß das optimale Ersatzintervall unabhängig von der absoluten Höhe der Ersatzkosten ist und nur von ihrem Verhältnis abhängt. Dieses Ergebnis kann für die Ermittlung der Daten in einem konkreten Fall von erheblicher Bedeutung sein.

Gegenüber dem Verlauf des Kriteriums K1 tritt lediglich eine Maßstabsänderung ein.

---

37) Gleichzeitig muß $1 + \lambda(Tp) \cdot Ra > \lambda(Tp) \cdot Rv$ sein.

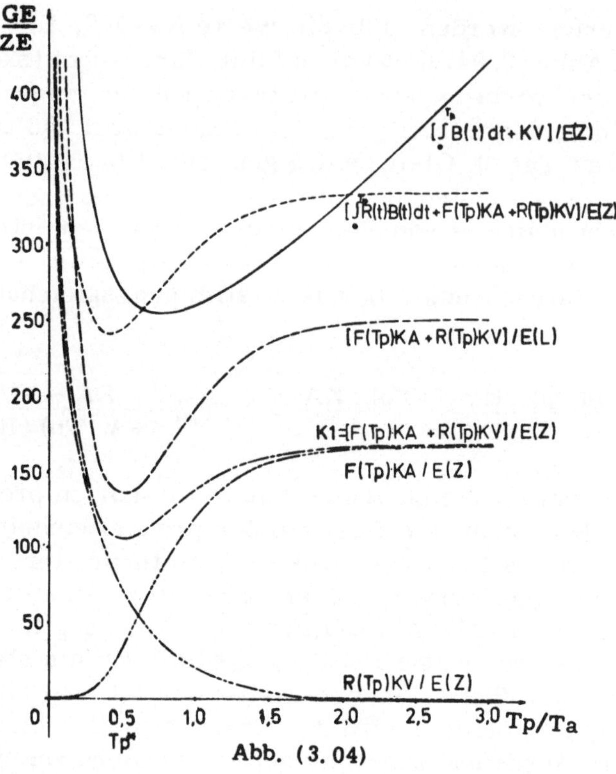

Abb. (3. 04)

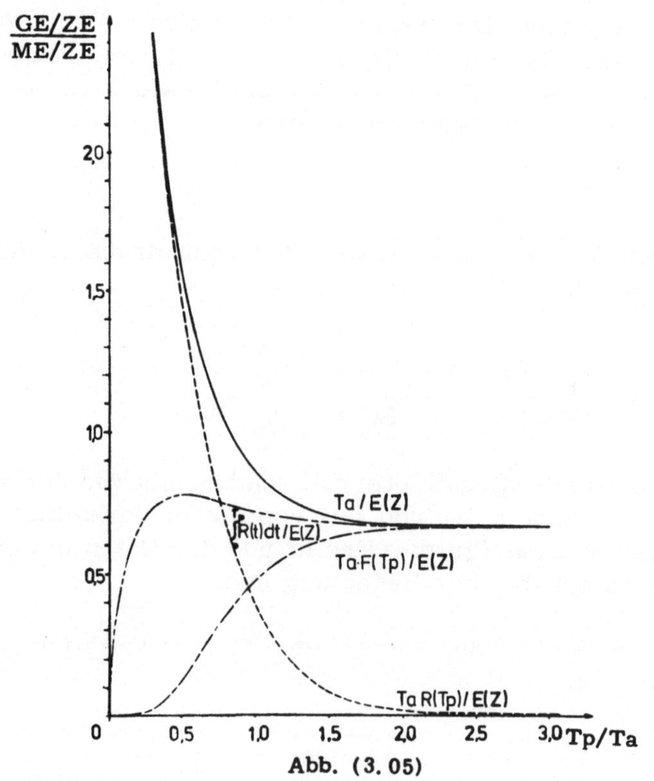

Abb. (3. 05)

3) Kriterium K3

Sind die Ersatzzeiten Ra und Rv gegenüber der durchschnittlichen Laufzeit so gering, daß ihr Einfluß auf die Zykluszeit vernachlässigt werden kann, vereinfacht sich das Optimalitätskriterium (3.24) zu:

$$(3.26) \qquad \frac{R(Tp) \cdot KV + F(Tp) \cdot KA}{\displaystyle\int_0^{Tp} R(t)\,dt} = \lambda\,(Tp) \cdot (KA - KV).$$

Dieses Kriterium wird in der Regel in der Literatur (wenn auch in unterschiedlichen Schreibweisen) verwendet (38) und kann ebenfalls als Bedingung für die Gleichheit von Durchschnittskosten und Grenzkosten in bezug auf die Zeit interpretiert werden (39). In Abb.(3.04) ist der Verlauf der Durchschnittskosten $(R(Tp)\cdot KV + F(Tp)\cdot KA)/E(L)$ eingetragen und zeitigt hier das gleiche optimale $T^{*}p$ wie K1. Das Kriterium ergibt sich auch auf eine andere, im allgemeinen bedeutendere Weise. Falls die Ersatzkosten lediglich aus ersatzzeitproportionalen Kosten zusammengesetzt sind (Gewinnentgang und zeitabhängige direkte Ersatzkosten wie Lohnkosten), so kann das Kriterium K1 unter Berücksichtigung eines für beide Ersatzzeiten gleichen Kostensatzes leicht umgeformt werden zu dem äquivalenten Zielkriterium

---

38) Vgl. z. B. D. W. Jorgenson, J. J. McCall und R. Radner, a. a. O. , S. 74; W. Männel, a. a. O. , S. 97 f; R. E. Barlow und F. Proschan, a. a. O. , S. 68; W. L. Smith, Renewal Theory and its Ramifications, in: J. Roy, Stat. Soc. , Ser. B, Vol. 20 (1958), S. 246 ff; R. Karrenberg und A. -W. Scheer, Kostenoptimale Zuverlässigkeit produktiver Systeme, in: ZfB 40. Jg. (1970), S. 557-560 und die dort angeführte Literatur; P. Mertens, Die gegenwärtige Situation der betriebswirtschaftlichen Instandhaltungstheorie, a. a. O. , S. 812; R. E. Barlow und L. C. Hunter, Optimum Preventive Maintenance Policies, in: OR, Vol. 8 (1960), S. 89 ff.

39) Ein Teil, das zum Zeitpunkt Tp noch intakt ist, fällt in t+dt mit der Wahrscheinlichkeit λ (Tp) aus. Mit λ (Tp) erhöhen sich die Ersatzkosten gegenüber dem vorbeugenden Ersatz in Tp um die Differenz KA-KV. Damit führt das stochastische Modell formal zu dem gleichen Optimalitätskriterium wie der deterministische Ansatz. Vgl. auch W. Männel, a. a. O. , S. 98.

$$(3.27) \qquad K3 = \frac{\int_0^{Tp} R(t)dt}{E(Z)} \xrightarrow{!} \text{Max}$$

Der Zähler in K3 gibt die durchschnittliche Laufzeit eines Teils an und der Nenner die gesamte Zykluszeit. Damit besagt diese Zielsetzung, daß der Anteil der produktiven Zeit an der Zykluszeit maximiert werden soll. Da in dem Ausdruck keine Kosten enthalten sind, entfällt das häufig betriebswirtschaftlich schwierige Problem, für ein Aggregat isoliert Deckungsspannen pro Zeiteinheit zu ermitteln, während die Zeitgrößen relativ leicht ermittelt werden können. In Abb. (3.05) ist der Verlauf des Ausdrucks eingezeichnet und zeigt das gleiche optimale T*p wie das Kriterium K1 in Abb. (3.04) (40).

Als Bestimmungsgleichung für T*p erhält man für diesen Fall den gleichen Ausdruck wie (3.26), wenn für KV und KA die Größen Ra bzw. Rv eingesetzt werden.

Das Kriterium K3 vgl. (3.27) bzw. (3.26) ist mithin exakt, wenn entweder die Ersatzzeiten gleich 0 sind oder die Ersatzkosten zeitproportional sind.

Aber auch in den anderen Fällen stellt die Zielsetzung der Minimierung der Ersatzkosten pro produktive Zeit gegenüber dem Kriterium K1 im allgemeinen eine hinreichend genaue Annäherung dar. Die Annäherung wird um so genauer, je geringer die Streuung der Ausfallverteilung und je kleiner das Verhältnis von Ra zu Rv ist.

Für die Gammaverteilungen mit den Phasenkoeffizienten k=2, 4, 6, 8, 10 sind in Abb. (3.06) die optimalen Ersatzzeitpunkte T*p gemäß Kriterium (3.26) für Ersatzkostenverhältnisse KA/KV zwischen 1 und 8 eingetragen (41).

---

40)   In dem betrachteten Beispiel ist KA/KV = Ra/Rv.

41)   Entsprechend den Ausführungen auf S. 73 hängt der Ersatzzeitpunkt T*p nur von der Höhe des Kostenverhältnisses KA/KV ab. Da das Kriterium (3.26) im Nenner unabhängig von den Größen Ra und Rv ist, kann Abb. (3.05) allgemein verwendet werden. Beispielsweise ist der stationäre Grenzwert für das auf S. 63 dargestellte Beispiel der sequentiellen Ersatzpolitik mit KA/KV=2, Ta=10 und k=6 gleich 8,8 ZE. Aus Abb. (3.03) ist dieser Wert, da nur diskrete Punkte betrachtet werden, gleich 9.

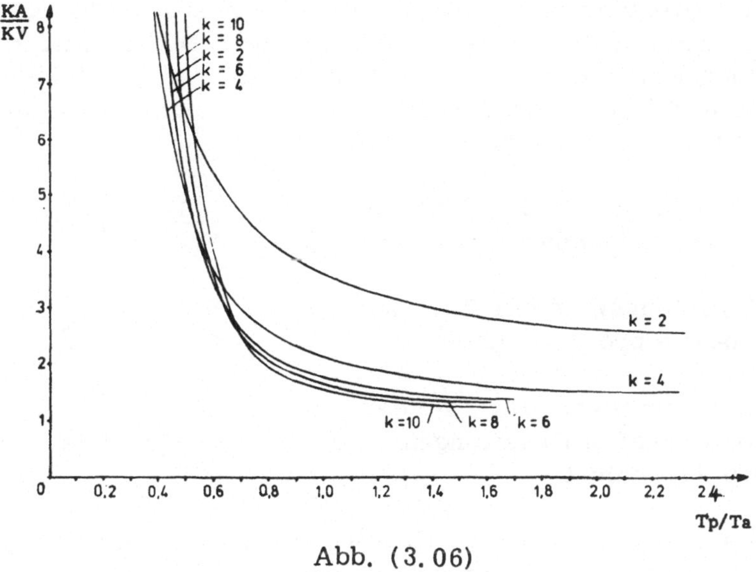

Abb. (3. 06)

b) Ersatzkriterien unter Einbeziehung einsatzzeitabhängiger Betriebskosten

Die Minimierung des vollständigen Ausdrucks für die erwarteten
Kosten pro Zeiteinheit aus (3. 22) führt zu dem Optimalitätskriterium:

$$
(3.\,28)\quad \frac{\displaystyle\int_0^{Tp} R(t)B(t)dt + R(Tp)\cdot KV + F(Tp)\cdot KA}{E(Z)} = \lambda\,(Tp)\frac{(KA-KV)+B(Tp)}{1+\lambda\,(Tp)(Ra-Rp)}
$$

Zu beachten ist, daß bei der ausdrücklichen Berücksichtigung der
Betriebskosten die Ersatzzeiten mit dem Erlösentgang und nicht mit
dem Gewinnentgang bewertet werden müssen.

Auch dieses Kriterium kann durch Ansatz von E(L) für die Zykluslänge E(Z) angenähert werden. Der Verlauf dieser Durchschnittskosten ist in Abb. (3. 04) für die Betriebskostenfunktion: B(t) = B+ΔB·t
mit den Daten B=100, ΔB=20, KA=3000, KV=600, Rv=1 und Ra=5
eingetragen. Die Kombination von Betriebs- und Ersatzkosten führt
zu einer Vorverlegung des Ersatzzeitpunktes gegenüber den anderen Kriterien.

c) Weitere charakteristische Größen

In den Fällen, in denen eine Bewertung der Ausfallzeiten sehr
schwierig oder unmöglich ist, können neben der maximalen Nutzungs-

zeit pro Zeiteinheit (vgl. (3. 27)) weitere Größen zur Charakterisierung der Ersatzpolitik herangezogen werden. Dieses sind z. B. die Erwartungswerte der Zahl der Ersetzungen pro Zeiteinheit, die Zahl der ausfallbedingten Ersetzungen pro Zeiteinheit bzw. der vorbeugenden Ersetzungen pro Zeiteinheit (42):

$$\text{Erwartungswert der Zahl der Ersatzmaßnahmen pro Zeiteinheit} = \frac{1}{E(Z)} \quad \text{bzw.} \quad \frac{1}{E(L)}$$

$$\text{Erwartungswert der Zahl der Ausfälle pro Zeiteinheit} = \frac{F(Tp)}{E(Z)} \quad \text{bzw.} \quad \frac{F(Tp)}{E(L)}$$

$$\text{Erwartungswert der Zahl der vorbeugenden Ersetzungen pro Zeiteinheit} = \frac{R(Tp)}{E(Z)} \quad \text{bzw.} \quad \frac{R(Tp)}{E(L)}$$

Auch der Verlauf dieser Größen ist mit dem Nenner $E(Z)$ für das Beispiel in Abb. (3. 05) angegeben, wobei aus Maßstabsgründen die Werte mit der Konstanten $Ta=10$ multipliziert werden.

III. Darstellung des Ersatzmodells als eine Aufgabe der linearen Optimierung

Auf den im vorigen Abschnitt abgeleiteten Beziehungen bauen die weiteren Ausführungen dieser Arbeit auf. Für die Auflösung einiger dem Grundmodell der Ersatzpolitik zugrunde liegender Prämissen ist aber der Ansatz kontinuierlicher Funktionen und die Anwendung der Differentialrechnung nicht geeignet. Deshalb muß, von den Ergebnissen der vorhergehenden Abschnitte ausgehend, eine weitere Methode zur Darstellung des Ersatzmodells herangezogen werden, die auch zur Lösung komplizierterer Modelle geeignet ist.

Wie bei der Ableitung der sequentiellen Entscheidungsregel wird dazu der Ersatzprozeß als ein diskreter Markov-Prozeß interpretiert, wobei nun aber die zeitraumunabhängige Politik gesucht wird. Diese stationäre Entscheidungsregel wird mit Hilfe der linearen Optimierung bestimmt.

a) Interpretation des Ersatzmodells als diskreter Markov-Prozeß

In jedem Zeitpunkt τ kann die Zufallsvariable X_τ des stochastischen Prozesses einen der endlich vielen Zustände (Einsatzalter) t (t=1, 2, ..., N) annehmen; das Einsatzalter "N" kennzeichnet dabei den Zu-

---

(

42)   Zu den Ableitungen vgl. z. B. D. W. Jorgenson, J. J. McCall und R. Radner, a. a. O. , S. 77 f.

stand "ausgefallen". Die Zustandsänderungen werden zunächst nur durch die Übergangswahrscheinlichkeiten des Ausfallprozesses bestimmt und hängen nur von dem Ausgangszustand ab. Wir betrachten das System nur in diskreten Zeitpunkten $\tau = 0, 1, 2, \ldots$

Befindet sich das Aggregat am Anfang einer Zeiteinheit in dem Einsatzalter t $(t < N-1)$, so kann das Teil während einer Zeiteinheit entsprechend der bedingten Ausfallwahrscheinlichkeit des Ausfallprozesses λ_t in den Zustand N übergehen, d. h. ausfallen oder mit der Wahrscheinlichkeit $1 - \lambda_t$ in den Zustand t+1, d. h. in das nächsthöhere Einsatzalter. Befindet sich das Teil im Zustand N-1, so kann es nur ausfallen, d. h. λ_{N-1} ist gleich 1. Die Übergangswahrscheinlichkeiten $_tp_{t'}$ werden in der Matrix der Übergangswahrscheinlichkeiten P erfaßt, die folgende Struktur zeigt:

nach Zustand t' / von Zustand t	1	2	3	4	...	N-1	N
1		$_1p_2$					$_1p_N = \lambda_1$
2			$_2p_3$				$_2p_N = \lambda_2$
$P = (_tp_{t'})$ = 3 $\vdots$				$_3p_4$			$_3p_N = \lambda_3$ $\vdots$
N-1							1
N	$(_0p_1)$						$_Np_N = 1$ (bzw. $_0p_N = \lambda_0$)

$$_tp_{t'} = \begin{cases} \lambda_t, & \text{wenn } t' \text{ gleich } N \\ 1 - \lambda_t & \text{sonst} \end{cases} \qquad t, t' = 1, 2, \ldots N$$

Abb. (3.07)

Da nur Übergänge des Ausfallprozesses betrachtet werden, bleibt ein Teil, wenn es einmal ausgefallen ist, im Zustand N. Zustand N ist damit ein sogenannter absorbierender Zustand. Die Übergangswahrscheinlichkeit beträgt in diesem Fall $_Np_N = 1$. Wenn unterstellt wird, daß ein Teil bei Ausfall sofort ersetzt wird, also in den Zustand 0 überführt wird, und dieser Vorgang keine Zeit beansprucht, so ist der Zustand N dem Zustand 0 äquivalent. Dann können auch vom Zustand N bzw. 0 aus Übergänge entsprechend der Ausfallwahrscheinlichkeit nach N bzw. 1 erfolgen. Durch diese Bedingung wird erreicht, daß von jedem Zustand des Systems aus jeder andere Zustand, wenn auch eventuell erst nach mehreren Übergängen, erreicht werden kann (43). Da von einem Zustand aus nach einer Zeiteinheit das System in irgendeinem Zustand sein muß, gilt:

$$(3.29) \qquad \sum_{t'=1}^{N} {}_{t}p_{t'} = 1$$

Die Zustände des Markov-Prozesses treten mit gewissen Zustandswahrscheinlichkeiten $\pi_t(\tau)$ auf; sie geben an, mit welcher Wahrscheinlichkeit sich das System zum Zeitpunkt τ im Zustand t befindet. Die Zustandswahrscheinlichkeit $\pi_{t'}(\tau+1)$ errechnet sich aus den Übergängen aller Ausgangszustände nach $\pi_{t'}$ entsprechend:

$$(3.30) \qquad \pi_{t'}(\tau+1) = \sum_{t=1}^{N} \pi_t(\tau) \cdot {}_{t}p_{t'}$$

Werden die Zustandswahrscheinlichkeiten $\pi_t(\tau)$ in dem Zeilenvektor (44) $\pi(\tau)$ erfaßt mit $\sum_{t=1}^{N} \pi_t(\tau) = 1$, so folgt aus (3.30)

$$(3.31) \qquad \pi(\tau+1) = \pi(\tau) \cdot P.$$

Daraus folgt weiter:

$$\pi(1) = \pi(0) \cdot P$$
$$\pi(2) = \pi(1) \cdot P = \pi(0) \cdot P^2$$
$$\pi(3) = \pi(2) \cdot P = \pi(0) \cdot P^3$$

und allgemein

$$(3.32) \qquad \pi(\tau) = \pi(0) \cdot P^\tau.$$

---

43) Diese Eigenschaften eines Markov-Prozesses werden als "vollständig ergodisch" bezeichnet. Vgl. R. A. Howard, a. a. O., S. 13.

44) Damit sind die folgenden, zu einem diskreten, endlichen und homogenen Markov-Prozeß (Markov-Kette) gehörenden Tatbestände erfüllt: diskrete Zeitpunkte τ; endliche Zahl von Systemzuständen t=0, 1, ... N; Markov-Eigenschaft der Verteilung der X_τ; stationäre Übergangswahrscheinlichkeiten ${}_{t}p_{t'}(\tau) = {}_{t}p_{t'}$ und bekannter Ausgangsvektor $\pi(0)$.
Vgl. dazu F. S. Hillier und G. J. Liebermann, Introduction to Operations Research, San Francisco 1967, S. 403 ff; D. R. Cox und H. D. Miller, The Theory of Stochastic Processes, London 1965, S. 13 ff; L. Takacs, a. a. O., S. 23; H. Lahrs, a. a. O., S. 3 ff; R. A. Howard, a. a. O., S. 89.

Für einen vollständig ergodischen Markov-Prozeß nähern sich die Zustandswahrscheinlichkeiten $\pi_t(\tau)$ mit wachsender Zahl der Übergänge festen Grenzwerten π_t an, die von dem Ausgangsvektor $\pi(0)$ und von dem Zeitpunkt τ unabhängig sind. Diese Grenzwerte werden, da sie zeitunabhängig sind, auch als stationäre Zustandswahrscheinlichkeiten bezeichnet.

$$(3.33) \qquad \lim_{\tau \to \infty} \pi_t(\tau) = \pi_t .$$

Der Vektor dieser Grenzwahrscheinlichkeiten muß nach (3.31) der Bedingung

$$(3.34) \qquad \pi = \pi \cdot P$$

genügen.

Die π_t geben an, mit welcher Wahrscheinlichkeit sich das System zu einem beliebigen diskreten Zeitpunkt (45) im Zustand t befindet. So ist z.B. π_N die Wahrscheinlichkeit, daß das Aggregat zu einem beliebigen diskreten Zeitpunkt ausgefallen ist und entspricht damit der erwarteten Zahl der Ausfälle pro Zeiteinheit (46). Insgesamt geben die Zustandswahrscheinlichkeiten an, wie häufig sich pro Zeiteinheit das Aggregat in dem jeweiligen Zustand befindet.

Für die Ausfallquoten der bereits oben benutzten Ausfallverteilung (47) errechnen sich folgende stationäre Zustandswahrscheinlichkeiten (48):

$t =$	1	2	3	4	5	6	7	8	9	10
$\pi_t =$	0.099	0.099	0.098	0.095	0.090	0.083	0.074	0.063	0.052	0.041
$t =$	11	12	13	14	15	16	17	18	19	
$\pi_t =$	0.032	0.024	0.017	0.012	0.009	0.006	0.004	0.003	0.099	

Abb. (3.08)

---

45) Unter der Voraussetzung, daß das System bereits sehr viele Übergänge vollzogen hat, sich also in einem stationären Gleichgewicht befindet.

46) Im kontinuierlichen Fall ist dieser Wert gleich 1/Ta.

47) Die Übergangswahrscheinlichkeiten sind aus einer Gammaverteilung mit k=6 und Ta=10 abgeleitet und entsprechen den in Fußnote 26 auf Seite 65 eingetragenen Werten.

48) Von vorbeugenden Ersetzungen wird dabei abgesehen.

Der stationäre Grenzwert der Zahl der ausfallbedingten Ersetzungen π_{19} ist damit gleich 0.099.

Die Differenz zu $1/Ta=0.10$ ist auf die willkürliche Wahl des maximalen Zustands 19 zurückzuführen. Die Kosten pro Zeiteinheit $\overline{K}$ des stationären Ersatzmodells ergeben sich einfach, indem die Zahl der pro Zeiteinheit auftretenden Zustandsrealisationen mit ihren entsprechenden Kosten multipliziert werden. Dieses sind einmal etwaige Betriebskosten, die vom Zustand (Einsatzalter) abhängen (49), und die ausfallbedingten Ersatzkosten im Zustand N:

$$(3.35) \qquad \overline{K} = \sum_{t=1}^{N} \pi_t \cdot B(t) + KA \cdot \pi_N.$$

Für $KA = 3000$ ergeben sich dann Kosten pro ZE in Höhe von $\pi_{19} \cdot KA = 0.0992 \cdot 3000 \simeq 1/Ta = 0.1 \cdot 3000 = 300\ GE$. Wenn der Gewinn pro ZE als Zielgröße errechnet werden soll, muß die Gewinngleichung

$$(3.35\,a) \qquad \overline{G} = \sum_{t=1}^{N} \pi_t \cdot (U(t) - B(t)) - \pi_N \cdot KA$$

aufgestellt werden. Für einen Erlös $E(t)=E=800\ GE$ und die Betriebskosten $B(t)=100+\dfrac{2 \cdot t-1}{2} \cdot 10$ wird dann der langfristig zu erwartende Gewinn pro ZE zu 345,6 GE.

b) Einführung von Entscheidungsalternativen

Bisher wurde lediglich der Ausfallprozeß betrachtet mit der festgelegten Ersatzpolitik: Ersatz nach Ausfall. Damit war auch kein Optimierungsproblem gegeben. Nunmehr soll aber am Anfang jeder Zeiteinheit ein vorbeugender Ersatz möglich sein. Damit sind die Übergänge von einem bestimmten Zustand aus nicht mehr in der Übergangsmatrix des Ausfallprozesses erfaßt, sondern zunächst kann durch eine Entscheidung der Zustand geändert werden, von dem aus dann die Übergänge gemäß dem in der Matrix erfaßten Ausfall-

---

49) Im Zustand N fallen die Betriebskosten B(N) an, die aber, da das Teil sofort ersetzt wird, gleich B(0) sind. Die Zeit des Ersatzvorgangs wird als vernachlässigbar angenommen.

prozeß stattfinden. Die Formel (3. 30) verändert sich demnach zu:

$$(3.36) \qquad \pi_{t''} = \sum_{t,\,t'} \pi_t \cdot {}_tE_{t'} \cdot {}_{t'}p_{t''} \,, \qquad t,\ t',\ t'' = 1, 2,\ \ldots\ N$$

wobei ${}_tE_{t'}$ angibt, ob ein Teil, das sich am Anfang einer Zeiteinheit im Zustand t befindet, durch eine Entscheidung in den Zustand t' überführt wird (50). Von diesem Zustand aus geht es mit der Wahrscheinlichkeit ${}_tp_{t''}$ in den Zustand t'' über. Die Größen ${}_tE_{t'}$ sind die Entscheidungsvariablen des Problems und nehmen entweder den Wert 1 an, wenn die Entscheidung ${}_tE_{t'}$ ausgeführt werden soll oder den Wert 0, wenn sie nicht gefällt wird (51).

Die Ersetzung der linken Seite in (3.36) durch $\sum_t \pi_{t''} \cdot {}_{t''}E_t$ führt zu:

$$(3.37) \qquad \sum_t \pi_{t''} \cdot {}_{t''}E_t = \sum_{t,\,t'} \pi_t \cdot {}_tE_{t'} \cdot {}_{t'}p_{t''} \,.$$

---

50) In dem hier betrachteten Fall bestehen nur die Entscheidungsalternativen: ${}_tE_0$, d. h. Ersatz des Teils, und ${}_tE_t$, d. h. kein Ersatz.

51) Die Summe der ${}_tE_{t'}$ für einen bestimmten Ausgangszustand t mit $\pi_t > 0$ muß gleich 1 sein, d. h. $\sum_{t'} {}_tE_{t'} = 1$. Wenn in jedem Zustand nur e i n e Entscheidung getroffen wird, also nur ein ${}_tE_{t'}$ für ein t gleich 1 ist und die anderen gleich 0, so spricht man von reinen Strategien. Es kann gezeigt werden, daß, wenn es in den hier betrachteten Problemen eine optimale Politik gibt, auch eine r e i n e optimale Politik existiert, so daß nur diese Politiken hier betrachtet werden sollen. Zu einem exakten Beweis vgl. C. Derman und M. Klein, Some Remarks on finite Horizon Markovian Decision Models, in: O. R. Vol. 13 (1965), S. 272-278; H. Wagner, The Optimality on Pure Strategies, in: Mng. Sci. Vol. 6 (1960), S. 268-269. Der von Wedekind allein anhand der Vorzeichen der Koeffizienten geführte Beweis ist allerdings nur dann hinreichend, wenn alle ${}_tp_{t''} > 0$ sind und nicht, wie hier unterstellt ${}_tp_{t''} \geqq 0$. Auf diese erhebliche Einschränkung weist Wedekind leider nicht hin. Vgl. H. Wedekind, Primal- und Dual-Algorithmus zur Optimierung von Makrov-Prozessen, in: Unternehmensforschung Bd. 8 (1964), S. 128-135.

Die Beziehung (3. 37) stellt dann eine Fließgleichung dar, die besagt, daß die Summe der Wahrscheinlichkeiten, einen Zustand t" durch Entscheidungen zu verlassen, gleich der Wahrscheinlichkeit sein muß, in diesen Zustand von allen denkbaren Zuständen aus zu gelangen. Der Gewinn pro Zeiteinheit ergibt sich aus den nunmehr entscheidungsabhängigen Ersatzkosten, Erlösen und Betriebskosten zu:

$$(3.\,38) \qquad \overline{G} = -\sum_{t''} \pi_{t''} \cdot {}_{t''}E_0 \cdot {}_{t''}KE_0$$

Ersatzkosten
pro Zeiteinheit

$$+ \sum_{t'',t} \pi_{t''} \cdot {}_{t''}E_t \cdot \left[E(t) - B(t) \right]$$

Erlöse abzüglich Betriebskosten
pro Zeiteinheit

$$\text{mit } {}_{t''}KE_0 = \begin{cases} KV \text{ für } t'' < N \\ KA \text{ sonst} \end{cases}$$

Die Zustandsvariablen $\pi_{t''}$ und die Entscheidungsvariablen ${}_{t''}E_t$ können zu der Variablen ${}_{t''}X_t$ zusammengefaßt werden:

$${}_{t''}X_t = \pi_{t''} \cdot {}_{t''}E_t \,.$$

Damit verändern sich die Beziehungen (3. 37) und (3. 38) zu:

$$(3.\,39) \qquad \sum_{t} {}_{t''}X_t = \sum_{t,t'} {}_{t'}X_{t'} \cdot {}_{t'}P_{t''} \,, (\text{für } t, t', t'' = 1, 2, 3, \ldots N)$$

$$(3.\,40) \qquad \overline{G} = \sum_{t'',t} {}_{t''}X_t \cdot \left[E(t) - B(t) - {}_{t''}KE_t \right]; \quad \begin{array}{l} \text{mit } {}_{t''}KE_t = 0, \\ \text{falls } t \neq 0. \end{array}$$

Unter Berücksichtigung der Bedingung, daß die Summe der Zustandswahrscheinlichkeiten gleich 1 sein muß:

$$(3.\,41) \qquad \sum_{t'',t} {}_{t''}X_t = 1$$

stellt sich somit das Problem, den Ausdruck (3. 40) unter Beachtung der Nebenbedingungen (3. 39) und der Gleichung (3. 41) zu maximieren. Diese Aufgabe kann mit Hilfe der linearen Optimierung gelöst werden (52). Schematisch ergibt sich für ein Teil mit 4 Zuständen und jeweils 2 Entscheidungsalternativen das Ausgangstableau:

Zustand Einsatzalter1		Zustand Einsatzalter2		Zustand Einsatzalter3		Zustand Ausgefallen(4)	
Ersatz $_1X_0$	Weiter $_1X_1$	Ersatz $_2X_0$	Weiter $_2X_2$	Ersatz $_3X_0$	Weiter $_3X_3$	Ersatz $_4X_0$	Rechte Seite
$+1$ $-{}_0p_1$	$+1$	$-{}_0p_1$		$-{}_0p_1$		$-{}_0p_1$	0
	$-{}_1p_2$	$+1$	$+1$				0
			$-{}_2p_3$	$+1$	$+1$		0
$-{}_0p_4$	$-{}_1p_4$	$-{}_0p_4$	$-{}_2p_4$	$-{}_0p_4$	$-{}_3p_4$	$+1$ $-{}_0p_4$	0
$+1$	$+1$	$+1$	$+1$	$+1$	$+1$	$+1$	1
$-KV$ $+E(0)-B(0)$	$+E(1)-B(1)$	$-KV$ $+E(0)-B(0)$	$+E(2)-B(2)$	$-KV$ $+E(0)-B(0)$	$+E(3)-B(3)$	$-KA$ $+E(o)-B(o)$	Max

Bracket labels at left of rows: (3.39) spans the first four data rows; (3.41) marks the row of all $+1$; (3.40) marks the bottom objective row.

Abb. (3.09)

---

52) Da (3.41) von (3.39) linear abhängig ist, ist das LP-Problem degeneriert. Zur Formulierung eines bewerteten Markov-Prozesses als Problem der linearen Optimierung vgl. H. Wedekind, a.a.O.; G.B. Dantzig und P. Wolfe, Linear Programming in a Markov Chain, in: O.R. 1962, S. 702-710; S. Manne, Linear Programming and Sequential Decisions, in: Mng. Sci. Vol.6 (1960), S. 259-267; C. Derman, On Sequential Decisions and Markov Chains, in: Mng. Sci. Vo. 9 (1962), S. 16-24; P. Kolesar, Randomized Replacement Rules which Maximize the Expected Length of Equipment Subjekt to Markovian Deterioration, in: Mng. Sci. Vol.13 (1967), S. 867-876; B. Fox, (g.w.) - Optima in Markov Renewal Programs, in: Mng. Sci. Vol.15 (1968), S. 210-212.
Eine andere Lösungsmethode ist der von Howard entwickelte Algorithmus. Vgl. dazu R.A. Howard, a.a.O., S. 32 ff. Im Anhang der deutschen Übersetzung ist ein ALGOL-Programm angeführt, das aber einige Fehler enthält. Der Howard-Algorithmus führt zwar zur optimalen Politik, die Größen π_i können aber erst nach Lösung einer Eigenwertaufgabe ermittelt werden.

Die Koeffizienten der linken Seite in (3. 39) sind jeweils oberhalb der Koeffizienten der rechten Seite eingetragen. In jeder Spalte geben die $_{t'}p_{t''}$ die Übergangswahrscheinlichkeiten einer Zeile der Übergangsmatrix an, so daß praktisch das Problem darin besteht, für jeden Zustand durch die Entscheidung über "Ersatz" bzw. "Weiter" einen optimalen Vektor der Übergangswahrscheinlichkeiten zu bestimmen.

Wenn das LP-Problem gelöst ist, erhält man die Entscheidungsvariablen $_{t''}E_t$ aus der Beziehung

$$_{t''}E_t = \frac{_{t''}X_t}{\sum_{t''} {_{t''}X_t}} \ ,$$

oder einfacher: Dasjenige $_{t''}E_t$ ist gleich 1, dessen zugehöriges $_{t''}X_t > 0$ ist. Die Zustandswahrscheinlichkeiten sind gleich

$$\pi_{t''} = \sum_t {_{t''}X_t}.$$

Bei Ansatz der Daten des in Abb. (3.03) betrachteten Beispiels einer sequentiellen Ersatzpolitik (KA = 1000, KV = 500 und B(t) = 0 bzw. B(t) = 100+(2·t+1)·10/2) errechnen sich die langfristig zu erwartenden Kosten pro ZE zu 91, 49 GE bzw. 227, 86 GE.

Die Entscheidungsvariablen $_{t''}X_t > 0$ und damit die Zustandswahrscheinlichkeiten $\pi_{t''}$ sind in Abb. (3. 10) eingetragen. Nur bei $_{t''}X_0$ wird das Teil ersetzt.

t'' =	1	2	3	4	5	6	7	8	9	...	19=ausgefallen
B(t)=0;t=	1	2	3	4	5	6	7	8	0		0
$_{t''}X_t = \pi_{t''}$ =	0.124	0.123	0.122	0.119	0.113	0.103	0.092	0.076	0.065	0...0	0.059
t =	1	2	3	4	5	6	0				0
$_{t''}X_t = \pi_{t''}$ =	0.149	0.149	0.148	0.143	0.136	0.125	0.111	0...	.....	...0	0.039

$$B(t) = 100 + (2·t+1)·5$$

Abb. (3. 10)

Das Teil wird demnach nach 9 bzw. 7 ZE vorbeugend ersetzt. Diese Ersatzzeitpunkte entsprechen damit den sich in Abb. (3. 03) einstellenden Grenzwerten.

Die Zahl der pro ZE vorzunehmenden Ersetzungen sind 0. 092 bzw. 0. 111. Durch die Vorverlegung des Ersatzzeitpunktes von 9 auf 7 vermindert sich die Zahl der Ausfälle von 0.059 auf 0.039 pro ZE.

Die insgesamt pro ZE anfallenden Ersetzungen (vorbeugend und ausfallbedingt) betragen 0.124 bzw. 0.149 und sind demnach höher als bei der Politik, jeweils das Teil nur nach Ausfall zu ersetzen.

C. Verringerung der Variablenzahl und Berücksichtigung der Dauer von Maßnahmen der Ersatzpolitik

Die Größe des zu lösenden LP-Problems wird bestimmt durch die Zahl der Zustände, die die Zahl der Nebenbedingungen angeben (53) und die Zahl der Entscheidungsalternativen in jedem Zustand. Durch bestimmte Vorüberlegungen kann die Zahl der definierten Zustände in einem konkreten Fall häufig erheblich verringert werden.

In den betrachteten Beispielen ist im Zustand N = "ausgefallen" lediglich e i n e Entscheidungsalternative - der Ersatz des Teils - zugelassen. Ein solcher Zustand mit festgelegter Entscheidung braucht nicht explizit erfaßt zu werden, sondern kann durch die Zustände ausgedrückt werden, von denen aus er durch einen einzigen Übergang erreicht werden kann. Von diesen Zuständen aus können dann gleich die dem Zustand "ausgefallen" folgenden Zustände erreicht werden. Vom Zustand "ausgefallen" wird dann durch die Entscheidung über den ausfallbedingten Ersatz der Zustand $t=0$ erreicht und von da aus der Zustand $t=1$.

Im Fall $(1- \lambda_0) = 1$ ist die nunmehr zweistufige Übergangswahrscheinlichkeit gleich ${}_tp_1 = {}_tp_N \cdot {}_NE_0 \cdot {}_0p_1 = {}_tp_N$ (54). Wenn die Möglichkeit besteht, daß das Teil während der ersten Einsatzzeiteinheit

---

53)　Hinzu kommt noch die Bedingung (3.41): $\sum\limits_{t'',t} {}_{t''}X_t = 1.$

54)　Die n-stufige Übergangswahrscheinlichkeit ${}_ip_j^{(n)}$ vom Zustand i zum Zustand j errechnet sich allgemein rekursiv aus

$${}_ip_j^{(1)} = {}_ip_j; \quad {}_ip_j^{(n+1)} = \sum_v {}_ip_j^{(n)} \cdot {}_vp_j : \quad \text{Vgl. zum Beispiel}$$

A. T. Bharucha-Reid, Elements of the Theory of Markov Processes and their Applications, New York-Toronto-London 1960, S. 12 f.

bereits wieder ausfällt, so wird der Zustand 1 erst nach mehreren Übergängen erreicht. Die Übergangswahrscheinlichkeit $_t p_1$ wird davon nicht beeinflußt (55), wohl aber die mittlere Zeit, in der vom Zustand t aus der Zustand 1 erreicht wird.

Nach Modifizierung der Interpretation der Übergangswahrscheinlichkeiten muß der Fortfall des Zustands "ausgefallen" auch in der Bilanzgleichung (3. 41) und in der Zielfunktion berücksichtigt werden.

Die Wahrscheinlichkeit π_N, mit der sich ein Teil zu einem beliebigen Zeitpunkt im Zustand N = ausgefallen befindet, muß nunmehr, da der Zustand N nicht mehr explizit erfaßt wird, dem Ausgangszustand t zugerechnet werden. Die Nebenbedingung (3. 41) verändert sich dann zu:

$$(3.\ 42) \qquad \sum_{t'',\,t} a_t \cdot {}_{t''}X_t = 1.$$

In den Gewichtungsfaktoren a_t muß nunmehr zum Ausdruck kommen, wie lange das Teil in den durch t repräsentierten Zuständen bleibt. Bisher waren die a_t jeweils gleich 1, da jeweils nach einer ZE ein neuer, explizit eingeführter Zustand erreicht wurde. Nunmehr kann es vorkommen, daß ein neuer definierter Zustand erst nach mehr als einer Zeiteinheit erreicht wird. Wenn z. B. die Variable $_{t''}X_t$ mit t''=t betrachtet wird, so geht mit der Wahrscheinlichkeit $1- \lambda_t$ das Teil nach e i n e r Zeiteinheit in den Zustand t+1 und mit λ_t in den Zustand N = ausgefallen und von da (nach evtl. mehreren Übergängen) in den Zustand 1 über. Die durchschnittliche Zeit, in der das Teil von t aus einen neuen definierten Zustand t* erreicht, ist

demnach gleich $a_t = \sum_{t*} {}_t P_{t*} \cdot {}_t M_{t*}$, wobei $_t M_{t*}$ die mittlere erste

Passierzeit vom Zustand t nach t* angibt (56).

Ähnlich müssen auch die Koeffizienten der Zielfunktion (3. 40) verändert werden. Dem Zustand t muß der bedingte Erwartungswert des Gewinns, der vom Zustand t aus bis zu den nächsten definierten

---

55)   Während der Zustand 0 transient ist, ist der Zustand 1 hier ein absorbierender Zustand.

56) $_t M_{t*}$ errechnet sich nach $_t M_{t*} = \sum_n n \cdot {}_t K_{t*}^{(n)}$, wobei $_t K_{t*}^{(n)}$ die Wahrscheinlichkeit ist, vom Zustand t aus in genau n Übergängen (Zeiteinheiten) in den Zustand t* zu gelangen.

Zuständen entsteht, zugeordnet werden. Bei der Entscheidung "Weiterbetrieb" des Teils am Anfang einer Zeiteinheit $t'' < N-1$, also $t''=t$, ist dieses mit der Wahrscheinlichkeit 1 der Gewinn der folgenden Zeiteinheit $E(t)-B(t)$; mit der Wahrscheinlichkeit λ_t ist am Anfang der nächsten Zeiteinheit das Teil ausgefallen, muß ersetzt werden und befindet sich dann nach einer weiteren Zeiteinheit im Einsatzalter 1. Zu $E(t)-B(t)$ tritt also der mit λ_t gewichtete Gewinn $\lambda_t(-KA+E(0)-B(0))$ hinzu (57).

Der Fortfall des Zustands N hat lediglich zur Folge, daß eine Nebenbedingung und eine Variable eingespart werden. Das entwickelte Prinzip (58) kommt aber voll zur Entfaltung, wenn die bisher als vernachlässigbar klein unterstellten Ausfallzeiten einbezogen werden (59). Dieses kann einmal dadurch geschehen, indem die Dauer jeweils ebenso wie die Laufzeit in Zeitintervalle unterteilt wird, wobei die Übergänge in den nächsten Zustand - entweder das nächste Zeitintervall der Ersatzdauer oder in den Zustand 0, d. h. Fertigstellung des Ersatzes - stochastisch erfolgen. Die Übergangswahrscheinlichkeiten werden aus den Verteilungen der Ersatzzeiten abgeleitet. Da für vorbeugenden und ausfallbedingten Ersatz jeweils unterschiedliche Verteilungen existieren und damit auch unterschiedliche Matrizen der Übergangswahrscheinlichkeiten, müssen für die unterschiedlichen Ersatzvorgänge auch unterschiedliche Zustandsfolgen definiert werden. Das führt zu einer starken Vergrösserung der LP-Aufgabe. Innerhalb der Instandsetzungszustände finden aber keine Entscheidungen statt, so daß die Zustände nach dem oben entwickelten Verfahren dem Ausgangszustand (also der Ersatzentscheidung oder dem Ausgangszustand für einen Ausfall) zugeordnet werden. Diesem Zustand wird in der Zielfunktion der Erwartungswert der Ersatzkosten zugeordnet und in der Bilanzgleichung (3.41) die mittlere Ersatzdauer.

---

57)   Von der Möglichkeit, daß das neu eingesetzte Teil bereits in der ersten Zeiteinheit wiederum ausfallen kann, soll abgesehen werden.

58)   Für den Fall, daß die Übergänge des betrachteten Systems sich auf unterschiedlich lange Zeitintervalle beziehen, haben M. Klein, a. a. O., und A. Manne, a. a. O., die Quotientenprogrammierung als Optimierungsverfahren vorgeschlagen. Mit Hilfe des oben entwickelten Vorgehens kann ein solcher Ansatz vermieden werden, indem die Bilanzgleichung (3.41) entsprechend modifiziert wird.

59)   Die Optimierung bezieht sich auf die Laufzeit und entspricht damit dem Optimierungskriterium (3.26) mit $Rv=Ra=0$, und die Ersatzkosten KV, KA umfassen nur Materialkosten.

Die Daten Rv=1, Ra=5, E(t)=600 und B(t)=100+(2t+1)·10,Ta=10 und k=6 führen dann zu folgenden optimalen Werten für die $_{t''}X_t$ (60):

$t'' =$	1	2	3	4	...	ausgefallen N
$t =$	1	2	3	0	0...0	0
$\widetilde{\Pi}_{t''=t''}X_t$	0.1946	0.1942	0.1923	0.1872	0...0	0.0074

Abb. (3.11)

Als "Ersatzkosten" werden nur die Kapazitätswirkungen der Ersatzpolitik betrachtet. Der Gewinn pro Zeiteinheit beläuft sich auf $\overline{G}$= 356,93 GE.

Der Zustand "ausgefallen" hätte entsprechend den obigen Ausführungen wie die Zustände der Instandsetzungszeiten fortfallen können. Aus Gründen der Übersichtlichkeit ist er aber hier mit einbezogen.

Die Variable $_4X_0$ wird zweimal gewichtet, da sie auch die vorbeugende Ersatzzeit Rv=1 repräsentiert. Die Variable $_NX_0$ wird sechsmal gewichtet - sie repräsentiert die Ersatzzeit Ra=5.

Wird das gleiche Problem mit einem Kostenminimierungsansatz behandelt, müssen die Ersatzvorgänge mit dem Erlösentgang bewertet werden. Die Kosten pro Zeiteinheit belaufen sich dann auf K=143,07 GE (61).

---

60) Die Daten des Beispiels entsprechen dem in Abb. (3.04) dargestellten Verlauf von

$$\left[\int_0^{Tp} R(t)\, B(t)\, dt + F(Tp) \cdot KA + R(Tp) \cdot KV \right] / E(Z).$$

Beide Ansätze führen hinsichtlich der Entscheidungsregel zu dem gleichen Ergebnis.

61) Dieser Wert ist auch aus Abb. (3.04) abzulesen. Entsprechend der Ableitung des Zielkriteriums (3.22) von S.71 f ergibt sich der Gewinn pro Zeiteinheit dann aus G=E-K=600-243,07=356,93 GE, wie er auch bei dem Gewinnmaximierungsansatz ermittelt wurde.

Kapitel IV

Ersatzpolitik bei Aggregaten mit mehreren stochastisch ausfallenden Systemen

Die im Kapitel III entwickelten Ersatzkriterien beziehen sich auf ein isoliert betrachtetes stochastisch ausfallendes System. Nun besteht aber in der Regel ein Aggregat aus mehreren verschleiß- anfälligen Teilen, strenggenommen unterliegen alle Teile eines Aggregats Verschleißerscheinungen. Darüber hinaus sind in einem Betrieb in der Regel mehrere Aggregate vorhanden. Wird dieser Tatbestand berücksichtigt, indem die Ersatzpolitik für ein System nicht mehr isoliert bestimmt wird, sondern das System in seiner Verbindung zu den anderen Systemen betrachtet, so können sich hieraus Konsequenzen für die Ersatzpolitik ergeben. Diese Folgen richten sich danach, ob die Teile eines Aggregates oder mehrere Aggregate bezüglich der Ersatzpolitik verknüpft sind. Für die Er- satzpolitik sind dabei folgende Verknüpfungsarten von Bedeutung:

1. Kostenmäßige Verflechtung:

   a) Bezüglich der Betriebskosten: Die Betriebskosten eines Ag- gregates hängen unter anderem von seiner Z-Situation und damit von den Zuständen aller Teile ab, wobei die Abhängig- keiten nichtlinear sein können.

   b) Bezüglich der Ersatzkosten: Der gleichzeitige Ersatz mehrerer Systeme kann geringere Ersatzkosten oder Ausfallzeiten ver- ursachen als die Summe der Ersatzkosten bei getrenntem Er- satz.

2. Stochastische Verflechtung:

   Das Ausfallverhalten eines Teiles kann nicht nur von dem eige- nen technischen Zustand bestimmt werden, sondern hängt auch von den Zuständen anderer Teile ab.

3. Kapazitätsmäßige Verflechtung:

   a) Für mehrere Systeme steht nur eine begrenzte Zahl von Er- satzteilen oder Ersatzteillagerkapazität zur Verfügung.

   b) Für mehrere Systeme steht nur eine begrenzte Instandhaltungs- kapazität zur Verfügung.

Die Probleme, die sich aus der kapazitätsmäßigen Verflechtung ergeben, werden in den Kapiteln VI und VII erörtert, so daß die Prämissen 9 und 10 von S. 54 bestehen bleiben. Lediglich die Prämissen 1 und 2 werden in diesem Kapitel aufgehoben. Im folgenden sollen zunächst die Wirkungen einer kostenmäßigen oder stochastischen Verflechtung auf die Ersatzpolitik mehrerer Systeme untersucht werden. Besteht eine solche Verflechtung, so werden diese Systeme als verbundene Systeme bezeichnet. Zuvor soll erörtert werden, wie sich die Ersatzpolitik bei mehreren, aber unverbundenen Systemen gestaltet.

A. Ersatzpolitik bei unverbundenen Systemen

Bestehen zwischen Teilen eines Aggregates bzw. zwischen den Teilen mehrerer Aggregate keine der genannten Verflechtungen, so sind die für ein einzelnes Teil isoliert berechneten Ersatzkriterien auch im Zusammenhang optimal. Strenggenommen muß in einem solchen Fall für jedes verschleiß- bzw. ausfallanfälliges Teil isoliert die optimale Politik festgelegt werden. Häufig wird in der Praxis aber nicht auf die einzelnen Teile zurückgegangen, sondern die Aggregatausfälle werden global betrachtet. Sind z. B. bei einem Aggregat drei Systeme besonders verschleißanfällig und führt jeweils der Ausfall von einem dieser Systeme zu einem Ausfall des gesamten Aggregates, so ergibt sich aus den Ausfallprozessen der einzelnen Systeme ein überlagerter Ausfallprozeß des Aggregates (1):

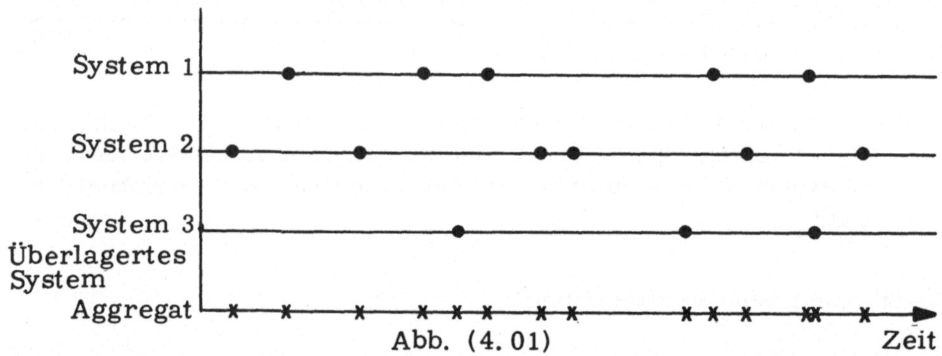

Abb. (4.01)

Nun kann gezeigt werden, daß mit steigender Zahl der Systeme die Verteilung der Zeiten zwischen zwei Ausfällen im überlagerten Ausfallprozeß für fast beliebige Laufzeitverteilungen der einzelnen Systeme schnell gegen eine Exponentialverteilung strebt (2). Selbst

---

1)   Die Reparaturzeiten werden als vernachlässigbar klein gegenüber den Laufzeiten angenommen.

2)   Vgl. z. B. A. Y. Khintchine, Mathematical Methods in the Theory of Queuing, London 1960, Kapitel 4; D. R. Cox, Erneuerungstheorie, a. a. O. , S. 84 ff.

wenn die einzelnen Systeme eines Aggregats also Ausfallverteilungen mit steigenden Ausfallraten zeigen, ist unter diesen Umständen die Ausfallverteilung des Aggregats asymptotisch exponentialverteilt. Daraus ergeben sich für die Ersatzpolitik zwei Folgerungen:

Einmal kann dieser Effekt erklären, warum häufig bei der globalen Betrachtung von Aggregaten exponentialverteilte Laufzeiten beobachtet werden (3). Zum anderen stellt sich daraus die Forderung, die Aggregatausfälle möglichst fein auf ihre Ursachen hin zu zerlegen, um dann eventuell die Vorteile einer vorbeugenden Ersatzpolitik nutzen zu können.

Die Ersatzpolitik bei mehreren unverbundenen Teilen ergibt sich aus der Zusammenfassung der isoliert berechneten optimalen Ersatzkriterien. Wenn an einem Aggregat mehrere gleichartige Teile mit annähernd gleicher Belastung eingesetzt sind, so braucht für diese das Ersatzintervall nur einmal berechnet zu werden. Der gleiche Vorteil ergibt sich, wenn mehrere gleichartige Aggregate eingesetzt sind. Die für ein Aggregat bestimmte optimale Ersatzpolitik ist dann auch für die anderen optimal. Aus diesem Grunde ist es sinnvoll, möglichst gleichartige Aggregate bzw. gleichartige Systeme im Betrieb einzusetzen.

B. Ersatzpolitik bei verbundenen Systemen

I. Auswirkungen der kostenmäßigen und stochastischen Verbundenheit auf die Struktur des Ersatzprozesses

a) Die Kostenstruktur

Die Kostenverbundenheit zweier oder mehrerer Teile kann sich einmal auf die Betriebskosten und zum anderen auf die Ersatzkosten erstrecken.

---

3)   So nimmt z. B. Lehmann aufgrund empirischer Untersuchungen exponentialverteilte Aggregatlaufzeiten als typisch für Textilmaschinen an. Dabei gelten aber u. a. als Unterbrechungsursachen: Werkzeugbruch, Materialfehler, Unterbrechungen der Materialzufuhr, falsche Positionierungen von Maschinenteilen, Arbeitsunterbrechungen für Kontrollen usw. Vgl. S. Lehmann, a. a. O. , S. 28 f. Wären die Laufzeiten zwischen jeweils zwei gleichartigen Unterbrechungen untersucht worden, so hätten die einzelnen Laufzeitverteilungen durchaus steigende Ausfallraten zeitigen können, so daß auch eine vorbeugende Ersatzpolitik in Frage gekommen wäre.

1) Betriebskosten

Die Betriebskosten eines Aggregates umfassen die bewerteten Einsatzfaktoren und den Ausschuß des Aggregates. Bisher wurde untersucht, wie die Betriebskosten (4) vom Einsatzalter eines Teils abhängen und wie sie durch die Ersatzpolitik bei diesem Teil beeinflußt werden können. Wenn ein Aggregat aus mehreren kostenmäßig verbundenen Verschleißteilen besteht, so hängen die Betriebskosten nicht mehr von dem Einsatzalter eines Teiles allein, sondern von den Ersatzaltern aller Teile ab (5).

Ein Beispiel mag diesen Fall verdeutlichen: Bei einem Aggregat werden von dem zu fertigenden Produkt nacheinander zwei Systeme durchlaufen, wobei von beiden Systemen bestimmte Arbeiten (oder Veränderungen) an dem Produkt vorgenommen werden, die in Abhängigkeit von der Qualität des Inputs und dem Zustand der Systeme qualitativ unterschiedlich ausfallen.

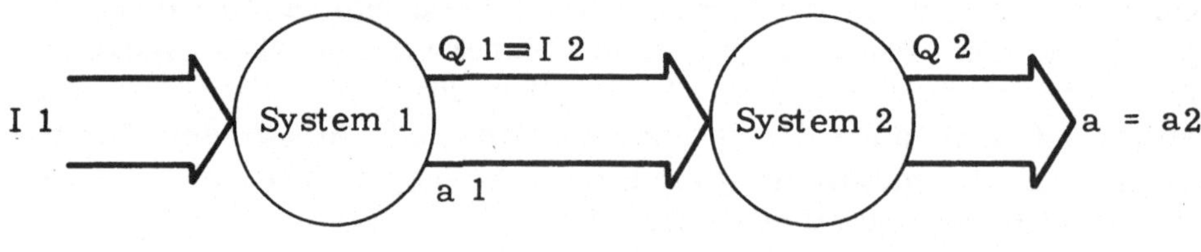

Abb. (4. 02)

Die Qualität $Q1$ des Produktes nach Durchlauf des ersten Systems hängt von der Inputqualität $I1$ und dem Zustand des Systems 1 ab. Die Qualität $Q1$ ist aber die Inputqualität des Systems 2. Im Fall der Unabhängigkeit hat die durch das System 1 bewirkte Veränderung des Produktes keinen Einfluß auf die qualitative Leistung des Systems 2 (6). Dagegen ist es aber leicht vorstellbar, daß eine Qualitätsverschlechterung durch das System 1 das Produkt auch anfälliger für Fehler des Systems 2 macht. Damit hängt der Ausschußprozentsatz des zweiten Systems $a2$ ab von der Veränderung des Produktes im ersten System und damit von dessen Einsatzalter. Für den Ausschußanteil a des Aggregates (bzw. des zweiten Systems)

---

4)   Strenggenommen handelt es sich jeweils um den Erwartungswert der Betriebskosten für ein bestimmtes Einsatzalter. Aus Gründen der Vereinfachung wird der Ausschuß den Betriebskosten zugerechnet.

5)   Der technische Zustand eines Systems wird weiterhin durch sein Einsatzalter repräsentiert.

6)   Dieser Fall wäre gegeben, wenn die Arbeit beider Systeme zwei völlig verschiedene Eigenschaften des Produktes betreffen. In diesem Fall der Unabhängigkeit errechnet sich der Ausschußprozentsatz a des Aggregates aus den beiden Ausschußanteilen $a1$ und $a2$ nach der Formel: $a = a1 + a2 - a1 \cdot a2$.

ergibt sich dann die Beziehung: $a = a2 = f(Q1, t2)$ mit $Q1 = f1 (I1, t1)$, also: $a2 = a = f(f1(I1, t1), t2)$. In dem betrachteten Beispiel waren die Betriebskosten (durch den Ausschußprozentsatz) des zweiten Systems abhängig vom Zustand des ersten, nicht aber umgekehrt. Nun gibt es auch den Fall, daß zwei Systeme gleichzeitig ein Teil bearbeiten und somit Betriebskosten nicht mehr einem einzelnen System zurechenbar sind, sondern nur dem Gesamtaggregat. Somit ist bei gegenseitiger Beeinflussung auch der Ausschußprozentsatz a eine Funktion der beiden Systemzustände und der Inputqualität I1: $a = g(I1, t1, t2)$. Die Verteilung der Zufallsvariablen Inputqualität I1 wird erfaßt, indem für die Ausschußanteile Erwartungswerte in Abhängigkeit von t1 und t2 angesetzt werden. Die erwarteten Betriebskosten werden dann durch $B(t1, t2)$ ausgedrückt.

Im ersten Beispiel können für die Systeme getrennt Betriebskosten angegeben werden. Für das System 1 ist es die ursprüngliche Betriebskostenfunktion $B(t1)$ und für das zweite System eine ähnliche Funktion $B(t1, t2)$ wie oben. Die erwarteten Betriebskosten $B(t1, t2)$ können bei diskreten Werten für $t1 = 0, 1, 2 \ldots$; $t2 = 0, 1, 2 \ldots$ in einer Kostenmatrix erfaßt werden.

2) Ersatzkosten

Auch die Ersatzkosten mehrerer Systeme können verbunden sein. Die Ersatzkosten setzen sich aus den Materialkosten, den Stillstandskosten sowie Kosten des Anlaufs bzw. Abfahrens zusammen. Werden nun mehrere Systeme in einem Arbeitsgang ersetzt, so fallen die Anlauf- und Abfahrkosten nur einmal an. Weiterhin kann die Stillstandszeit gegenüber der Summe der einzelnen Stillstandszeiten gesenkt werden, indem bestimmte Transportzeiten nur einmal anfallen, bestimmte Verkleidungen an dem Aggregat nur einmal entfernt zu werden brauchen usw.

Unter diesen Voraussetzungen können für ein Aggregat mit zwei Systemen folgende Kostenrelationen in Abhängigkeit von den möglichen Kombinationen der Ersatzpolitik in einem Zeitpunkt aufgestellt werden (7):

$$\left\{ KV_1, KV_2 \right\} < KV_1 + KV_2 \quad \text{Beide Systeme werden vorbeugend ersetzt.}$$

$$\left\{ KV_1, KA_2 \right\} < KV_1 + KA_2 \quad \text{System 1 vorbeugend, System 2 wird ausfallbedingt ersetzt.}$$

---

7) Analog können derartige Beziehungen auch für die Ersatzzeiten aufgestellt werden.

$$\{KA_1,\ KV_2\} < KA_1 + KV_2 \quad \text{System 1 nach Ausfall, System 2 wird vorbeugend ersetzt.}$$

$$\{KA_1,\ KA_2\} < KA_1 + KA_2 \quad \text{Beide Systeme Ersatz nach Ausfall.}$$

Die eingeklammerten Ausdrücke bezeichnen jeweils die Kosten bei gleichzeitigem Ersatz. Die Kostenvorteile des gleichzeitigen Ersatzes können zu einer Veränderung des individuell optimalen Ersatzzeitpunktes führen; fällt z. B. das erste Teil aus und das zweite System hat noch nicht seinen individuellen Ersatzzeitpunkt erreicht, so kann es trotzdem günstiger sein, das zweite System bereits zu ersetzen, wenn die eingesparten Ersatzkosten gegenüber der nicht mehr ausgenutzten bewerteten Nutzungszeit des Teiles überwiegen.

b) Die Struktur der Ausfallverteilung

Wenn mehrere Systeme betrachtet werden, zwischen denen die oben genannten Beziehungen bestehen, so sind die Ersatzentscheidungen von den Zuständen aller Systeme abhängig. Um die Entscheidung in Abhängigkeit dieser einzelnen Zustände treffen zu können, wird die Kombination der Einzelzustände als ein neuer Zustand des Gesamtsystems definiert. Bei zwei verbundenen stochastisch ausfallenden Teilen entspricht dieser neue Zustand den Kombinationen der Einsatzdauern $\{t_1 t_2\}$. Für diese Zustände muß nun wie bei der Betrachtung eines einzelnen Teils die Ausfallverteilung abgeleitet werden. Das Ausfallverhalten drückt sich aus in dem Verlauf der bedingten Ausfallraten bzw. bedingten Ausfallwahrscheinlichkeiten (8).

1) Stochastische Unabhängigkeit

Wenn die Zustandsverschlechterung eines Systems die Ausfallneigung des anderen Systems nicht beeinflußt und umgekehrt, so sind die beiden Systeme stochastisch unabhängig. Die Übergangswahrscheinlichkeit $_{t_1' t_2'}P_{t_1'' t_2''}$, die den Übergang des Aggregats vom Zustand $\{t_1' t_2'\}$ in den Zustand $\{t_1'' t_2''\}$ angibt, ist dann gleich dem Produkt der einzelnen Übergangswahrscheinlichkeiten (9):

---

8)   Da die folgenden Modelle nur bei Ansatz diskreter Verteilungen einer analytischen Lösung zugänglich sind, sollen auch nur die diskreten Übergangswahrscheinlichkeiten abgeleitet werden.

9)   Für die Übergangswahrscheinlichkeiten $_{t_i'}P_{t_i'}$ der einzelnen Systeme gilt:

$$_{t_i'}P_{t_i''} = \begin{cases} \lambda_i(t_i'), & \text{falls } t_i'' = N_i \\ 1 - \lambda_i(t_i') & \text{sonst.} \end{cases}$$

$$(4.01) \qquad {}_{t'_1 t'_2}P_{t''_1 t''_2} = {}_{t'_1}P_{t''_1} \cdot {}_{t'_2}P_{t''_2} .$$

Die Übergangswahrscheinlichkeiten können in einer $(N_1 * N_2) * (N_1 * N_2)$-Matrix erfaßt werden.

Die Zahl der Zustände des Gesamtsystems ergibt sich aus dem Produkt der maximalen Einsatzdauern der einzelnen Systeme und nimmt deshalb in Abhängigkeit von der Zahl der verbundenen Systeme und der Feinheit der Intervalleinteilung bei den Laufzeiten multiplikativ zu.

2) Stochastische Abhängigkeit

Bei technisch eng miteinander verbundenen Systemen eines Aggregates kann der Zustand eines Teils das Ausfallverhalten anderer Teile beeinflussen. In diesem Fall müssen für jedes Teil die Übergangswahrscheinlichkeiten unter Berücksichtigung des Zustandes der anderen Teile ermittelt werden.

Beispielsweise kann das Ausfallverhalten des zweiten Teils in Abb. (4.02) von der Inputqualität Q2 und damit vom Einsatzalter des ersten Systems abhängen. Für das zweite Teil können dann die Ausfallwahrscheinlichkeiten in Abhängigkeit vom eigenen Einsatzalter t_2 und in Abhängigkeit vom Zustand t_1 des Teils 1 in einer Matrix angegeben werden (vgl. Abb. (4.03)).

Zustand System 1 t_1 \ Zustand System 2 t_2	Ausfallwahrscheinlichkeiten des Teils 2 $= {}_{t_1}\lambda_2(t_2)$			
	1	2	3	4 ...
1	${}_1\lambda_2(1)$	${}_1\lambda_2(2)$	${}_1\lambda_2(3)$	${}_1\lambda_2(4)$...
2	${}_2\lambda_2(1)$	${}_2\lambda_2(2)$	${}_2\lambda_2(3)$	${}_2\lambda_2(4)$
3	....	....	....	....

Abb. (4.03)

Die Ausfallwahrscheinlichkeiten ${}_{t_1}\lambda_2(t_2)$ sagen dann aus:

P (Teil 2 fällt nach einer ZE aus / Teil 2 ist im Einsatzalter t_2, Teil 1 ist im Einsatzalter t_1).

Die Übergangswahrscheinlichkeiten des gesamten Aggregates können ebenfalls in einer Matrix dargestellt werden, wobei die Kombination der Laufzeiten t_1', t_2' den Ausgangszustand darstellen. Bei interdependentem Ausfallverhalten müssen die ${}_{t_1' t_2'} P_{t_1'' t_2''}$ empirisch ermittelt werden. Wenn die Korrelation zwischen dem Ausfallverhalten mehrerer Systeme relativ hoch ist, kann versucht werden, die Systeme bezüglich der Ersatzpolitik zu einem übergeordneten System zusammenzufassen, für das dann die Ersatzpolitik angewandt wird, wie sie für ein Teil entwickelt wurde.

II. Optimale Entscheidungsregeln

Optimale Entscheidungskriterien für verbundene Systeme sind in der Literatur bisher nur für einige stark vereinfachte Sonderfälle entwickelt worden. Der Grund dafür liegt vor allem in der Komplexität solcher Entscheidungen, die eine geschlossene analytische Lösung erschwert oder gar unmöglich macht. Die in der Literatur entwikkelten Modelle beschäftigen sich vor allem mit dem Problem des Gruppenersatzes bei identischen Systemen.

a) Gruppenersatz bei identischen Systemen

Werden in einem Betrieb mehrere Systeme mit identisch steigender Ausfallrate eingesetzt und verursacht ein gleichzeitiger Ersatz dieser Systeme weniger Kosten als die Summe der Ersatzkosten bei Einzelersatz, kann folgende Politik gegenüber dem Einzelersatz zu niedrigeren Kosten führen:

(a) Ausfallende Systeme werden sofort bei ihrem Ausfall ersetzt.

(b) In festen Abständen Tg werden alle Systeme einschließlich der seit dem letzten Gruppenersatz bereits nach Ausfall neu eingesetzten Systeme vorbeugend ersetzt.

Ein Lösungsansatz ist bereits von Churchman (10) dargestellt worden und soll deshalb hier nicht näher ausgeführt werden. Die Nachteile einer solchen Politik sind offensichtlich: Die Politik ist nur bei identischen Teilen anwendbar und berücksichtigt nur zwei extreme Strategien: Ersatz nach Ausfall und vorbeugender Ersatz aller Systeme. Die Möglichkeit, anläßlich eines Ausfallersatzes einige noch nicht ausgefallene Systeme mit zu ersetzen, wird dagegen z. B. nicht behandelt.

---

10) Vgl. C. W. Churchman, R. L. Ackoff und E. L. Arnoff, a. a. O., S. 448 ff.

Die Politik hat allerdings den Vorteil, besonders einfach zu sein, und kann daher bei Systemen mit einem geringen Materialwert, aber hohen Ausfallkosten, vorteilhaft sein (11).

b) Individuelle Ersatzzeitpunkte bei verbundenen Systemen

Wenn verbundene Systeme mit unterschiedlichen Ausfallneigungen betrachtet werden, so ist eine Politik des Gruppenersatzes nicht sinnvoll. Vielmehr müssen für die einzelnen Systeme individuelle Ersatzzeitpunkte in Abhängigkeit von den Zuständen der anderen Systeme ermittelt werden.

1) Ein Teil mit steigender Ausfallrate inmitten von M Teilen mit konstanter Ausfallrate

Bisher wurde das Problem nur für ein Teil mit steigender Ausfallrate in Abhängigkeit des Zustandes von M Systemen mit exponentialverteilter Laufzeit behandelt. Zwischen den Systemen bestehen nur Interdependenzen bezüglich der Ersatzkosten. Die Optimierung bezieht sich auf den Zyklus (12) des Teiles r mit steigender Ausfall-

---

11) Die Politik kann verfeinert werden, indem berücksichtigt wird, daß die erst gerade eingesetzten Systeme, die aber im Zuge eines Gruppenersatzes bereits wieder ersetzt werden, an einer weniger bedeutsamen Stelle des Betriebes weiterverwendet werden können. Vgl. dazu D. J. Bartholomew, Two-Stage Replacement Strategies, in: O. R. Q. Vol. 14 (1963), S. 71-87; V. P. Marathe und K. P. K. Nair, Multistage Planned Replacement Strategies, in: O. R. Vol. 14 (1966), S. 874-887; V. P. Marathe und K. P. K. Nair, On Multistage Replacement Strategies, in: O. R. Vol. 14 (1966), S. 537-538; M. D. Naik und K. P. K. Nair, Multistage Replacement Strategies with Finite Duration of Transfer, in: Mng. Sci. Vol. 13 (1965), S. 828-835; M. D. Naik und K. P. K. Nair, Multistage Replacement Strategies, in: O. R. Vol. 13 (1965), S. 279-290.

12) Der Anfang des Zyklus wird durch das Einsatzalter 0 des Systems r gegeben. Da die Ausfallraten der anderen Systeme konstant sind, ist es gleichgültig, in welchem Einsatzalter sich diese befinden. Der Zyklusanfang wird damit nur von dem Teil mit steigender Ausfallrate bestimmt. Das Ende eines Zyklus ergibt sich aus den Fällen: alleiniger Ausfall des Teiles mit steigender Ausfallrate, vorbeugender Ersatz des Teiles, vorbeugender Ersatz zusammen mit anderen ausgefallenen Systemen. Das Problem vereinfacht sich, weil von der Ersatzpolitik, d. h. der Beendigung des Zyklus, kein Einfluß auf den Anfang des Zyklus ausgeübt wird, sondern dieser allein durch den Zustand 0 des Teils mit steigender Ausfallrate definiert wird.

7*

rate, da sich nur hier die Frage nach einem vorbeugenden Ersatz stellt, und kann für stetige Ausfallverteilungen mit Hilfe der Differentialrechnung durchgeführt werden. Die optimale Entscheidungsregel besitzt dann eine (t_i, Tp)-Struktur. Wenn t_r die Einsatzdauer des Teiles r mit steigender Ausfallrate seit dem letzten Ersatz bezeichnet, so bedeutet die Entscheidungsregel:

Wenn das i-te Teil mit der konstanten Ausfallrate $\lambda^{(i)}$ (i = 1, 2, ... M) zum Zeitpunkt t_r ausfällt mit $t_i \leq t_r < Tp$, dann wird das System r vorbeugend zusammen mit dem ausgefallenen Teil ersetzt. Die Zeitpunkte t_i sind also kritische Grenzen, die angeben, daß bei einem Ausfall des Teils i nach diesem Einsatzalter des Teils r beide Teile ersetzt werden. Die t_i richten sich dabei vor allem nach dem Ausmaß der Kostenrelation:

$$(4.02) \qquad KV_r + KA_i \gtrless \left\{ KV_r + KA_i \right\}$$

Fällt ein Teil i mit konstanter Ausfallrate zum Zeitpunkt $t_r < t_i$ aus, dann wird lediglich das ausgefallene Teil ersetzt. Erreicht das System r die Einsatzdauer Tp, so wird es allein vorbeugend ersetzt. Es gilt also, das vorbeugende Ersatzintervall Tp und die M kritischen Werte t_i optimal zu bestimmen. Die Ableitungen führen bereits zu sehr umfangreichen und komplizierten Ausdrücken (13), obwohl lediglich für ein Teil die optimale Politik bestimmt wird (14).

2) Mehrere Systeme mit steigender Ausfallrate

Werden mehrere verbundene Systeme mit steigender Ausfallrate betrachtet, dann stellt sich für jedes System die Frage nach der optimalen Ersatzpolitik in Abhängigkeit vom Zustand der anderen Systeme. Damit kann sich die Optimierung nicht mehr auf den Zyklus e i n e s Systems beziehen, sondern es muß für die simultane Optimierung ein gemeinsamer Zyklus für alle Systeme definiert werden (15). Als Zustand dieses Zyklus gelten die Kombinationen

---

13)   Vgl. D. W. Jorgenson, J. J. McCall und R. Radner, a. a. O., S. 80 ff; R. Radner und D. W. Jorgenson, Opportunistic Replacement of a Single Part in the Presence of Several Monitored Parts, in: Mng. Sci. Vol. 10 (1963), S. 70 ff.

14)   Weiter kann die Möglichkeit, daß die Betriebskosten oder die Ausfallverteilungen der Teile voneinander abhängen, in diesem Modell nicht erfaßt werden.

15)   Auf die Vorteilhaftigkeit, die Instandhaltungstermine mehrerer Teile planmäßig zusammenzulegen, hat auch Männel hingewiesen. Vgl. W. Männel, a. a. O., S. 139 ff. Die dort skizzierten Lösungshinweise gehen aber von einer deterministischen Einsatzdauer der Teile aus und behandeln nur den Sonderfall einer verbundenen Ersatzpolitik, daß alle Teile i m m e r gemeinsam ausgewechselt werden.

aus den Zuständen der einzelnen Systeme. Eine besondere Schwierigkeit für die Lösung ergibt sich daraus, daß nunmehr die Ersatzpolitik auch den Anfangszustand beeinflußt. Aus diesem Grunde versagen Ansätze mit kontinuierlichen Ausfallverteilungen, und es muß zu einer diskreten Betrachtung übergegangen werden (16). Bei Ansatz diskreter Zustände kann das Optimierungsproblem dann als ein zu optimierender bewerteter Markov-Prozeß formuliert werden, der mit Hilfe der linearen Optimierung behandelt werden kann. Modell und Ergebnisstruktur sollen an einem Beispiel entwickelt werden.

Bei der Herstellung des Papierhalbfabrikates Ganzstoff auf einer Langsiebpapiermaschine wird die Papierbahn zunächst über ein Metallsieb geführt und anschließend über einen Naßfilz (17). Sowohl Sieb als auch Filz unterliegen starken Belastungen und fallen in Form von Rissen oder Brüchen stochastisch aus. Die Ausfallwahrscheinlichkeiten sind in Tab. (4.01) eingetragen. Sie sind aus Erlangverteilungen mit dem Phasenparameter k=8 und den mittleren Laufzeiten Ta_S=8 und Ta_F=10 abgeleitet (18).

Einsatzalter t_S bzw. t_F	0	1	2	3	4	5	6	7	8	9
Sieb $\lambda_S(t_S)$	0.0108	0.0397	0.0867	0.1415	0.1953	0.2434	1	1		
Filz $\lambda_F(t_F)$	0.0031	0.0135	0.0349	0.0656	0.1012	0.1376	0.1722	0.2039	1	1

Tab. (4.01)

16) Erste Hinweise auf eine solche diskrete Formulierung finden sich bei M. W. Sasieni, A Markov Chain Process in Industrial Replacement, in: O. R. Q. Vol. 7 (1956), S. 148-155. Allerdings behandelt Sasienis Ansatz nur zwei Teile mit identischer Ausfallverteilung und besonders einfacher Kostenstruktur. Dreyfus hat in einer Entgegnung auf den Aufsatz von Sasieni auch eine etwas kompliziertere Kostensituation einbezogen und als Lösungsverfahren die Dynamische Programmierung vorgeschlagen; vgl. St. E. Dreyfus, A Note on An Industrial Replacement Process, in: O. R. Vol. 8 (1957), S. 190-193. Dieser Ansatz wurde in neuerer Zeit von Vergin aufgegriffen; vgl. R. C. Vergin, Optimal Renewal Policies for Complex Systems, in: Nav. Res. Log. Qu. (1969), S. 523-534.

17) Die Daten des Beispiels entsprechen ungefähr tatsächlichen Gegebenheiten.

18) Um die Zahl der Variablen zu verringern, wurden die Verteilungen um 2 ZE zum Ursprung hin verschoben.

Die Laufzeiten t_S und t_F werden in Tagen bei einem Drei-Schichten-Betrieb gemessen.

Das Wechseln eines Siebes dauert bei einem Ausfallersatz durchschnittlich $Ra_S = 9$ Stunden und vorbeugend $Rv_S = 3$ Stunden. Die entsprechenden Zeiten des Filzes betragen $Ra_F = 8{,}5$ und $Rv_F = 3$ Stunden. Pro Stunde Stillstand des Aggregates wird ein Gewinnentgang von 800 DM angesetzt. Die Anschaffungskosten eines Siebes betragen 600 DM und die eines Filzes 1200 DM.

Da eine Zwangslauffertigung vorliegt, muß bei einem Ersatz eines Teiles jeweils die gesamte Produktion unterbrochen werden. Wenn Sieb und Filz gleichzeitig ersetzt werden, dann kann ein Teil der Arbeiten parallel ausgeführt werden, so daß die Stillstandszeit des Aggregates kleiner ist als die Summe der einzelnen Ersatzzeiten.

Damit sind über die Ausfallzeiten die Ersatzkosten der beiden Teile verbunden, so daß nur eine simultane Lösung der Ersatzpolitik für beide Teile befriedigen kann. Die Betriebskosten sollen dagegen als von der Ersatzpolitik unabhängig angenommen werden und gleichzeitig sollen die Ausfallverteilungen voneinander stochastisch unabhängig sein (19).

Der Zustand des gesamten Systems besteht aus den Zuständen der beiden Teile und wird entsprechend mit $\left\{ t_S t_F \right\}$ bezeichnet (20). Um eine endliche Zahl von Zuständen zu erhalten, muß für beide Teile jeweils ein maximales Einsatzalter t_S^* bzw. t_F^*, das gleichzeitig den Zustand "ausgefallen" kennzeichnet, definiert werden. Als Zustände "ausgefallen" werden deshalb die Einsatzalter 7 und 9 gewählt. Damit bestehen $7 \cdot 9 = 63$ Zustände, in denen jeweils Entscheidungen getroffen werden. Am Anfang einer Zeiteinheit (eines Tages)

---

19) Im Gegensatz zu dem Ansatz von McCall können aber gegenseitig voneinander abhängige Betriebskosten und Ausfallwahrscheinlichkeiten leicht einbezogen werden.

20) Der hier entwickelte Ansatz umfaßt auch den Fall, daß lediglich eine Ersatzpolitik für ein Teil mit steigender Ausfallrate in Abhängigkeit vom Zustand mehrerer Teile mit exponentialverteilter Lebensdauer festgelegt werden soll. Die Teile mit konstanter Ausfallrate brauchen dann nicht mit ihrer Einsatzzeit in den Zustand des Aggregats eingehen, sondern es genügt, lediglich die Zustände "intakt" und "ausgefallen" zu erfassen, da die Übergangswahrscheinlichkeiten bzw. Ersatzmaßnahmen nur von diesen beiden Zuständen abhängen.

können folgende Entscheidungsalternativen mit ihren Kosten in Abhängigkeit vom Zustand der Teile auftreten (vgl. Tab. (4. 02)) (21):

Zustand	Entscheidungsalternativen	Ersatzzeit bei RF=1
1) Sieb intakt Filz intakt	1. keine Ersatzmaßnahme 2. Sieb vorbeugend ersetzen 3. Filz vorbeugend ersetzen 4. Sieb und Filz vorbeugend ersetzen	0 3 3 5
2) Sieb ausgefallen Filz intakt	1. Sieb allein ersetzen 2. Sieb ersetzen und Filz vorbeugend ersetzen	9 11,5
3) Sieb intakt Filz ausgefallen	1. Filz allein ersetzen 2. Filz ersetzen und Sieb vorbeugend ersetzen	8,5 11
4) Sieb ausgefallen Filz ausgefallen	1. Sieb und Filz ersetzen	17

Tab. (4. 02)

Mit $\pi_{t_s t_F}$ wird die stationäre Zustandswahrscheinlichkeit bezeichnet, daß sich die Teile zu einem beliebigen Zeitpunkt im Zustand $\{t_s t_F\}$ befinden. Dann gibt die Variable

$$t_s t_F X_{t'_s t'_F} = \pi_{t_s t_F} \cdot {}_{t_s t_F} E_{t'_s t'_F}$$

die Wahrscheinlichkeit an, mit der sich das Aggregat im Zustand $\{t_s t_F\}$ befindet und durch eine der obigen Entscheidungen in den Zustand $\{t'_s t'_F\}$ überführt wird. Mit dieser Entscheidung sind die entsprechenden Ersatzkosten einschließlich Gewinnentgang $t_s t_F K_{t'_s t'_F}$ verbunden.

Da $t_s t_F X_{t'_s t'_F}$ auch als Zahl der pro Zeiteinheit getroffenen Entscheidungen der Art $t_s t_F E_{t'_s t'_F}$ interpretiert werden kann, ergibt

---

21) Für die Darstellung der Entscheidungsalternativen und Ersatzkosten ist lediglich die Unterscheidung der Zustände in "intakt" und "ausgefallen" notwendig, wobei der Zustand "intakt" ein Einsatzalter charakterisiert, das kleiner ist als das definierte maximale Einsatzalter t^*_s bzw. t^*_F.

sich als Zielfunktion für die Minimierung der Ersatzkosten pro Zeiteinheit der Ausdruck:

$$(4.03) \qquad K = \sum_{t_s, t_F, t'_s, t'_F} {}_{t_s t_F}X_{t'_s t'_F} \cdot {}_{t_s t_F}K_{t'_s t'_F} \xrightarrow{\;!\;} \text{Min}$$

wobei $t'_s t'_F$ jeweils in der Menge der für den Zustand $\{t_s t_F\}$ zugelassenen Entscheidungsalternativen enthalten sein muß.

Zu der Zielfunktion treten die Nebenbedingungen:

$$(4.04) \qquad \sum_{t'_s t'_F} {}_{t_s t_F}X_{t'_s t'_F} = \sum_{t'_s t'_F,\, t''_s t''_F} {}_{t'_s t'_F}X_{t''_s t''_F} \cdot {}_{t''_s t''_F}P_{t_s t_F} \, ,$$

$$\text{für alle } \{t_s,\, t_F\}$$

Die ${}_{t''_s t''_F}P_{t_s t_F}$ sind die Übergangswahrscheinlichkeiten, mit denen das System vom Zustand $\{t''_s t''_F\}$ während einer Zeiteinheit in den Zustand $\{t_s t_F\}$ übergeht. Sie errechnen sich - da Unabhängigkeit zwischen den Ausfallverteilungen unterstellt wird - nach:

$${}_{t''_s t''_F}P_{t_s t_F} = \begin{cases} \text{a) falls } 0 \leq t''_s \leq t^*_s; \; 0 \leq t''_F \leq t^*_F: \\[1em] (1 - \lambda_s(t''_s)) \cdot (1 - \lambda_F(t''_F)) \quad \text{für } t_s = t''_s + 1,\; t_s < t^*_s; \\ \hspace{6cm} t_F = t''_F + 1,\; t_F < t^*_F \\[1em] (1 - \lambda_s(t''_s)) \cdot \lambda_F(t''_F) \qquad \text{für } t_s = t''_s + 1,\; t_s < t^*_s \\ \hspace{6cm} t_F = t^*_F \\[1em] \lambda_s(t''_s) \cdot (1 - \lambda_F(t''_F)) \qquad \text{für } t_s = t^*_s; \\ \hspace{6cm} t_F = t''_F + 1,\; t_F < t^*_F \\[1em] \lambda_s(t''_s) \cdot \lambda_F(t''_F) \qquad \text{für } t_s = t^*_s;\; t_F = t^*_F \\[1em] \text{b) sonst } 0. \end{cases}$$

Zu dem Modell tritt weiter die bekannte Bedingung hinzu, daß die Summe der stationären Zustandswahrscheinlichkeiten gleich 1 ist:

$$(4.05) \qquad \sum_{t_s t_F, t'_s t'_F} X_{t_s t_F \; t'_s t'_F} = 1.$$

Für unterschiedliche Grade der Verbundenheit der Ersatzpolitik wird anhand des aufgezeigten Ansatzes die optimale Politik bestimmt. Da der Aufbau des Modells gemäß dem Gleichungssystem (4.04) und (4.05) eine bestimmte feste Struktur aufweist, wird die Koeffizientenmatrix in einem ALGOL-Vorprogramm aus den angeführten Daten erzeugt.

Der Vorteil einer simultanen Bestimmung der Ersatzpolitik beider Teile liegt darin begründet, daß bei einem gemeinsamen Ersatz beider Teile bestimmte Arbeiten nur einmal anfallen bzw. parallel ausgeführt werden. Dieser Teil der Ersatzzeiten wird mit RF bezeichnet. Bei einem gemeinsamen vorbeugenden Ersatz besteht die gesamte Stillstandszeit des Aggregates dann aus dieser "fixen" Zeit RF und der Summe der "variablen" Zeiten Rv_s-RF und Rv_F-RF. In Abb. (4.02) sind die bei den jeweiligen Entscheidungsalternativen anfallenden durchschnittlichen Ersatzzeiten für eine "fixe" Ersatzzeit von 1 ZE eingetragen (22).

Je höher RF ist, d.h. je höher der Anteil "fixer" Ersatzzeit an der gesamten Ersatzzeit ist, desto vorteilhafter wird, bezogen auf den Gewinnentgang, ein gleichzeitiger Ersatz beider Teile. Bei RF=3 können die vorbeugenden Ersetzungen parallel ausgeführt werden, und das Aggregat steht insgesamt lediglich drei Zeiteinheiten lang still.

Für RF=1, 2 und 3 wurde die optimale Ersatzpolitik ermittelt und in den Abbildungen (4.04) dargestellt. Die Zustände $\left\{ t_s t_F \right\}$, in denen Ersatzentscheidungen getroffen werden, sind durch Angabe ihrer Entscheidungsalternative und ihres $X_{t_s t_F \; t'_s t'_F}$-Wertes gekenn-

---

22) Wenn bei einem ausfallbedingten Ersatz das andere Teil vorbeugend ersetzt wird bzw. beide Teile ausfallbedingt ersetzt werden, so wird unterstellt, daß dann lediglich 1/2 RF fortfällt.

zeichnet (23). In Abb. (4.04a) sind zudem für die beiden Teile die optimalen vorbeugenden Ersatzzeitpunkte $Tp_S=5$ und $Tp_F=7$ mit ihren Kosten pro ZE eingetragen, die entstehen, wenn angenommen wird, daß in dem Aggregat jeweils nur eines der beiden Teile enthalten ist.

Die "kritischen" Zustände eines Teiles, in denen oder "oberhalb" derer das Teil jeweils ersetzt wird, sind für das Sieb gestrichelt und für den Filz mit durchgezogener Linie verbunden.

In Punkten, die auf bzw. oberhalb beider Linien liegen, werden demnach beide Teile gleichzeitig ersetzt.

Aus den Abbildungen geht deutlich hervor, wie sich der optimale vorbeugende Ersatzzeitpunkt in Abhängigkeit vom Einsatzalter des anderen Teils verändert. Beispielsweise wird in Abb. (4.04a) der vorbeugende Ersatzzeitpunkt des Siebes von $t_S=5$ auf $t_S=4$ vorverlegt, wenn das Einsatzalter des Filzes größer als 6 ZE ist und damit der Filz gleichzeitig mit dem Sieb ersetzt wird.

Dagegen wird im Zustand $\{t_S=5,\ t_F=4\}$ das Sieb nicht ersetzt, obwohl dieses bei den Zuständen $\{t_S=5,\ t_F=3\}$ und $\{t_S=5,\ t_F=2\}$ bereits der Fall war. Vielmehr wird der Ersatz um eine Zeiteinheit hinausgezogert, um im Zustand $\{t_S=6,\ t_F=5\}$ die Vorteile eines gemeinsamen Ersatzes ausnutzen zu können.

Die Ersatzpolitik tendiert in Abb. (4.04a) zu einem gemeinsamen Ersatzintervall von $t_S = t_F = 5$, wie die hohe Wahrscheinlichkeit in Höhe von 0.0792 dieses Zustands zeigt.

In Abb. (4.04b) hat sich wegen $RF=2$ der Kapazitätsvorteil eines gemeinsamen Ersatzes verstärkt. Aus diesem Grund wird ein Teil nur noch dann allein ersetzt, wenn es ausgefallen ist und das Einsatzalter des anderen Teiles relativ niedrig ist. Vorbeugend wird dagegen ein Teil nur noch zusammen mit dem anderen Teil ersetzt, wobei sich gegenüber der Politik in Abb. (4.04a) die kritischen Einsatzalter, insbesondere des Siebes, verringert haben. Obwohl im Zustand $\{t_S=6,\ t_F=4\}$ bereits beide Teile ersetzt werden, ist dieses im Zustand $\{t_S=7,\ t_F=4\}$ nicht der Fall, da unterstellt wird, daß bei einem ausfallbedingten Ersatz die fixe Ersatzzeit lediglich gleich 1/2 RF ist.

---

23)   Lediglich die Zustände, in denen Ersatzentscheidungen getroffen werden, sind eingezeichnet. Aus diesem Grund ist die Summe der eingetragenen $X_{t_S t_F t'_S t'_F}$-Werte kleiner als 1. Die anderen Zustände werden entweder von der Politik nicht realisiert oder in ihnen wird keine Ersatzmaßnahme ausgeführt.

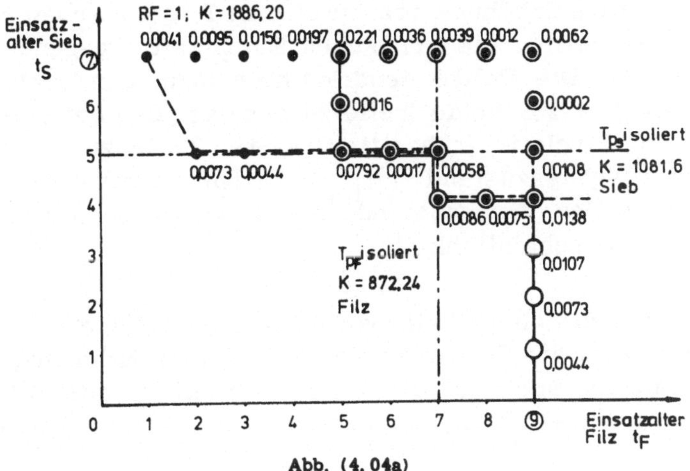

Abb. (4.04a)

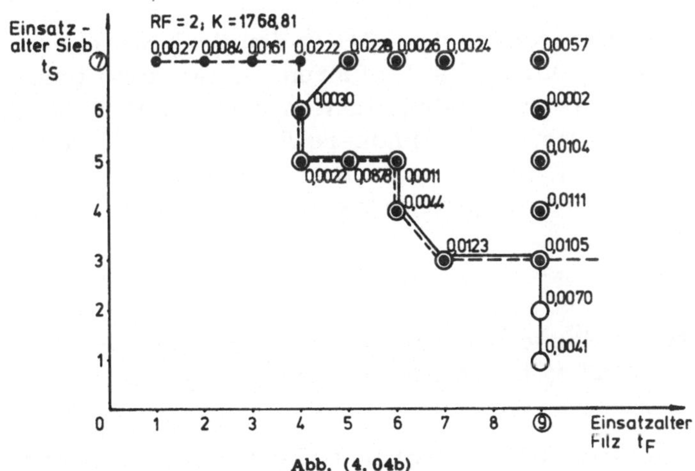

Abb. (4.04b)

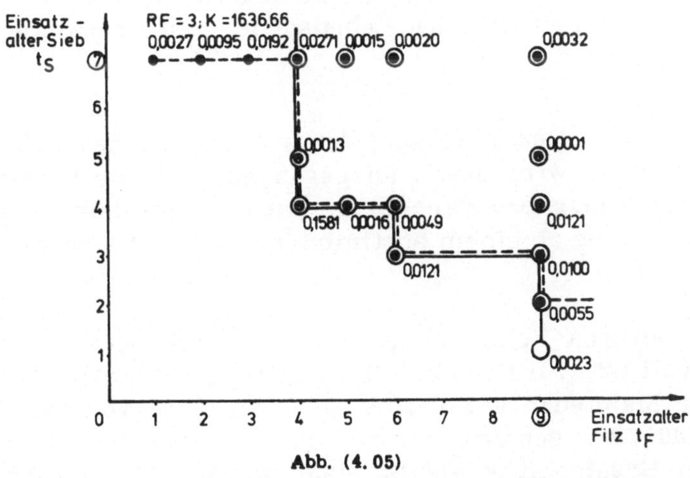

Abb. (4.05)

Erläuterung:

——— = kritische Ersatzzeitpunkte des Filzes
------ = kritische Ersatzzeitpunkte des Siebes

● = Sieb wird allein ersetzt
○ = Filz wird allein ersetzt
◉ = Sieb und Filz werden gemeinsam ersetzt

Durch eine weitere Erhöhung des Anteils an Parallelarbeit auf RF=3 in Abb. (4.05) werden die kritischen Einsatzalter gegenüber RF=2 weiter verkürzt. Die Politik tendiert hier dazu, den Zyklus zu realisieren, nach 4 ZE beide Teile zu ersetzen und bei einem "störenden" Ausfall relativ frühzeitig beide Teile zu ersetzen, um wieder den Ausgangszustand $t_S = t_F = 0$ für den gemeinsamen Ersatzzyklus herzustellen. Der Zustand $\{ t_S = 4. \quad t_F = 4 \}$ besitzt mit 0.1581 die höchste Wahrscheinlichkeit.

Da bei RF=3 bereits beide Teile vollständig parallel vorbeugend ersetzt werden, kann die Politik durch eine weitere Erhöhung von RF, die sich lediglich noch auf die Parallelarbeit bei ausfallbedingten Maßnahmen auswirken kann, nur noch unwesentlich verbessert werden.

Ein Vergleich der Kosten pro ZE in den drei Beispielen zeigt, in welchem Ausmaß durch die Einführung einer simultanen Ersatzpolitik beider Teile die Kostensituation verbessert wird. Durch den häufigeren Ersatz werden zwar höhere Anschaffungskosten der Teile in Kauf genommen, die aber von den verringerten Stillstandszeiten und damit von dem verringerten Gewinnentgang mehr als aufgewogen werden (24).

C. Die wirtschaftliche Lebensdauer eines Aggregates mit mehreren stochastisch ausfallenden Untersystemen

Nachdem die optimale Ersatzpolitik bei verbundenen Systemen abgeleitet worden ist, können die dabei entwickelten Ergebnisse zur Bestimmung der wirtschaftlichen Lebensdauer eines gesamten Aggregates herangezogen werden.

Bei der traditionellen Ableitung der wirtschaftlichen Lebensdauer eines Aggregates wird davon ausgegangen, daß die Betriebs- und Instandhaltungsausgaben der Anlage monoton mit dem Einsatzalter steigen, so daß es ab einem bestimmten Zeitpunkt sinnvoll ist, das

---

24)   Ein weiteres Beispiel, in dem eine verbundene Ersatzpolitik sinnvoll ist, wird von J. I. S. Hsu, An Empirical Study of Computer Maintenance Policies, in: Mng. Sci. Vol. 15 (1968), S. B. 180-195, genannt. Obwohl die Bedingungen einer simultanen Ersatzpolitik erfüllt sind, werden für die betrachteten Systeme (Processor und Kartenstanzer eines Computers) von Hsu aber lediglich isolierte Ersatzzeitpunkte bestimmt.

Aggregat stillzulegen (25). Es muß daher untersucht werden, ob ein steigender Kostenverlauf, wie er in der traditionellen Ersatztheorie unterstellt wird, aus den Ausfallprozessen der einzelnen Systeme erklärt werden kann.

I. Ableitung einer mit dem Einsatzalter des Aggregates steigenden Kostenfunktion aus den Ausfallprozessen der einzelnen Untersysteme

Ein Aggregat bestehe aus 5 unabhängigen Untersystemen, die entsprechend Erlangverteilungen mit den mittleren Laufzeiten $Ta_1 = 10$, $Ta_2 = 12$, $Ta_3 = 13$, $Ta_4 = 15$ und $Ta_5 = 20$ stochastisch ausfallen und dann jeweils ersetzt werden (26). Die maximale Einsatzdauer (also der Zustand "ausgefallen") wird mit $t_i^* = 3 \cdot Ta_i$ angesetzt, so daß jeweils gilt:

$$\left(3 \cdot Ta_i - 1\right)^\lambda \left(3 \cdot Ta_i\right) = 1.$$

Wenn die Ausfallraten in diskrete Werte (Ausfallwahrscheinlichkeiten) transformiert werden, können die Zustandsänderungen der einzelnen Untersysteme im Zeitablauf mit Hilfe eines Markov-Prozesses verfolgt werden.

Die Komponenten $\pi_1^{(i)}(T^*)$, $\pi_2^{(i)}(T^*)$, ..., $\pi_{t_i^*}^{(i)}(T^*)$ des Zustandsvektors $\pi^{(i)}(T^*)$ geben die Wahrscheinlichkeit an, mit der sich das Untersystem i zum Zeitpunkt T^* im Zustand 1, 2, ..., t_i^* befindet. Insbesondere bedeutet $\pi_{t_i^*}^{(i)}(T^*)$ die Wahrscheinlichkeit, mit der das i-te Untersystem zum Zeitpunkt T^* ausfällt. Die für den Zeitpunkt T^* erwarteten Ersatzkosten des i-ten Untersystems ergeben sich dann aus $\pi_{t_i^*}^{(i)}(T^*) \cdot KE_i$ (27). Der Zustandsvektor $\pi^{(i)}(T^*+1)$ errech-

---

25) Je nach dem betrachteten Fall kann dann das Aggregat durch ein neues ersetzt werden oder nicht. Vgl. dazu oben die Ausführungen S. 57 und die dort angegebene Literatur.

26) Für die hier zu zeigenden Zusammenhänge ist es unerheblich, ob alle Ersetzungen ausfallbedingt sind oder ob auch vorbeugende Maßnahmen durchgeführt werden.

27) Diese durchschnittlichen Kosten pro Untersystem i werden

net sich dann durch Multiplikation von $\pi^{(i)}(T^*)$ mit der Matrix P der Übergangswahrscheinlichkeiten $_tP_{t'}$.

$$(4.05) \qquad \pi^{(i)}(T^*+1) = \pi^{(i)}(T^*) \cdot P$$

In Abb. (4.06) ist die Entwicklung der erwarteten Ersatzkosten $\pi\,^{(i)}_{t^*_i}(T^*) \cdot KE_i$ der 5 Untersysteme des Aggregates in Abhängigkeit von der Einsatzzeit T^* des Aggregates eingezeichnet. Dabei wird

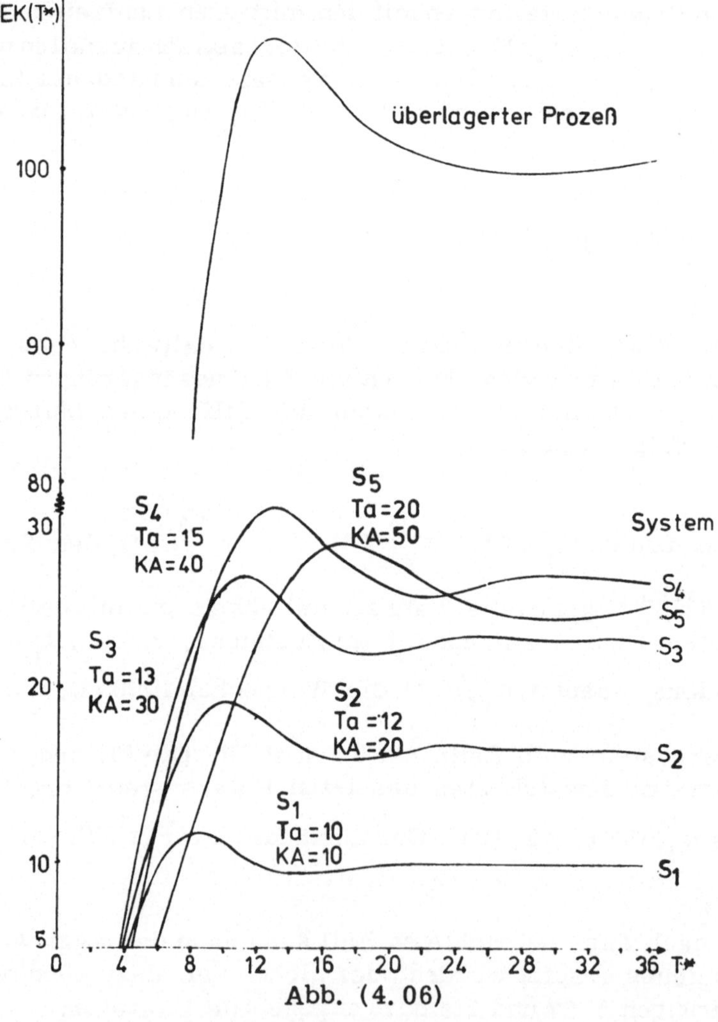

Abb. (4.06)

natürlich zum Zeitpunkt T^* nur realisiert, wenn eine hinreichend große Zahl identischer Aggregate nebeneinander eingesetzt ist.

davon ausgegangen, daß sich zum Zeitpunkt T* = 0 alle Untersysteme im Zustand neu, d. h. t_i=0, befinden. Die Ersatzkosten der Untersysteme werden mit KE_1=10 GE, KE_2=20 GE, KE_3=30 GE, KE_4=40 GE und KE_5=50 GE angesetzt. Die erwarteten laufenden Instandhaltungskosten des Aggregates ergeben sich aus der Addition der Ersatzkosten der Untersysteme. Auch diese erwartete Kostenentwicklung des überlagerten Ersatzprozesses ist in Abb. (4.06) in Abhängigkeit der Einsatzzeit eingezeichnet.

Die Kostenverläufe zeigen oszillierende Bewegungen. Zunächst sind alle Teile im Zustand neu. Mit steigendem Einsatzalter nimmt die Wahrscheinlichkeit eines Ausfalls zu und damit steigen auch die erwarteten Ersatzkosten pro ZE. Ab einem gewissen Zeitpunkt $\overline{T}$ sind die Verschleißteile jeweils mit hoher Wahrscheinlichkeit ausgewechselt, so daß die erwarteten Ersatzkosten absinken. Da aber wegen des stochastischen Ausfallverhaltens das erste Teil bereits sehr früh ausgefallen sein kann, befinden sich bereits mit einer relativ kleinen Wahrscheinlichkeit wieder Teile in einem relativ hohen Einsatzalter, so daß die erwarteten Ersatzkosten nicht wieder auf 0 abfallen. Ebenso wird wegen der gleichmäßigeren Altersverteilung $\pi^{(i)}(\overline{T})$ gegenüber $\pi^{(i)}(0)$ von der zweiten Ersatzwelle das Maximum der erwarteten Ersatzkosten der ersten Ersatzwelle nicht mehr erreicht. Allmählich nähert sich die erwartete Zahl der Ersetzungen pro ZE $\pi^{(i)}_{t_i^*}$ vielmehr den konstanten Werten $1/Ta_i$ an.

Für die erwarteten Ersatzkosten des überlagerten Prozesses gelten die Ausführungen in gleicher Weise. Auch hier treten Wellenbewegungen auf, und die Ersatzkosten nähern sich einem konstanten Niveau an. Damit ergeben sich zwar für das Aggregat in bestimmten Zeitabschnitten mit dem Einsatzalter steigende Instandsetzungskosten, aber nicht eine monoton steigende Kostenfunktion, wie sie in der Literatur zur Bestimmung des Ersatztermins für Aggregate unterstellt wird.

Der Ersatz eines Aggregates durch ein neues des gleichen Typs ist lediglich ein Sonderfall der allgemeinen Ersatzpolitik bei einem Aggregat. Wird bei einem Aggregat lediglich die Politik "Ersatz nach Ausfall" verfolgt, dann wird der Ersatz des gesamten Aggregates nur dann durchgeführt, wenn alle Untersysteme ausgefallen sind. Wesentlich bedeutender wird aber der Ersatz eines gesamten Aggregates, wenn die Möglichkeit verbundener Ersatzkosten mit in die Betrachtung einbezogen wird.

Der vorbeugende gemeinsame Ersatz mehrerer mit steigender Ausfallrate stochastisch ausfallender Systeme wurde dann als vorteilhaft erkannt, wenn die Systeme durch ihre Ersatzkosten, Ausfall-verteilungen oder Betriebskosten verbunden sind (28). In der Regel kann aus naheliegenden Gründen davon ausgegangen werden, daß der Ersatz des Aggregates durch ein neues des gleichen Typs weniger kostet als die Summe der Kosten des Einzelersatzes aller Systeme. Aus diesem Grunde kann der Ersatz des Aggregates als Sonderfall der vorbeugenden Ersatzpolitik bei verbundenen Systemen interpretiert werden. Bei der Entscheidung zwischen dem gemeinsamen Ersatz stehen sich deren Ersatzkostenvorteile und die Nachteile der nicht in Anspruch genommenen Nutzungszeiten der Systeme gegenüber (29). Diese Nachteile sind um so geringer, je dichter sich zu dem Ersatzzeitpunkt die einzelnen Systeme an ihrem individuellen (vorbeugenden oder ausfallbedingten) Ersatzzeitpunkt befinden. In Abb. (6.04) ist dieses z. B. vor der ersten Ersatzwelle der Fall. Je gleichmäßiger dagegen der Altersaufbau der Untersysteme ist, desto größer ist der Entgang an Nutzungszeiten einzelner Untersysteme bei dem Ersatz eines Aggregates, und es lohnt sich in diesen Fällen, nur gewisse Gruppen zu ersetzen, die jeweils kurz vor ihrem isolierten Ersatzzeitpunkt stehen.

Wenn alle Untersysteme eines Aggregates unabhängig voneinander gemäß Exponentialverteilungen ausfallen und demnach keine Alterungseffekte aufweisen, ist der Ersatz des gesamten Aggregates dann wirtschaftlich, wenn der ausfallbedingte Ersatz eines Untersystems bzw. einer Gruppe von ausgefallenen Untersystemen mit höheren Kosten verbunden ist als der Ersatz des gesamten Aggregates.

Bisher wurden lediglich die verbundenen Ersatzkosten als Grund eines Aggregatersatzes herangezogen. In Verbindung mit diesem Effekt treten häufig auch stochastische Abhängigkeit der Ausfallverteilungen und verbundene Betriebskosten auf. In einem Aggregat sind im allgemeinen relativ langlebige und hochwertige Systeme, wie z. B. das Chassis, und kurzlebige Systeme enthalten, wobei deren isolierte Ersetzung häufig nicht möglich oder aber mit höheren Kosten verbunden ist als der gesamte Aggregatersatz. Mit steigendem Einsatzalter kann dann der Zustand der langlebigen Systeme die Ausfallverteilungen der anderen ausfallenden Systeme in der

---

28)   Vgl. dazu oben S. 97 ff.

29)   Die Zustände der einzelnen Systeme können sich bei dem Ersatz eines Aggregates allerdings in dem Liquidationserlös des alten Aggregates niederschlagen und müssen dann entsprechend berücksichtigt werden.

Weise beeinflussen, daß diese häufiger ausfallen (30). Damit steigen die erwarteten Ersatzkosten dieser Untersysteme an und führen zu steigenden erwarteten Ersatzkosten des Aggregates.

Ebenso kann sich durch den Einfluß der Alterung längerlebiger Systeme auf die anderen Systeme auch die Bindung der Einsatzfaktoren der einzelnen Systeme erhöhen, so daß daraus mit dem Einsatzalter des Aggregates steigende Betriebskostenverläufe resultieren.

Falls die langlebigen Systeme einzeln ersetzt werden können, tritt gegenüber Abb. (6. 04) keine grundsätzliche Änderung der Ersatzkostenfunktion des Aggregates auf - die Wellenbewegungen bleiben, wenn auch durch das geänderte Ausfallverhalten der Systeme modifiziert - bestehen. Sie steigen bis zum Ersatz der längerlebigen Teile (evtl. in Wellenbewegungen) an und fallen nach deren Ersatz wieder ab. Wenn der isolierte Ersatz dieser Untersysteme aber aus technischen Gründen nicht sinnvoll erscheint, ergibt sich bis zum Ausfall dieser Teile (und damit dem Ablauf der technischen Einsatzdauer des Aggregates) eine tendenziell ansteigende Betriebs- und Instandhaltungskostenfunktion des Aggregates.

Wenn auch der monoton steigende Verlauf der Kostenfunktion eines Aggregates, wie er in der betriebswirtschaftlichen Ersatztheorie unterstellt wird, durch die Ableitung dieser Funktion aus den Ausfallprozessen der Untersysteme eines Aggregates nicht bestätigt werden kann, so bleibt doch deren tendenziell aufsteigender Verlauf bestehen.

Die oben angestellten Betrachtungen über die Beziehungen zwischen der Ersatzpolitik einzelner Untersysteme und dem Ersatz des gesamten Aggregates führen zu neuen Problemen, die im folgenden kurz erörtert werden sollen.

II. Simultane Planung der Ersatzpolitik bei Untersystemen und der wirtschaftlichen Lebensdauer eines Aggregates

Der Kostenverlauf der Betriebs- und Instandhaltungskosten wird in der traditionellen Ersatztheorie bei der Bestimmung der wirtschaftlichen Lebensdauer eines Aggregates als Datum betrachtet. Damit wird unterstellt, daß zwar die Betriebs- und Instandhaltungsausgaben die wirtschaftliche Lebensdauer des Aggregates bestimmen, die

---

30) Dieser Effekt, der sich beispielsweise in einer Verkürzung der mittleren Laufzeiten T_{a_i} ausdrückt, kann sich sowohl bei Systemen mit exponentialverteilten Laufzeiten als auch bei Systemen mit steigenden Ausfallraten auswirken.

Wahl der wirtschaftlichen Lebensdauer selbst aber diese Kosten
nicht beeinflußt. Diese Annahme erscheint nicht gerechtfertigt, denn
die Ersatzpolitik einzelner Systeme kann von dem Ersatzzeitpunkt
des gesamten Aggregates durch zwei Faktoren beeinflußt werden:

1. Bei Einbeziehung einer endlichen Lebensdauer des Aggregates
   muß die Ersatzpolitik der einzelnen Systeme von einer stationären zu einer planungszeitraumabhängigen, d. h. sequentiellen
   Politik übergehen (31).

2. Werden bei der Ersatzpolitik alle Teile eines Aggregates berücksichtigt, so stellt der Ersatz des gesamten Aggregates lediglich
   den Spezialfall der Ersatzpolitik dar (32), daß alle Systeme gleichzeitig ersetzt werden. Wie gezeigt wurde, kann insbesondere bei
   verbundenen Systemen ein solcher gemeinsamer Ersatzzeitpunkt
   nicht unabhängig von der individuellen Ersatzpolitik der einzelnen
   Systeme bestimmt werden.

Aus diesen beiden Faktoren resultiert die Forderung, die laufende
Ersatzpolitik und die wirtschaftliche Lebensdauer des gesamten Aggregates nicht unabhängig voneinander zu ermitteln. Vielmehr müssen wegen der beschriebenen Interdependenzen beide durch einen
simultanen Ansatz optimal bestimmt werden.

Grundsätzlich entspricht die entstehende Problemstruktur dem Modell der Ersatzpolitik bei verbundenen Systemen, wobei nunmehr die
Ersatzkosten verbunden sein müssen, aber auch Verflechtungen
der Betriebskosten und der Ausfallverteilungen auftreten können.
Wie bei dem oben entwickelten Ansatz mit Hilfe eines bewerteten
Markov-Prozesses wird der Zustand des Aggregates durch die Kombination der Zustände aller Systeme definiert. Damit ergibt sich bei
komplexen Systemen eine überaus große Zahl von zu berücksichti-

---

31) Beispielsweise kann es sinnvoll sein, den vorbeugenden Er-
    satzzeitpunkt eines Systems zu überschreiten, wenn das ge-
    samte Aggregat ohnehin in einer der nächsten Zeiteinheiten
    ersetzt werden soll. Der grundsätzliche Einfluß der Länge des
    Planungszeitraumes auf die Ersatzpolitik eines Teils ist be-
    reits oben tendenziell aufgezeigt worden. Vgl. S. 62 ff.

32) Aus der Ableitung der Ersatzpolitik für zwei über die Ersatz-
    kosten verbundene Systeme ergab sich, daß ein gemeinsamer
    Ersatz dieser Systeme nur dann günstig ist, wenn der gemein-
    same Ersatz weniger Kosten verursacht als die Summe der
    Kosten bei Einzelersatz. Diese Bedingung muß also grundsätz-
    lich bei der Frage der Bestimmung der wirtschaftlichen Le-
    bensdauer eines Aggregates, das identisch wiederholt werden
    soll, erfüllt sein.

genden Zuständen. Häufig ist aber eine große Zahl von Systemen eines Aggregates sehr langlebig gegenüber anderen Teilen. Für den Modellansatz würde es deshalb genügen, die langlebigen Teile global durch die Einsatzzeit des Aggregates zu kennzeichnen und erst dann getrennt zu erfassen, wenn die Ausfallrate relevant wird bzw. durch eine steigende Faktorbindung oder die nachlassende Leistungsfähigkeit ein Ersatz ökonomisch in Frage kommt. Grundsätzlich muß also ein Teil erst dann individuell in den Zustand eingehen, wenn ein Ersatz sinnvoll wird. Aufgrund dieser Betrachtung kann die Zahl der Zustände erheblich verringert werden.

Mit Hilfe der Definition des Zustandes eines gesamten Aggregates als Kombination der Zustände seiner Teile kann einmal in dem Modell erfaßt werden, daß die Betriebskosten und Ersatzkosten einzelner Systeme voneinander abhängen, und zum anderen, daß sich die Ausfallverteilungen einzelner Systeme gegenseitig beeinflussen. Als Entscheidungsalternativen ergeben sich für jeden Zustand des Aggregates die Ersatzmaßnahmen für die individuell einbezogenen Systeme (33) sowie der Ersatz aller Systeme, der das Aggregat in den Ausgangszustand überführt. Durch die Einführung dieser letzten Alternative wird dann unter Beachtung aller Interdependenzen in Abhängigkeit der Zustände der Einzelsysteme die wirtschaftliche Lebensdauer des Gesamtaggregates bestimmt.

Die zwei extremen Fälle der traditionellen Ersatzmodelle über die Annahme der Häufigkeit der identischen Wiederholung einer Investition:

a)   die Investition wird unendlich oft identisch wiederholt;

b)   die Investition wird nicht wiederholt,

führen bei dem Modellansatz zu unterschiedlichen Zielsetzungen.

Im ersten Fall hängt zwar die Ersatzpolitik der einzelnen Systeme vom Planungszeitraum, d. h. von der wirtschaftlichen Lebensdauer des Aggregates, ab, die Politik der Ersatzzyklen a l l e r a u f - e i n a n d e r f o l g e n d e n A g g r e g a t e bezieht sich aber wieder auf einen unendlich langen Planungszeitraum. Damit ist die Bestimmung des maximalen Gewinns pro Zeiteinheit eines Zyklus weiterhin optimal, so daß gegenüber den vorherigen Modellansätzen keine grundsätzliche Änderung eintritt.

---

33)   Selbstverständlich sind auch unter den individuellen Ersetzungen Kombinationen vorstellbar, die nicht gleich zu einem Ersatz des gesamten Aggregates, sondern in Form von "Generalüberholungen" zu dem Ersatz einzelner Systemgruppen führen.

Anders verhält es sich im zweiten Fall. Hier ist der Planungszeitraum durch die Wahl der wirtschaftlichen Lebensdauer selbst variabel. Die Zielsetzung muß hier die Maximierung des gesamten Gewinns beinhalten. Aber auch eine solche Zielsetzung eines bewerteten Markov-Prozesses kann grundsätzlich mit Hilfe eines LP-Ansatzes formuliert werden (34).

---

34)   Vgl. z. B. C. Derman und M. Klein, Some Remarks on finite Horizon, a. a. O.

Kapitel V

Ersatzpolitik und Produktionsplanung

Als ökonomisch relevante Wirkungen der Ersatzpolitik sind die Beeinflussung der zur Verfügung stehenden Produktionszeit eines Aggregates, der Produktionskosten einschließlich des Ausschußanteils und der Ersatzkosten herausgestellt worden. Diese Faktoren sind gleichzeitig aber Determinanten der Produktionsplanung: die maximale Produktionszeit geht in die Kapazitätsnebenbedingungen, die Kostengrößen in die Zielfunktion und der Ausschußanteil in die Mengenkontinuitätsbedingungen von Entscheidungsmodellen der Produktionsplanung ein (1). Andererseits sind in den Ersatzmodellen Größen enthalten, die Ergebnis der Produktionsplanung sind. So wurde vorausgesetzt, daß die Produktionsaufgabe eines Aggregates bekannt ist, denn nur dann können einem Aggregat eine bestimmte Ausfallverteilung, die Produktionskosten- und Ausschußverteilung sowie der Opportunitätskostensatz zur Bewertung der Stillstandszeiten zugeordnet werden.

Diese Interdependenzen zwischen Ersatzpolitik und Produktionsplanung sind bisher in der Literatur nicht behandelt, sondern durch die stillschweigend gestellten Prämissen 4, 5, 6, 7 und 8 ausgeklammert worden. Eine realitätsnahe Betrachtung hat aber diese Prämissen aufzulösen und zu zeigen, welche Konsequenzen sich aus einer simultanen Planung von Produktion und Ersatzpolitik für die Entscheidungsregeln der Ersatzpolitik ergeben.

Zunächst soll die grundsätzliche Struktur eines solchen simultanen Ansatzes für ein Einproduktunternehmen untersucht werden, der dann auf die Probleme des Mehrproduktunternehmens erweitert wird. Innerhalb dieser beiden Bereiche muß jeweils wegen des besonders gearteten Ansatzes zwischen einstufiger und mehrstufiger Fertigung unterschieden werden.

Im Fall des Mehrproduktunternehmens kommt als weiteres Problem die Interdependenz zwischen der Ersatzpolitik und der Losgrößenplanung hinzu. Bisher konnten den Maßnahmen der Ersatzpolitik eindeutig bestimmte Zeitgrößen (z. B. in der Form von Erwartungswerten der Ersatzzeiten) und Kosten zugerechnet werden. Dieses ist nicht mehr möglich, wenn Ersatzzeiten mit Umrüstzeiten kombiniert werden und die Beziehung gilt, daß eine gleichzeitige Vornahme beider Handlungen weniger Zeit oder Kosten verursacht als bei

---

1)   Vgl. z. B. H. Jacob, Produktionsplanung, a. a. O. , S. 259 f.

isoliertem Vorgehen. Auch hier kann nur eine simultane Planung beider Problemkreise befriedigen.

A. Simultane Produktionsplanung und Ersatzpolitik im Einproduktunternehmen

Es wird ein Unternehmen betrachtet, das ein Produkt in Massenfertigung herstellt.

I. Ableitung des kostenminimalen Einsatzes eines Aggregates

Grundlage moderner Produktionsplanungsmodelle ist die Kostenleistungsfunktion, ermittelt aus den Verbrauchsfunktionen eines Aggregats (2). Anhand der Kostenleistungsfunktionen der Aggregate eines Betriebes kann mit Hilfe einer Grenzkostenbetrachtung in Abhängigkeit von der Ausbringung die kostenoptimale Kombination der zeitlichen, quantitativen und intensitätsmäßigen Anpassungsformen abgeleitet werden (3).

In diese Betrachtung sind nunmehr die Wirkungen der Ersatzpolitik einzubeziehen. Die allgemeine Kostenfunktion in Abhängigkeit von der durchschnittlichen Ausbringung X während einer Kalenderperiode $\left[\,0, T^*\,\right]$ für ein Aggregat lautet dann (4):

$$(5.01) \qquad K(X) = b(w, Tp) \cdot T + ek(w, Tp) \cdot T = \left[b(w, Tp) + ek(w, Tp)\right] \cdot T.$$

---

2)   Zum Konzept der Verbrauchsfunktion vgl. E. Gutenberg, Produktion, a. a. O. , S. 320 ff; zum Begriff der Kostenleistungsfunktion vgl. H. Jacob, Produktionsplanung, a. a. O. , S. 214 ff; D. Pressmar, a. a. O.

3)   Vgl. dazu H. Jacob, Produktionsplanung, a. a. O. ; zu den Möglichkeiten, weitere Bedingungen bei der Anpassung an die Beschäftigung zu berücksichtigen vgl. R. Karrenberg und A. -W. Scheer, Ableitung des kostenminimalen Einsatzes von Aggregaten zur Vorbereitung der Optimierung simultaner Planungssysteme, in: ZfB Jg. 40 (1970), S. 689-706.

4)   Es ist zu beachten, daß die Kostenausdrücke Erwartungswerte sind, so daß sie nur bei häufiger Wiederholung, d. h. hinreichend großem T, realisiert werden können. Die durchschnittlichen Betriebs- und Ersatzkosten pro ZE errechnen sich für ein konstantes w nach:

$$b(Tp) = \int_0^{Tp} R(t)\,B(t)\,dt\,/\,E(Z); \quad ek(Tp) = (R(Tp) \cdot KV + F(Tp) \cdot KA)\,/\,E(Z).$$

T bezeichnet die für die Produktion von X benötigte Produktionszeit zuzüglich der nicht produktiven Ersatzzeiten. Mit w wird die technische Produktionsgeschwindigkeit des Aggregates bezeichnet, gemessen in der Zahl der pro ZE produzierten Mengeneinheiten. Die durchschnittlichen Betriebskosten (5) b (w, Tp) und Ersatzkosten ek (w, Tp) sind auf die Kalenderzeiteinheit bezogen und entsprechen damit (für eine konstante Intensität w) dem Ausdruck K1 von S. 72. Die durchschnittliche produktive Zeit während T ergibt sich dann aus der Multiplikation von T mit dem Wirkungsgrad V(w, Tp) und die produzierte Menge X nach

$$(5.\,02) \qquad X = x \cdot T = w \cdot T \left[V(w, Tp) - a(w, Tp) \right]$$

mit a(w, Tp) als durchschnittlichem Ausschußprozentsatz pro Zeiteinheit (6). Kosten wie Löhne usw., die nur von der Einsatzzeit eines Aggregats abhängen - unabhängig davon, ob produziert wird oder nicht, werden für die produktive Zeit in den Betriebskosten und für die unproduktive Zeit in den Ersatzkosten erfaßt.

---

5)   In den Betriebskosten sind im Gegensatz zum Ausdruck K1 von S. 72 die Ausschußkosten nicht enthalten; die Ausschußmengen werden hier gesondert erfaßt. Ebenso beziehen sich die Ersatzkosten nur auf die direkten Ersatzkosten wie Materialkosten usw.

6)   Im folgenden muß streng zwischen der technischen Produktionsgeschwindigkeit w und x, der Zahl der pro Zeiteinheit produzierten verwertbaren Produkte, unterschieden werden. Die Größe w bezieht sich nur auf die tatsächliche Laufzeit des Aggregats und enthält noch die Ausschußproduktion. Die Größe x dagegen bezieht sich auf die Betriebszeit einschließlich der Ersatzzeiten und gibt nur die verwertbare Produktion wieder. Sie ist damit definiert als: $x = w \cdot \left[V(w, Tp) - a(w, Tp) \right]$ und wird im weiteren auch als Leistung bezeichnet. Der Wirkungsgrad V(w, Tp) gibt den Anteil der produktiven Zeit pro Kalenderzeiteinheit an und entspricht damit bei einer konstanten Produktionsgeschwindigkeit w dem oben abgeleiteten Ausdruck $\int_{0}^{Tp} R(t)dt / E(Z)$ (vgl. oben S. 76), und der durchschnittliche Ausschußprozentsatz a(Tp) errechnet sich für eine gegebene Produktionsgeschwindigkeit aus: $\int_{0}^{Tp} R(t)\, A(t)\, dt / E(Z)$ (vgl. dazu S. 76 ff).

Die kostenoptimale Anpassung soll in folgenden zwei Stufen abgeleitet werden:

(a) Lediglich zeitliche Anpassung ist möglich.

(b) Zeitliche und intensitätsmäßige Anpassung sind möglich.

a) Lediglich zeitliche Anpassung ist möglich

Wird von einer konstanten Intensität w ausgegangen, so vereinfacht sich (5. 01) zu:

$$(5.03) \qquad K(X) = b(Tp) \cdot T + ek(Tp) \cdot T$$

und (5. 02) zu:

$$(5.04) \qquad X = T \cdot w \left[V(Tp) - a(Tp) \right].$$

Wenn z. B. X die durchschnittlich während eines Monats zu produzierende Menge bezeichnet, gilt es, die kostenminimale monatliche Arbeitszeit T und das optimale Ersatzintervall Tp zu bestimmen. Dabei muß beachtet werden, daß $T \leq T_{max}$, der maximalen Arbeitszeit pro Monat, sein muß.

Mit Hilfe der Methode von Lagrange ergibt sich die zusammengesetzte Funktion

$$(5.05) \qquad F= \left[b(Tp)+ek(Tp) \right] \cdot T- \lambda \left[T \cdot w(V(Tp)-a(Tp))-X \right] \longrightarrow Min,$$

aus der nach den Regeln der Differentialrechnung die Bestimmungsgleichungen für Tp und T abgeleitet werden:

$$(5.06) \qquad \frac{b(Tp)+ek(Tp)}{(V(Tp)-a(Tp)) \cdot w} = \frac{b'(Tp)+ek'(Tp)}{(V'(Tp)-a'(Tp)) \cdot w}$$

$$(5.07) \qquad T = \frac{X}{(V(Tp)-a(Tp)) \cdot w}$$

Im linken Ausdruck in (5. 06) werden die Kosten pro Zeiteinheit durch die pro Zeiteinheit produzierten verwertbaren Mengeneinheiten dividiert, so daß er die Stückkosten in Abhängigkeit des Ersatzintervalls angibt. Die rechte Seite bezeichnet die Grenzkosten pro verwertbarer Mengeneinheit in Abhängigkeit von Tp (7).

---

7) Der Ausdruck (5.05) gibt nur dann eine Lösung, wenn die Durchschnittskosten pro Zeiteinheit keine in Tp ausschließlich fallende Funktion ist. Vgl. dazu auch R. Karrenberg und A.-W. Scheer, Ableitung ..., a.a.O., S. 696.

In Abb. (5.01) sind der Verlauf der Durchschnittskosten pro Zeiteinheit, der Stückkosten und der Grenzkosten pro Mengeneinheit in Abhängigkeit von Tp eingezeichnet (8). Wie aus der Abbildung hervorgeht, ist im Minimum der Stückkosten die Bedingung (5.06) erfüllt und damit das optimale Ersatzintervall T^* bestimmt. Aus (5.07) errechnet sich T, indem der optimale T_p^*-Wert eingesetzt wird. Erfüllt das errechnete T die Bedingung $\hat{T} \leq T_{max}$, so ist die kostenminimale Lösung zur Produktion von X gefunden. Das gilt für alle Mengen $X \leq T_{max} \cdot w \cdot \left[V(T_p^*) - a(T_p^*) \right]$. Da die Funktion (5.02) linear in t ist, sind die Grenzkosten in bezug auf die zeitliche Anpassung bis $X1 = T_{max} \cdot w \left[V(T_p^*) - a(T_p^*) \right]$ konstant. Für den Fall, daß die pro Monat durchschnittlich zu produzierende Menge größer als X1 sein soll, kann dieses nur durch eine Umwandlung von Ersatzzeiten in Produktionszeiten bzw. durch eine Senkung der Ausschußproduktion erfolgen, um dadurch die pro Zeiteinheit verwertbare Produktionsmenge $x = w \cdot \left[V(Tp) - a(Tp) \right]$ zu steigern. Der Verlauf

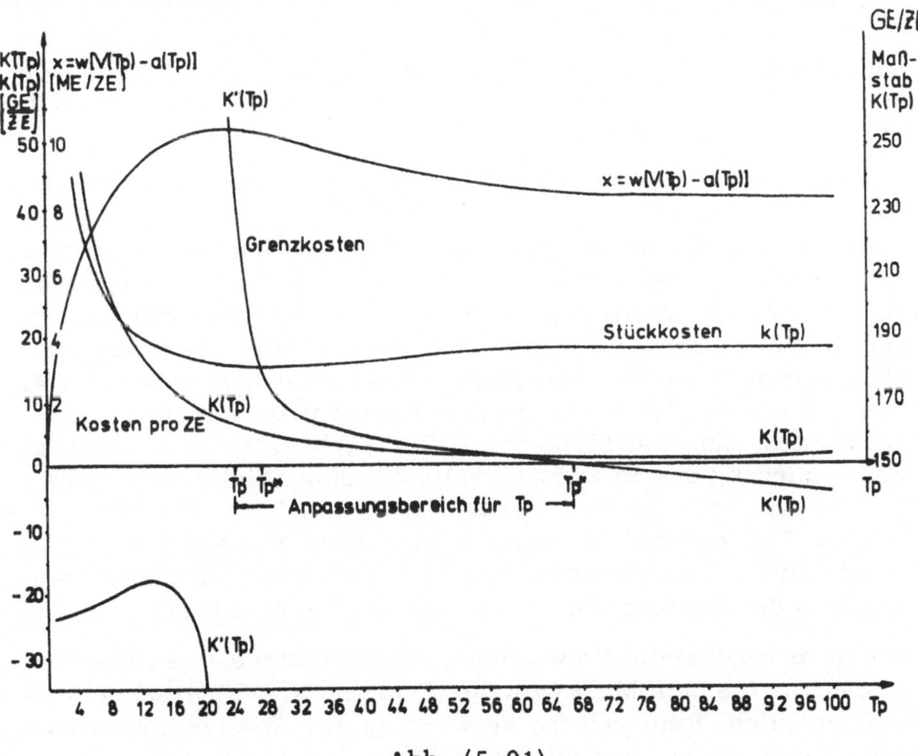

Abb. (5.01)

---

8)   Die in Abb. (5.01) eingezeichneten Kurven beruhen auf den Daten des Beispiels von S. 125 ff für eine Produktionsgeschwindigkeit w=13,72. Im Beispiel von S. 125 ff. ist diese Produktionsgeschwindigkeit für eine Ausbringung von x=10 ME/ZE optimal

dieser Funktion ist ebenfalls in Abb. (5. 01) eingezeichnet. Dabei sind folgende Fälle zu unterscheiden:

Fall 1:

Das Ersatzintervall T' des Maximums der Produktionsmengenfunktion $x = w \cdot [V(Tp) - a(Tp)]$ ist identisch mit T_p^*. In diesem Fall kann X1 nicht mehr erhöht werden.

Fall 2:

Wenn das Stückkostenminimum und das Produktionsmaximum auseinanderfallen, kann X1 erhöht werden. Hierbei ergeben sich wiederum zwei Situationen. Einmal kann $T_p' > T_p^*$ sein. Dieses ist z. B. möglich, wenn KA/KV$\gg$Ra/Rv ist, oder sehr starke Betriebskostensteigerungen auftreten. Hier können vorbeugende Ersatzzeiten in Produktionszeiten umgewandelt werden, wobei höhere Ersatzkosten bzw. Betriebskosten in Kauf genommen werden müssen. Andererseits kann $T_p' < T_p^*$ sein, wie das im vorliegenden Beispiel in Abb. (5. 01) der Fall ist. In diesem Fall kann durch eine Vorverlegung des Ersatzintervalls Ausfallzeit in produktive Zeit umgewandelt werden. Wie diese Anpassung vorgenommen wird, soll anhand der Abb. (5. 01) gezeigt werden (9).

Ausgangspunkt ist das Ersatzintervall T_p'' des Zeitkostenminimums. Eine Vergrößerung des Ersatzintervalls über T_p'' ist ineffizient, da ab hier die Zeitkosten steigen und die Produktionsmenge pro Zeiteinheit sinkt. Dagegen führt eine Verkürzung des Ersatzintervalls zwar zu höheren Zeitkosten, aber auch zu einer höheren Ausbringung pro Zeiteinheit. Im Grenzkostenverlauf kommt zum Ausdruck, daß die durchschnittliche Ausbringung pro Zeiteinheit zunächst stärker steigt als die durchschnittlichen Kosten pro Zeiteinheit. Da die Grenzkosten zunächst kleiner als die Stückkosten sind, lohnt sich eine Verkürzung des Ersatzintervalls bis zum Stückkostenminimum T_p^*. Wie bereits ausgeführt wurde, ist T_p^* für den Fall $X \leq T_{max} \cdot w$ $[V(T_p^*) - a(T_p^*)]$ optimal. Darüber hinaus kann weiterhin Ausfallzeit in produktive Zeit umgewandelt werden - nun aber zu höheren Grenzkosten als den Stückkosten, so daß die Stückkosten ansteigen.

Die Anpassung über die Umwandlung von Ausfallzeit in Produktionszeit ist nur bis zum Maximum der Funktion $w [V(Tp) - a(Tp)]$, also bis T_p' möglich. Eine weitere Verkürzung des Ersatzzeitpunktes ist ineffizient - sie ist sowohl mit steigenden Zeitkosten als auch mit einer Abnahme der Produktionsmenge verbunden. Die maximale Ausbringung ist damit gleich

$$(5.08) \qquad X_{max} = T_{max} \cdot w \left[V(T_p') - a(T_p') \right].$$

---

9)   Für den zuerst genannten Fall $T_p' < T_p^*$ kann die Ableitung analog vollzogen werden.

Besonders deutlich wird der Anpassungsvorgang, wenn aus Abb. (5.01) (z. B. mit Hilfe der Nomogrammtechnik (10)) die Zeitkosten in Abhängigkeit der verwertbaren Ausbringung pro Zeiteinheit $x=w\left[V(Tp)-a(Tp)\right]$ geschrieben werden - also die Kostenleistungsfunktion entwickelt wird. In Abb. (5.02) ist dieses durchgeführt worden. Im zweiten Quadranten ist die Zeitkostenfunktion $K(Tp)=b(Tp)+ek(Tp)$ eingezeichnet und im dritten Quadranten die Produktionsmengenfunktion $x=w\cdot\left[V(Tp)-a(Tp)\right]$. Für einen bestimmten Kostenwert (z. B. 260) kann der zugehörige Ersatzzeitpunkt Tp=4 ermittelt werden. Diesem entspricht im dritten Quadranten eine Produktionsmenge von x=5,85 ME/ZE. Dieser Wert wird auf die x-Achse des ersten Quadranten projiziert, so daß sich hier ein Punkt der Funktion K(x) ergibt. Der stark ausgezogene Teil dieser Funktion gibt dann den effizienten Bereich der Kostenleistungsfunktion an.

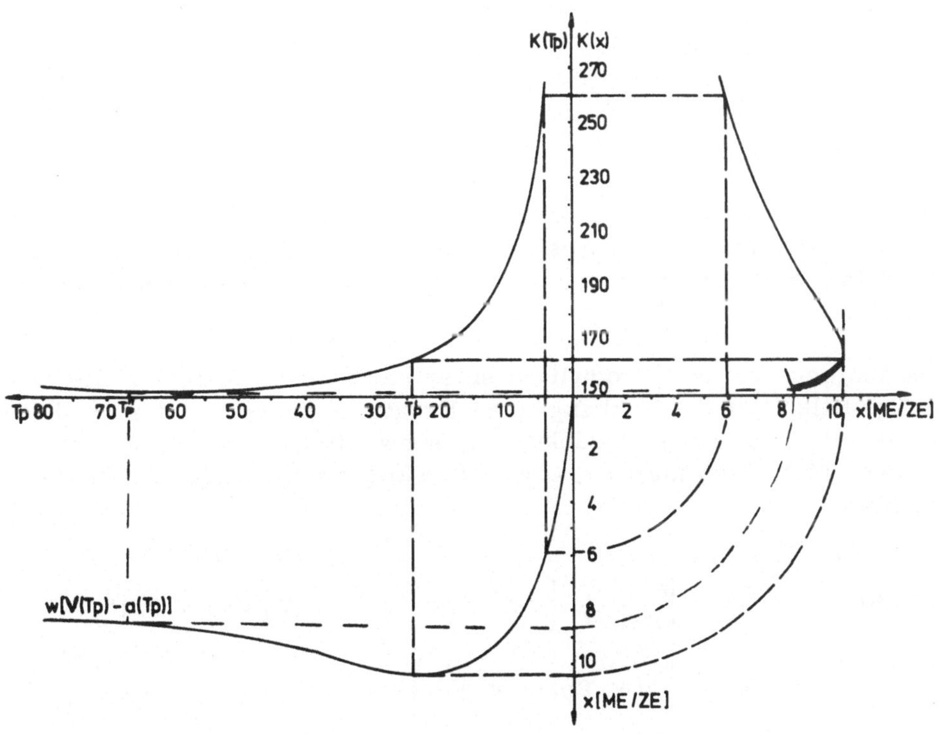

Abb. (5.02)

10) Zur Ermittlung der Kostenleistungsfunktion mit Hilfe der Nomogrammtechnik aus den Kosten- und Leistungsfunktionen vgl. D. B. Pressmar, a. a. O. , S. 175 ff.

b) Zeitliche und intensitätsmäßige Anpassung sind möglich

Läßt die technische Beschaffenheit eines Aggregates mehrere Produktionsgeschwindigkeiten zu, so muß auch die bisher konstant gesetzte Produktionsgeschwindigkeit w kostenminimal bestimmt werden. Da die Produktionskosten, Ersatzkosten, der Ausschußprozentsatz und die Laufzeitverteilung des Aggregats von der Intensität abhängen können, darf in diesen Fällen die Produktionsgeschwindigkeit w nicht isoliert, sondern nur simultan mit der Ersatzpolitik und der Produktionszeit bestimmt werden.

Die Produktionsgeschwindigkeit beeinflußt als ein Belastungsfaktor die Bindung von Einsatzfaktoren sowie die Leistungsabgabe des Aggregates. In der betriebswirtschaftlichen Literatur werden deshalb in Abhängigkeit von der Intensität häufig ein s-förmiger Verlauf der Kostenleistungsfunktion und mit der Intensität steigende Ausschußsätze unterstellt (11).

Damit sind sowohl die Betriebskosten B(w, t) als auch der Ausschußprozentsatz A(w, t) Funktionen von der Produktionsgeschwindigkeit w und dem Einsatzalter t.

Weiterhin wirkt sich die höhere Belastung auch auf das Ausfallverhalten und damit auf die Ausfallverteilung des Aggregates aus (12). So kann sich die mittlere Laufzeit verkürzen oder die Streuung verändern.

Da nunmehr bei der Produktion einer bestimmten Menge X die Ersatzpolitik über den vorbeugenden Ersatzzeitpunkt Tp, die Produktionszeit T und die Produktionsgeschwindigkeit w kostenoptimal festgelegt werden müssen, ergibt sich folgender Ansatz der Kostenfunktion:

$$(5.09) \qquad K(X) = \min_{w,\,Tp,\,T} \left\{ b(w, Tp) \cdot T + ek(w, Tp) \cdot T \right\} \text{ mit}$$

$$X = \left[V(w, Tp) - a(w, Tp) \right] \cdot w \cdot T$$

---

11)   Vgl. H. Jacob, Produktionsplanung, a. a. O., S. 257 ff.

12)   Pressmar gibt als praktisches Beispiel an, daß eine Exzenterpresse in einem Karosseriewerk in Abhängigkeit von der Intensität eine unterschiedlich lange Laufzeit zeigt. Allerdings unterstellt Pressmar eine deterministische Beziehung zwischen der Produktionsgeschwindigkeit und der Laufzeit und schließt Maßnahmen der Ersatzpolitik bei seiner Betrachtung aus. Vgl. D. B. Pressmar, a. a. O., S. 141 ff.

oder nach Ausklammerung der zeitlichen Anpassung

$$(5.10) \qquad K(X) = K(\tfrac{X}{T}) \cdot T = \operatorname*{Min}_{T} \left\{ T \cdot \left[\operatorname*{Min}_{w,\,Tp} \Big(b(w, Tp) + ek(w, Tp) \Big) \right] \right\} \text{ mit}$$

$$\frac{X}{T} = x = w \cdot \Big[V(w, Tp) - a(w, Tp) \Big].$$

Der Ausdruck in der inneren geschwungenen Klammer stellt die Kostenleistungsfunktion für diesen Fall mit $\frac{X}{T} = x$ als Leistung dar.

In ihr ist bereits die optimale Kombination der Anpassungsart: Produktionsgeschwindigkeit und Ersatzpolitik enthalten. Wenn sie durch die zwei Parameter w und Tp kostenoptimal ermittelt ist, kann die zeitliche Anpassung sowie die Anpassung über Ersatzpolitik und Produktionsgeschwindigkeit ermittelt werden.

Auch hier kann für vorgegebene Ausbringungsmengen X formal ein Ansatz mit Hilfe des Verfahrens von Lagrange aufgestellt werden, jedoch ist das System der Bestimmungsgleichungen im allgemeinen zu kompliziert, um daraus die Größen Tp_{opt} und w_{opt} direkt errechnen zu können (13), zumal können in konkreten Fällen lokale Optima auftreten. Aus diesem Grunde wurde mit Hilfe eines numerischen Iterationsverfahrens die Kostenleistungsfunktion für folgendes Beispiel aufgestellt. Die Produktionsgeschwindigkeit eines Aggregates kann zwischen 2 und 46 kontinuierlich variiert werden.

Die Betriebskostenfunktion hat die Gestalt (14)

$$(5.11) \qquad B(w, t) = \overline{B}(w) + \Delta B(w) \cdot t.$$

Die Kostenprogression bezüglich der Produktionsgeschwindigkeit w kommt in der Funktion $\overline{B}(w)$ zum Ausdruck:

$$(5.12) \qquad \overline{B}(w) = 20 + 2 \cdot w + 0.15 \cdot w^2.$$

---

13) Die Bestimmungsgleichungen besagen nach Auflösung nach λ verbal, daß für ein bestimmtes X Tp und w so zu bestimmen sind, daß die Grenzkosten in bezug auf eine verwertbare Mengeneinheit für beide Anpassungsparameter Tp und w gleich hoch sind.

14) Der grundsätzliche Verlauf der Betriebskostenfunktion entspricht dem Ansatz von Jacob, der hier auf die Abhängigkeit der Betriebskosten von der Produktionsgeschwindigkeit erweitert wurde. Vgl. H. Jacob, Neuere Entwicklungen, a.a.O., S. 54 f; vgl. auch oben S. 60.

Die Steigerung der Betriebskosten in der Zeit soll ebenfalls von der Produktionsgeschwindigkeit abhängen, da bei höheren Produktionsgeschwindigkeiten eine stärkere Verschleißzunahme und damit eine größere Faktorbindung in der Zeit stattfindet. Der Betriebskostenanstieg hat deshalb die Form (15):

$$(5.13) \qquad \Delta B(w) = 2 + 0.1 \cdot w + 0.002 \cdot w^2.$$

Für die Ausschußfunktion gelten im Prinzip die gleichen Überlegungen wie für die Betriebskosten:

$$(5.14) \qquad A(t, w) = \overline{A}(w) + \Delta A(w) \cdot t \qquad\qquad \text{mit}$$

$$(5.15) \qquad \overline{A}(w) = 0.02 + 0.001 \cdot w + 0.00003 \cdot w^2 \quad \text{und}$$

$$(5.16) \qquad \Delta A(w) = 0.0001 + 0.00005 \cdot w.$$

Der Einfluß der Produktionsgeschwindigkeit auf die Laufzeitverteilung wird durch eine degressive Abnahme der mittleren Laufzeit ausgedrückt:

$$(5.17) \qquad Ta = 50 - 0.25 \cdot w - 0.008 \, w^2.$$

Eine Beeinflussung der Streuung durch die Produktionsgeschwindigkeit wird nicht angenommen. Als Typ der Verteilung wird eine Erlangverteilung mit dem Phasenparameter k=8 unterstellt. Die Ersatzkosten betragen bei vorbeugendem Ersatz KV=200 DM und bei Ausfallersatz KA=300 DM.

Um besonders die Kapazitätswirkung des vorbeugenden Ersatzes hervortreten zu lassen, werden als Ersatzzeiten die Größen Rv=5 und Ra=25 angesetzt.

Der Algorithmus zur Berechnung der Kostenleistungsfunktion durch optimale Kombination der Anpassungsarten Produktionsgeschwindigkeit und Ersatzpolitik ist im folgenden Ablaufdiagramm vgl. Abb. (5.03) stark vergröbert wiedergegeben (16).

Für den Wertebereich x=2 bis x_{max}=25 sind die Zeitkosten, Stückkosten und Grenzkosten in Abb. (5.04) eingezeichnet. Die stückkostenminimale Ausbringung liegt damit bei 17 ME pro ZE.

---

15) Die Konstante 2 bringt dabei die Zunahme des reinen Zeitverschleißes zum Ausdruck.

16) Das zugehörige Rechenprogramm wurde in ALGOL programmiert.

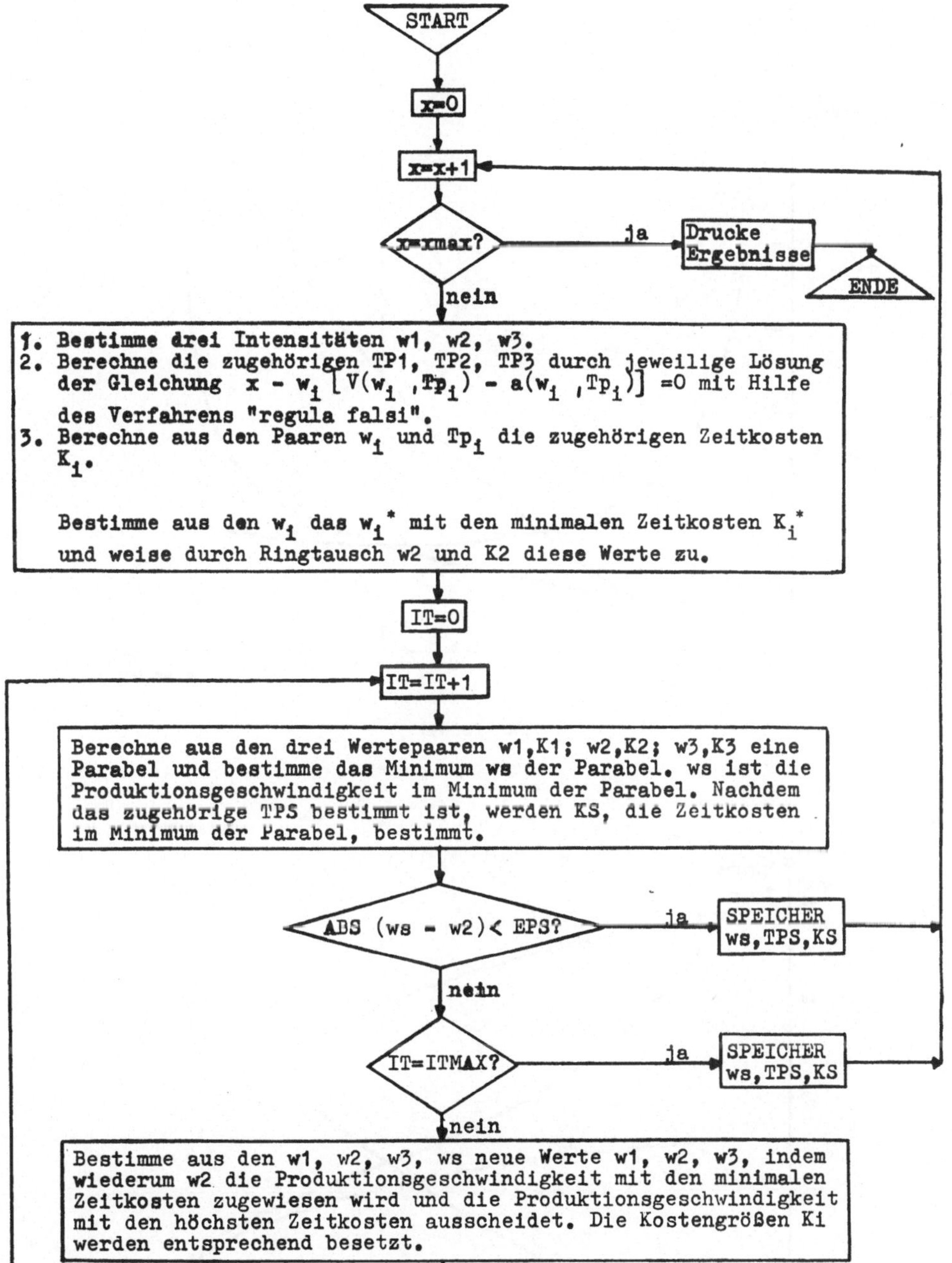
START
x=0
x=x+1
x=xmax?
ja
Drucke Ergebnisse
ENDE
nein
1. Bestimme drei Intensitäten w1, w2, w3.
2. Berechne die zugehörigen TP1, TP2, TP3 durch jeweilige Lösung der Gleichung   x - w_i [V(w_i ,Tp_i) - a(w_i ,Tp_i)] =0 mit Hilfe des Verfahrens "regula falsi".
3. Berechne aus den Paaren w_i und Tp_i die zugehörigen Zeitkosten K_i.
Bestimme aus den w_i das w_i* mit den minimalen Zeitkosten K_i* und weise durch Ringtausch w2 und K2 diese Werte zu.
IT=0
IT=IT+1
Berechne aus den drei Wertepaaren w1,K1; w2,K2; w3,K3 eine Parabel und bestimme das Minimum ws der Parabel. ws ist die Produktionsgeschwindigkeit im Minimum der Parabel. Nachdem das zugehörige TPS bestimmt ist, werden KS, die Zeitkosten im Minimum der Parabel, bestimmt.
ABS (ws - w2) < EPS?
ja
SPEICHER ws,TPS,KS
nein
IT=ITMAX?
ja
SPEICHER ws,TPS,KS
nein
Bestimme aus den w1, w2, w3, ws neue Werte w1, w2, w3, indem wiederum w2 die Produktionsgeschwindigkeit mit den minimalen Zeitkosten zugewiesen wird und die Produktionsgeschwindigkeit mit den höchsten Zeitkosten ausscheidet. Die Kostengrößen Ki werden entsprechend besetzt.

Abb. (5. 03)

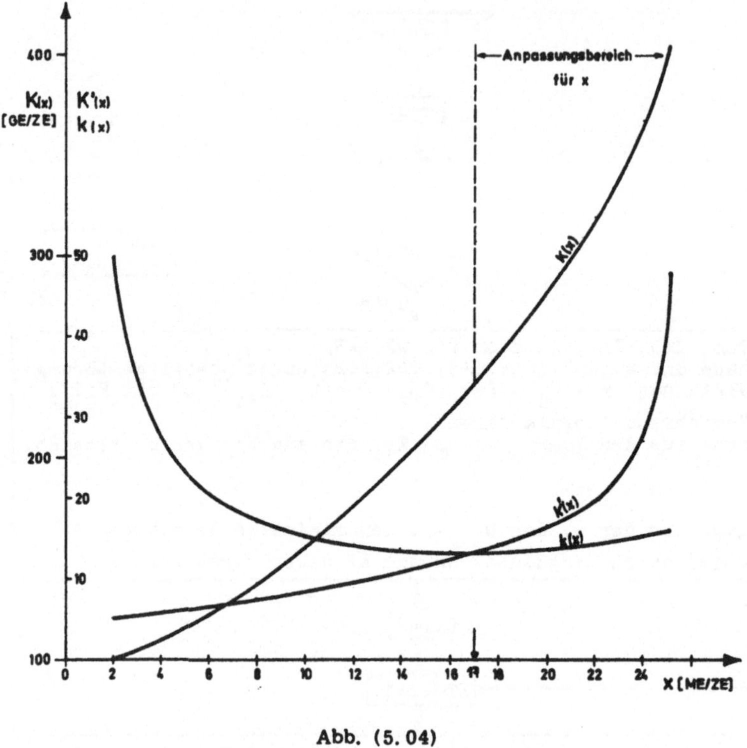

Abb. (5.04)

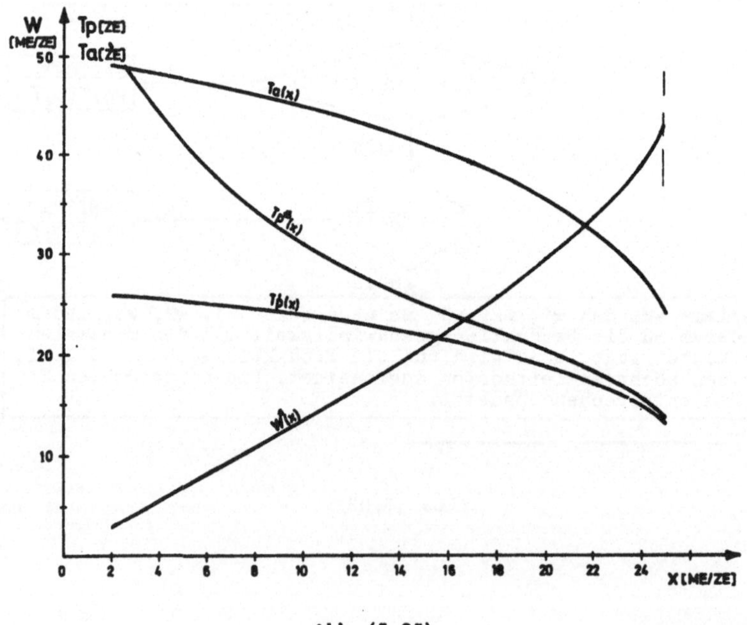

Abb. (5.05)

Die der Realisierung einer Anbringung zugehörigen optimalen Werte w^* und T_p^* können der Abb. (5.05) entnommen werden.

Auch sind dort für jedes einem x-Wert zugehörige w der Ersatzzeitpunkt T_p' eingetragen, bei dem der Ausdruck $V(Tp, w)-a(Tp, w)$ sein Maximum annimmt. Der Verlauf dieser Funktion wird durch die Ausschußfunktion und durch die Änderung der mittleren Laufzeit Ta in Abhängigkeit von w bestimmt. Aus der Gegenüberstellung von T_p^* und T_p' kann ersehen werden, wie sich das Gewicht zwischen den intensitätsabhängigen und ersatzzeitpunktabhängigen Kosten verändert.

Bei kleinen x-Werten ist gegenüber T_p' ein relativ hoher T_p^*-Wert optimal. Daraus folgt, daß eine relativ hohe Intensität gefahren werden muß, um die auftretenden ausfallbedingten Ersatzzeiten aufzufangen. Mit fortschreitender Ausbringung wachsen die w^*-Werte zunächst nahezu linear, später überproportional an, während die Ersatzzeitpunkte stark degressiv abnehmen und sich immer mehr den T_p'-Werten annähern.

Die mit der lediglich linearen Intensitätserhöhung verbundenen überproportionalen Ausschußverluste und Ausfallzeiten durch eine Verringerung von Ta (vgl. dazu die Funktion Ta(x)) werden durch die Vorverlegung des Ersatzzeitpunktes und damit durch die Verringerung von ausfallbedingten Ersatzkosten substituiert. Dabei müssen einerseits zwar erhöhte Ersatzkosten in Kauf genommen, andererseits können Betriebskosten, die in Abhängigkeit von w und Tp stark steigen, eingespart werden.

Das Gewicht der Ersatzkosten verstärkt sich mit sinkendem Tp, weil eine Vorverlegung des Ersatzzeitpunktes in der Nähe von T_p' einen immer geringeren Ausbringungszuwachs zur Folge hat (17). Aus diesem Grunde nähert sich $T_p^*(x)$ unterproportional fallend der Funktion $T_p'(x)$ an.

Bei hohen Ausbringungen muß die Produktionsgeschwindigkeit überproportional erhöht werden, um die hohen Ausfallzeiten, hervorgerufen durch die Verringerung von Ta, und Ausschußverluste aufzufangen. Eine weitere Erhöhung von w über Werte von 45 hinaus hat dagegen bereits fallende Ausbringungsmengen zur Folge.

Mit Hilfe der so ermittelten Kostenleistungsfunktion K(x) wird nun die weitere Kombination zwischen zeitlicher Anpassung und der bereits in ihr enthaltenen Anpassungsarten Ersatzpolitik und Ände-

---

17)　Vgl. dazu den Verlauf der Funktion $w \cdot (V(Tp, w) - a(Tp, w))$ in Abb. (5.01).

rung der Produktionsgeschwindigkeit vorgenommen (18). Der für kombinierte zeitliche und intensitätsmäßige Anpassung relevante Bereich der Kostenleistungsfunktion ist in Abb. (5.04) eingetragen (19).

II. Bestimmung der optimalen Produktionsmenge und Ersatzpolitik

a) Einstufige Fertigung

Nachdem die Kostenleistungsfunktion unter Berücksichtigung der Ersatzpolitik für ein Aggregat abgeleitet worden ist, soll nunmehr mit ihrer Hilfe die optimale durchschnittliche Produktionsmenge pro Zeiteinheit bestimmt werden. Dabei ist zu beachten, daß die Kostenleistungsfunktion die durchschnittlichen (erwarteten) Kosten pro Zeiteinheit in Abhängigkeit von der durchschnittlichen (erwarteten) Ausbringung pro Zeiteinheit angibt. Unter Beachtung dieser Voraussetzung kann das für den Fall deterministischer Kostenleistungsfunktionen entwickelte Instrumentarium ohne Einschränkung übernommen werden (20).

Grundsätzlich gilt dann als Kriterium zur Bestimmung der optimalen Produktionsmenge, daß im Gewinnmaximum die Grenzkosten gleich den Grenzerlösen sein müssen. Ist im Kapazitätsmaximum der Grenzerlös größer als die Grenzkosten, so ist die maximal zu produzierende Menge optimal (21). Eine solche statische Lösung ist aber nur unter der Voraussetzung zulässig, daß die ermittelten durchschnittlichen Produktions- und Absatzmengen auch tatsächlich

---

18)   Vgl. H. Jacob, Produktionsplanung, a. a. O.

19)   Die Möglichkeit, das Aggregat zeitlich anzupassen, soll hier immer gegeben sein. Diese Annahme ist gerechtfertigt, da auch bereits durch die Ersatzpolitik über die Variation der Ausfallzeit die Laufzeiten des Aggregates verändert werden. Wenn Stillegungen nicht möglich sind, müssen Überlegungen hinsichtlich eines sog. Intensitätssplittings angestellt werden. Vgl. dazu K. Dellmann und L. Nastansky, Kostenminimale Produktionsplanung bei rein intensitätsmäßiger Anpassung mit differenzierten Intensitätsgraden, in: ZfB Jg. 39 (1969), S. 250 ff;

20)   Vgl. zu den Modellen der Programmplanung: H. Jacob, Produktionsplanung, a. a. O.

21)   Im Fall mehrerer funktionsgleicher aber kostenverschiedener Aggregate kommt zu der Bestimmung der zeitlichen und intensitätsmäßigen Anpassung sowie der Ersatzpolitik noch die Möglichkeit der quantitativen Anpassung hinzu.

realisiert werden. Da die ermittelte Produktionsmenge pro Zeiteinheit lediglich der Erwartungswert ist, kann es vorkommen, daß in bestimmten Zeitintervallen erheblich mehr bzw. erheblich weniger produziert wird als der entsprechende Durchschnittswert (22). Da der Absatz pro Zeiteinheit aber konstant sein soll, müssen diese Produktionsschwankungen durch eine entsprechende Lagerpolitik aufgefangen werden.

Besteht diese Möglichkeit nicht oder wird sie durch beschränkte Lagerkapazitäten eingeengt, so wird die Bestimmung der optimalen Politik erheblich komplizierter. Fällt z. B. bei einem Produkt mit konstanter Absatzgeschwindigkeit, das parallel auf zwei Aggregaten produziert wird, ein Aggregat aus und ist gleichzeitig bei dem anderen Aggregat der vorbeugende Ersatzzeitpunkt erreicht, so tritt bei einem leeren Absatzlager die Frage auf, ob nicht der vorbeugende Ersatz des zweiten Aggregates hinausgezögert werden sollte, eventuell sogar bei erhöhter Produktionsgeschwindigkeit, um dadurch nicht die Absatzmöglichkeit zu verlieren.

Dieses Beispiel macht bereits deutlich, daß im allgemeinen eine statische Durchschnittsbetrachtung nicht befriedigen kann. Vielmehr muß die Ersatzpolitik in Abhängigkeit von allen relevanten Umweltbedingungen, hier den Zuständen der Aggregate und des Fertiglagers, optimal bestimmt werden. Da derartige Probleme bei mehrstufiger Produktion in verstärktem Maße auftreten, soll dort auf die Struktur einer solchen Politik näher eingegangen werden.

b) Mehrstufige Fertigung

1) Ersatzpolitik bei mehrstufigen Produktionssystemen

Bei mehrstufiger Fertigung muß die Art der Verkettung der Produktionsstufen in die Ableitung der optimalen Ersatzpolitik einbezogen werden. Die Verkettung der Produktionsstufen bei der Fertigung eines Produktes kommt zunächst in einem Produktionsplanungsmodell in den sogenannten Mengenkontinuitätsbedingungen zum Ausdruck, durch die der mengenmäßige Produktionsfluß zwischen den Stufen geregelt wird.

In einem zweistufigen Produktionsprozeß müßte bei offener Fertigung beispielsweise sichergestellt werden, daß so viele Mengen-

---

22) Durch die Möglichkeit der Ausschußproduktion, der Maschinenausfälle und der planmäßigen Stillegungen sind die Zeiten zwischen zwei gefertigten verwertbaren Produkteinheiten und damit auch die Zahl der pro Zeiteinheit gefertigten verwertbaren Produkteinheiten stochastische Größen.

einheiten in der ersten Stufe hergestellt werden, wie sie - unter Beachtung eines Ausschußanteils - in der zweiten Stufe benötigt werden, um eine bestimmte Menge zu produzieren. Auch hier könnte
der deterministische Ansatz benutzt werden, indem als Ausschuß-
prozentsätze die in Abhängigkeit von der Ersatzpolitik und der Produktionsgeschwindigkeit erwarteten Ausschußsätze eingesetzt würden. Aber die Übereinstimmung der isoliert berechneten durchschnittlichen Leistungen der Stufen ist keinesfalls eine Garantie für
einen ungestörten Produktionsfluß.

Die isoliert berechnete durchschnittliche Leistung jeder Stufe berücksichtigt nicht, daß Produktionsstockungen in der ersten Stufe
zu Produktionsunterbrechungen in der zweiten Stufe führen können.
Ebenso muß die erste Stufe stillgelegt werden, wenn die zweite Stufe
nicht produziert und keine Lagermöglichkeit nach der ersten Stufe
besteht. Für bestimmte Input- und Abfertigungsverteilungen sind mit
Hilfe der Warteschlangentheorie für spezielle Sonderfälle der Werkstattfertigung Modellansätze in der Literatur aufgestellt worden (23).
Darüber hinaus wurden zur Bestimmung der optimalen Größe von
Pufferlagern in Maschinenfließreihen Warteschlangenmodelle eingesetzt (24). Allerdings zeigen sich sehr schnell die Grenzen der

---

23)   Für konstante durchschnittliche Intensitäten und exponential-
      verteilte Ankünfte der Produkte an den Produktionsstufen sind
      von R. Schmidt zur Analyse einstufiger und mehrstufiger Pro-
      duktionssysteme Ansätze mit Hilfe der Warteschlangentheorie
      aufgezeigt worden. Vgl. R. Schmidt, Kapazitätsplanung, a. a.
      O. , S. 73 ff; Vgl. auch ein Beispiel von E. Ruiz-Palá und K.
      Avila-Belosa, Wartezeit und Warteschlange, Meisenheim am
      Glan 1967, S. 58 ff. Diese Ansätze können aber hier nicht über-
      nommen werden, da gerade hier die Ankunftsverteilungen über
      die Wahl der Ersatzpolitik selbst Problem sind. Die daraus
      resultierenden komplexen Schwierigkeiten können auch nicht
      durch eine Erweiterung der bekannten Ansätze der Wartesy-
      steme einbezogen werden.
24)   Aufgabe derartiger Modelle ist grundsätzlich die Bestimmung
      der optimalen Anzahl, Größe und des Standortes von Puffern
      in Fließketten bei stochastisch ausfallenden Aggregaten. Vgl.
      E. Domke, Betriebswirtschaftliche Probleme bei der Integra-
      tion automatischer Aggregate zu Fertigungsketten. Diss. Ham-
      burg 1966, S. 85; H. Jacob, Der Einsatz von EDV-Anlagen im
      Planungs- und Entscheidungsprozeß der Unternehmung, in:
      SZU Bd. 13, Wiesbaden 1970, S. 55 ff. Zu konkreten, mit Hil-
      fe der Warteschlangentheorie aufgestellten Modellansätzen vgl.
      die Modellansätze mit jeweils exponentialverteilten Arbeits-
      und Stillstandszeiten von G. C. Hunt, Sequential Arrays of Wai-
      ting Lines, in: O. R. Vol. 4 (1956), S. 674-683; E. Richman und

analytischen Behandlung des Problems, wenn berücksichtigt wird, daß die Inputverteilung einer Stufe von der Größe des vorgelagerten Werkstoffpuffers abhängt (25), so daß auch bei exponentialverteilten Fertigungszeiten bei den jeweils folgenden Stufen nicht mehr von exponentialverteilten Ankünften ausgegangen werden kann. Aus diesem Grunde bietet sich als wirksameres Verfahren die Simulation, speziell die Monte Carlo Methode, an (26). Wenn die Optimierung der Ersatzpolitik ebenfalls in die Betrachtung einbezogen wird, so verstärken sich die Schwierigkeiten, die einer analytischen Behandlung entgegenstehen. Denn auch durch die Ersatzpolitik wird die Input-Verteilung der dem Aggregat folgenden Stufen beeinflußt.

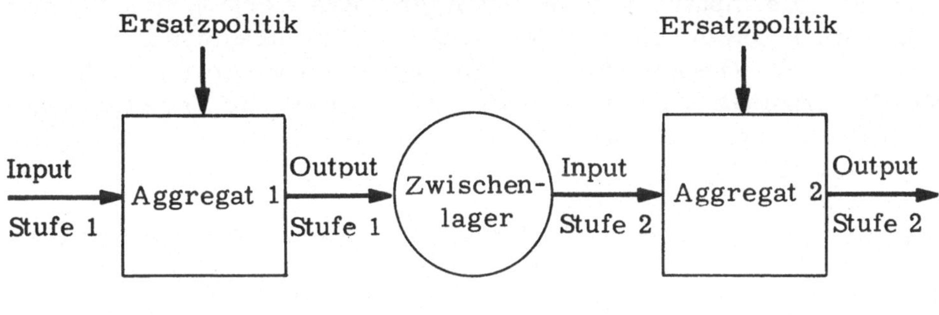

Abb. (5. 06)

S. Elmaghrabe, The Design of inprocess Storage Facilities, in: The Journal of Industrial Engineering, Vol. 8 (1957), S. 7-9; H. J. Rudolph, Über den Einfluß von Werkstückspeichern auf das Ausstoßvermögen automatischer Maschinenfließreihen, Diss. TH Karl-Marx-Stadt 1964; E. Koenigsberg, Production Lines and Internal Storage - A Review, Mng. Sci. 6 (1959), S. 410 ff; A. Kaufmann und R. Cruon, Les phénomènes d'attente, Paris 1961; F. Ferschl, Zufallsabhängige Wirtschaftsprozesse, Wien und Würzburg 1964, S. 124 ff; H. D. Friedman, Reduction Methods for Tandem Queuing Systems, in: O. R. Vol. 13 (1965), S. 121 ff. Ein Teil der hier angeführten Modelle wird ausführlich dargestellt und diskutiert von E. Groß-Hardt, Über den Einfluß von Werkstückpuffern auf die Kapazitätsausnutzung von Maschinenfließreihen, Diss. Aachen 1966, S. 16-51; vgl. auch R. Schmidt, a. a. O. , S. 215 ff.

25) Vgl. P. D. Finch, The Output Process of a Queuing System M/G/1. J. Roy. Stat. Soc. , Vol. 21 (1959), S. 375-380.

26) Vgl. z. B. E. Groß-Hardt, Untersuchungen zur kostenoptimalen Dimensionierung von Werkstückpuffern in Maschinenfließreihen, F. L. N. W. Köln und Opladen 1968, S. 12. E. Domke, a. a. O. ; K. A. Barten, A Queuing Simulator for Determining Optimum Inventory Levels in a Sequential Process, in: The Journal of Industrial Engineering, Vol. 13 (1962), S. 245-252.

Abb. (5.06) soll die Zusammenhänge an einem einfachen Beispiel von zwei Aggregaten mit einem Zwischenlager verdeutlichen.

Die Verteilung der Zeiten zwischen den Fertigstellungszeitpunkten zweier aufeinander folgender v e r w e r t b a r e r Produktionseinheiten des Aggregates 2 hängt damit ab von der Inputverteilung der Stufe 2 und der Verteilung der Fertigungszeiten verwertbarer Produkte, der Ausfallzeiten des Aggregates und der Ausschußproduktion. Die Verteilung der Ausfallzeiten und der Ausschußproduktion kann, wie gezeigt wurde, durch die Ersatzpolitik beeinflußt werden, so daß damit der Output der Stufe 2 von der Ersatzpolitik des Aggregates 2 abhängt. Die Inputverteilung des Aggregates 2 ergibt sich aus der Outputverteilung des Aggregates 1 und den Wirkungen des Zwischenlagers. Da die Outputverteilung von Aggregat 1 wiederum auch von der Ersatzpolitik des Aggregates 1 abhängt, wird die Verteilung des Outputs von Aggregat 2 auch von der Ersatzpolitik des ersten Aggregates beeinflußt (27).

Diese Faktoren zwingen auch hier wieder zu einer Simultanbetrachtung der Ersatzpolitik beider Aggregate sowie des Zustandes des Zwischenlagers. Bisher sind allerdings weder diese Zusammenhänge in der Literatur klar erkannt worden, noch kann ein Lösungsverfahren übernommen werden. Eine Möglichkeit zur Analyse der komplexen Zusammenhänge bietet wieder der Übergang zu einer diskreten Betrachtung, wie er auch bei der simultanen Ersatzpolitik verbundener Teile dargestellt wurde.

2) Ersatzpolitik in Abhängigkeit vom Zustand einer zweistufigen
   Produktionskette mit begrenzter Zwischenlagerkapazität

Das Modell

Es wird eine Fertigungskette aus zwei Aggregaten betrachtet, wie sie in Abb. (5.06) dargestellt ist. Zwischen den beiden Aggregaten befindet sich ein Pufferlager mit einer bestimmten Kapazität L (28).

---

27)   Die Aggregatstillegungen der Ersatzpolitik bewirken die Bewegungen des Zwischenlagers, so daß auch über diese Beziehung eine Beeinflussung der Outputverteilung des zweiten Aggregates stattfindet.

28)   Typisch für ein derartiges Produktionssystem ist die Zigarettenproduktion: Die Zigarettenfertigung und die Verpackung wird in offener Fertigung durchgeführt, wobei zwischen den beiden Aggregaten (Zigarettenmaschine und Verpackungsmaschine) ein Pufferlager in Form einer automatischen Transporteinrichtung mit einer Kapazität von rund einer halben Stunde Produktionszeit eingeschaltet ist.

Das zweite Aggregat kann damit seine Inputprodukte entweder direkt vom ersten Aggregat beziehen oder aber indirekt aus dem Pufferlager. Bei beiden Aggregaten ist eine intensitätsmäßige Anpassung nicht möglich. An jedem der beiden Aggregate befindet sich ein besonders verschleißanfälliges Teil, das mit steigender Ausfallrate ausfällt. Da die vorbeugenden Auswechselzeiten und Kosten erheblich niedriger sind als die Wechselzeiten bei einem ungeplanten Ausfall eines Aggregates, kann eine vorbeugende Ersatzpolitik sinnvoll sein. Zudem fallen bestimmte Arbeiten bei einem gleichzeitigen Ersatz der Verschleißteile beider Aggregate nur einmal an, so daß die Wechselzeiten bei gleichzeitigem Ersatz erheblich geringer sind als die Summe der Ersatzzeiten bei Einzelersatz. Wenn die zwei Aggregate starr (29) verkoppelt wären, so könnten sie bezüglich der Ersatzpolitik als ein Aggregat mit verbundenen Untersystemen betrachtet werden und das oben für diesen Fall abgeleitete Modell könnte hier angewandt werden (30).

Durch ein Pufferlager wird die enge Interdependenz zwischen den Stillständen der beiden Aggregate gemildert, da das intakte erste Aggregat nur stillgelegt werden muß, wenn die Kapazität des Zwischenlagers ausgenutzt ist und das zweite Aggregat nicht in Betrieb ist. Das zweite Aggregat muß außer Betrieb gesetzt werden, wenn das Zwischenlager leer und das erste Aggregat ausgefallen ist. Entscheidend für die Verkettung der Stillstandszeiten beider Aggregate ist damit der Zustand des Zwischenlagers.

Das Zwischenlager selbst kann aber nur während des Stillstands eines Aggregates auf- bzw. abgebaut werden (31).

Damit hängen einmal die von der Ersatzpolitik bedingten Stillstandszeiten auch von der Höhe des Zwischenlagers ab, zum anderen ist diese selbst aber Ergebnis der Ersatzpolitik.

Diese Interdependenzen fordern, daß als Zustand des Gesamtsystems die Kombination aus den Zuständen (Laufzeiten) der beiden Aggregate

---

29) Zum Begriff starrer und flexibler Fertigungsketten vgl. E. Domke, a. a. O. , S. 27 ff. Im Falle einer starren Verkettung bedingt der Stillstand eines Aggregates auch den Stillstand des anderen Aggregates.

30) Vgl. oben S. 100 ff.

31) Wenn die Aggregate eine unterschiedliche (durchschnittliche) Produktionsgeschwindigkeit haben, kann auch während der Laufzeit beider Aggregate das Zwischenlager aufgebaut bzw. abgebaut werden. Von einer solchen Möglichkeit, die grundsätzlich in dem folgenden Modellansatz berücksichtigt werden kann, soll hier aber abgesehen werden.

und der Höhe des Zwischenlagerbestandes gewählt wird. Denn nur dann können die aufgezeigten Beziehungen bei der Festlegung der optimalen Ersatzpolitik berücksichtigt werden.

Im einzelnen ergibt sich folgender Modellansatz:

Die Laufzeiten der beiden Aggregate werden mit t_1 bzw. t_2 bezeichnet; deren maximales Einsatzalter, das gleichzeitig den Ausfallzustand kennzeichnet, mit t_1^* bzw. t_2^*. Die Produktionsgeschwindigkeit m beider Aggregate ist gleich groß (32). Die Ersatzzeiten werden mit Rv_1, Rv_2 bzw. Ra_1 und Ra_2 (33) bezeichnet.

Der Lagerbestand l wird in Einheiten der Produktionsgeschwindigkeit gemessen und gibt damit an, wieviele Zeiteinheiten lang das zweite Aggregat bei Stillstand des ersten Aggregates bis zum Abbau des Lagers weiter produzieren kann. Der maximale Lagerbestand wird durch die Kapazitätsgrenze L des Lagers angegeben. Der Zustand des Systems wird durch die Kombination der Laufzeiten und des Lagerbestandes bestimmt zu $\{\,l,t_1,t_2\,\}$. Die Entscheidungsvariable lautet dementsprechend $X_{lt_1t_2,\ l't_1't_2'}$.

Die Entscheidungsmöglichkeiten am Anfang einer Zeiteinheit beziehen sich nur auf die Ersatzpolitik der beiden Aggregate und entsprechen prinzipiell den für zwei verbundene Teile abgeleiteten Alternativen (vgl. oben S. 102) (34). Auch hier ist ein gleichzeitiger Ersatz beider Aggregatteile vorteilhaft, da unterstellt wird, daß die Arbeiten parallel ausgeführt werden können.

Die Änderung des Lagerbestandes während eines Ersatzvorganges hängt von der Art der getroffenen Maßnahme der Ersatzpolitik ab: Es wird aufgebaut, während das zweite Aggregat stillsteht, und abgebaut, während das erste Aggregat nicht läuft. Wenn beide Aggregate intakt sind, ändert sich wegen der konstanten Produktionsgeschwindigkeiten der Lagerbestand nicht. Damit ergeben sich aus den Ersatzentscheidungen für die Lagerbewegungen folgende Möglichkeiten:

---

32)   Das Modell kann leicht auf den Fall unterschiedlicher Produktionsgeschwindigkeiten erweitert werden. Allerdings vergrößert sich dann die Zahl der Variablen erheblich.

33)   Aus Gründen der Einfachheit werden die Ersatzzeiten als deterministisch angesetzt. Aber auch hier kann das Modell leicht auf den Fall stochastischer Ersatzzeiten erweitert werden.

34)   In bestimmten Fällen kann als eine weitere Entscheidungsalternative die Möglichkeit einbezogen werden, ein Aggregat stillzulegen.

1. Ausgangszustand:

Beide Stufen laufen: $t_1 < t_1^*, \quad t_2 < t_2^*$

a) Entscheidung: Aggregat 1 vorbeugend ersetzen:
$l' = \text{Max}(1 - m \cdot Rv_1, 0)$

b) Entscheidung: Aggregat 2 vorbeugend ersetzen:
$l' = \text{Min}(1 + m \cdot Rv_2, L)$

c) Entscheidung: beide Aggregate vorbeugend ersetzen:
$c_1)\ Rv_1 > Rv_2 : l' = \text{Max}(1 - (Rv_1 - Rv_2) \cdot m, 0)$
$c_2)\ Rv_2 \geq Rv_1 : l' = \text{Min}(1 + (Rv_2 - Rv_1) \cdot m, L)$

2. Ausgangszustand:

Nur Aggregat 1 ist ausgefallen: $t_1 = t_1^*, \quad t_2 < t_2^*$

a) Entscheidung: Nur Aggregat 1 wird ersetzt:
$l' = \text{Max}(1 - m \cdot Ra_1, 0)$

b) Entscheidung: Aggregat 1 wird ausfallbedingt und
Aggregat 2 vorbeugend ersetzt:
$b_1)\ Ra_1 > Rv_2 : l' = \text{Max}(1 - (Ra_1 - Rv_2) \cdot m, 0)$
$b_2)\ Ra_1 \leq Rv_2 : l' = \text{Min}(1 + (Rv_2 - Ra_1) \cdot m, L)$

3. Ausgangszustand:

Nur Aggregat 2 ist ausgefallen: $l_1 < l_1^*, \quad l_2 = l_2^*$

a) Entscheidung: Nur Aggregat 2 wird ersetzt:
$l' = \text{Min}(1 + m \cdot Ra_2, L)$

b) Entscheidung: Aggregat 2 wird ausfallbedingt und
Aggregat 1 vorbeugend ersetzt:
$b_1)\ Ra_2 > Rv_1 : l' = \text{Min}(1 + (Ra_2 - Rv_1) \cdot m, L)$
$b_2)\ Rv_1 \geq Ra_2 : l' = \text{Max}(1 - (Rv_1 - Ra_2) \cdot m, 0)$

4. Ausgangszustand:

Beide Aggregate sind ausgefallen: $t_1 = t_1^*, \quad t_2 = t_2^*$

Entscheidung: Beide Aggregate werden ersetzt:
$a_1)\ Ra_2 > Ra_1 : l' = \text{Min}(1 + (Ra_2 - Ra_1) \cdot m, L)$
$a_2)\ Ra_2 \leq Ra_1 : l' = \text{Max}(1 - (Ra_1 - Ra_2) \cdot m, 0)$

Gleichzeitig können hier aus der Abnahme des Lagerbestandes die während der Ausführung der Ersatzmaßnahmen abgesetzten Mengen abgelesen werden.

In die Zielfunktion gehen die Ersatzkosten und der Gewinnentgang während der Ersatzzeit ein (35). Da der Output des Systems gleich der effektiven Produktionsleistung der zweiten Stufe ist, wird der Gewinnentgang nur bei einem Stillstand des zweiten Aggregates erfaßt.

Die Nebenbedingungen des Modells sind analog dem Modell (4. 04) und (4. 05) der Ersatzpolitik bei verbundenen Systemen aufgebaut. Die Übergangswahrscheinlichkeiten werden wie dort aus den Ausfallwahrscheinlichkeiten der beiden Aggregate errechnet.

Ein Beispiel zur optimalen Entscheidungsregel

Um die Struktur der optimalen Entscheidungsregel näher untersuchen zu können, wird folgendes Beispiel betrachtet: Das Aggregat 1 fällt entsprechend den Ausfallwahrscheinlichkeiten der Tab. (5. 01) aus. Als maximales Einsatzalter, das den Zustand "ausgefallen" kennzeichnet, wird $t_1^* = 11$ angesetzt.

Das Aggregat 2 fällt gemäß einer Exponentialverteilung aus. Damit brauchen für das Aggregat 2 nur die Zustände "intakt" und "ausgefallen" betrachtet zu werden - eine detaillierte Erfassung der Lauf-

t_1	0	1	2	3	4	5	6	7	8	9	10	11
Ausfall- wahr- schein- lichkeit	0. 0397	0. 0867	0. 1415	0. 1953	0. 2434	0. 2849	0. 3201	0. 3498	0. 3749	0. 3960	1	1

Tab. (5. 01)

zeit entfällt. Auch stellt sich bei Aggregat 2 die Frage nach einer vorbeugenden Ersatzpolitik nicht. Durch diese Voraussetzungen wird die Zahl der Variablen und der Nebenbedingungen erheblich verringert.

---

35) Hinzu können auch Kosten der Kapitalbindung des Zwischenlagerbestandes treten.

Die Ersatzzeiten des ersten Aggregates betragen $Rv_1 = 3$ und $Ra_1 = 8$ ZE. Der ausfallbedingte Ersatz des zweiten Aggregates 4 ZE (36). Bei einem gleichzeitigen Ersatz beider Aggregatteile können die Arbeiten parallel ausgeführt werden. Während des Stillstands des zweiten Aggregates wird eine Zeiteinheit mit einem Gewinnentgang von 800 GE bewertet. Die Anschaffungskosten betragen für ein Ersatzteil des ersten Aggregates 800 GE und für das zweite Aggregat 1200 GE. Die Produktionsgeschwindigkeit m der Aggregate ist gleich 1.

Anhand dieser Daten wurde für die unterschiedlichen Ausfallwahrscheinlichkeiten $\lambda_2 = 0.1; 0.2; 0.3$ und für die maximalen Lagerkapazitäten $L = 0, 1, 2, 3$ die optimale Ersatzpolitik mit Hilfe eines LP-Modells ermittelt. Die Koeffizientenmatrix wurde jeweils von einem Vorprogramm generiert. Die Ergebnisse sind in den Abbildungen (5.07) bis (5.09) eingezeichnet. Jede Abbildung ist auf eine bestimmte Ausfallwahrscheinlichkeit des zweiten Aggregates und eine bestimmte Lagerkapazität L bezogen. Die Ersatzpolitik des ersten Aggregates hängt am Anfang einer Zeiteinheit weiter ab von seinem Einsatzalter, dem Zustand des zweiten Aggregates (ob intakt oder ausgefallen) und dem Lagerbestand des Zwischenlagers. In die Abbildungen sind deshalb die kritischen Zustände, in denen und oberhalb derer das Aggregatteil 1 ersetzt wird, für die beiden Zustände des zweiten Aggregates getrennt eingezeichnet.

In den Abbildungen (5.07a) bis (5.07d) ist die konstante Ausfallwahrscheinlichkeit des zweiten Aggregates gleich 0.1. Damit bildet das erste Aggregat den Engpaß des Produktionssystems. In den Abbildungen (5.08) und (5.09) wird die Ausfallwahrscheinlichkeit des zweiten Aggregates erhöht, so daß tendenziell die zweite Stufe zum Engpaß des Systems wird.

Zunächst kann für alle Beispiele festgestellt werden, daß die kritischen Ersatzzeitpunkte für den Fall, daß das zweite Aggregat ausgefallen ist, unterhalb der kritischen Ersatzzeitpunkte bei einem intakten zweiten Aggregat liegen. Der Grund liegt in den Vorteilen der Parallelarbeit bei einem gemeinsamen Ersatz.

In den Beispielen der Abbildungen (5.07) bildet das Aggregat 1 den Engpaß. Bei einer Lagerkapazität L=0 (Abb. (5.07a)) bedeutet der Stillstand eines Aggregates den Stillstand des gesamten Systems.

---

36)   Die Maßeinheit "Zeiteinheit" kann für die Laufzeiten und die Ersatzzeiten durchaus unterschiedlich sein. Beispielsweise kann t_1 in Tagen gezählt, die Ersatzzeiten dagegen können in Stunden gemessen werden.

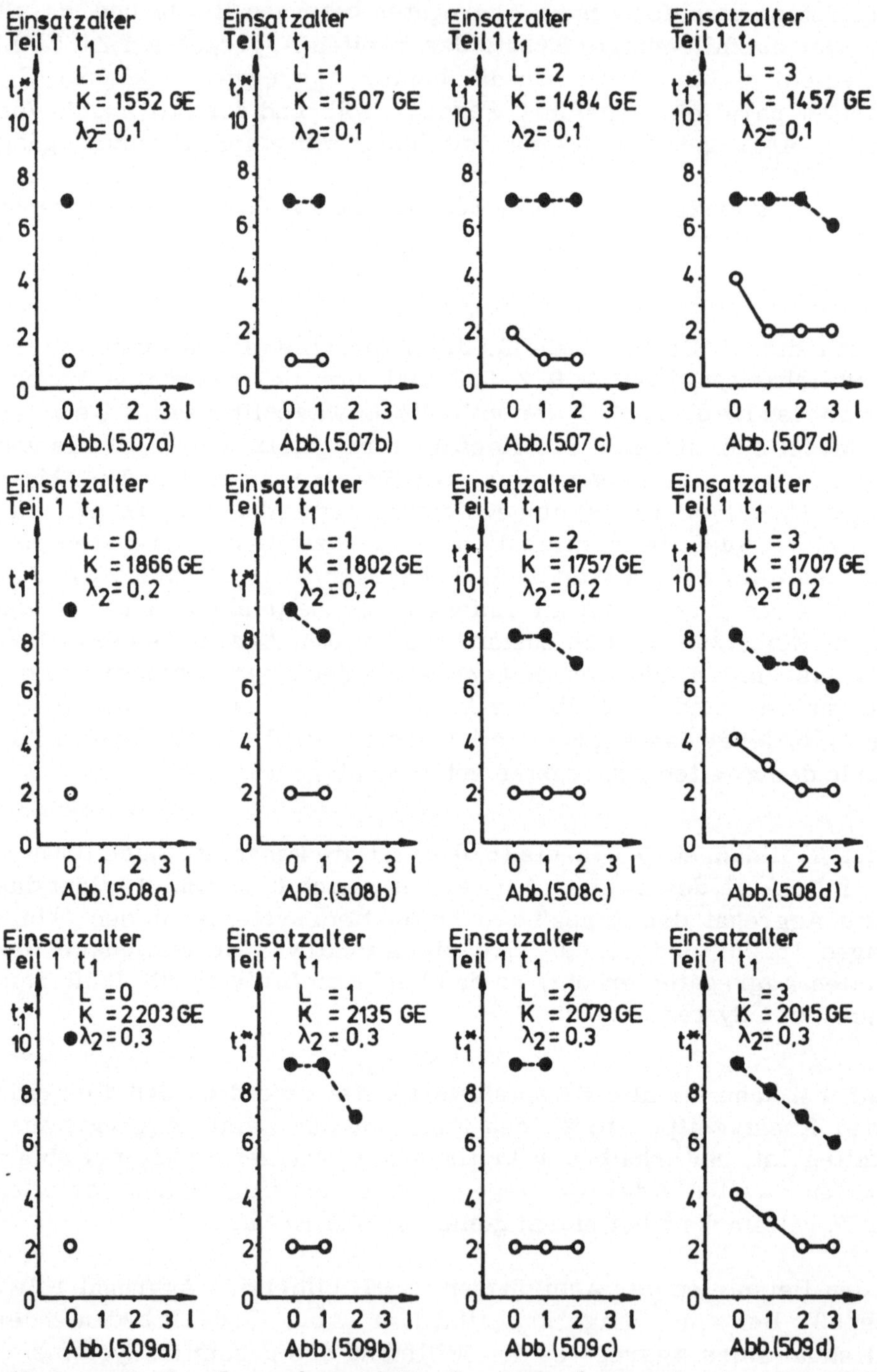

Erläuterung: L = Lagerkapazität, l = Lagerbestand, λ_2 = Ausfallwahrscheinlichkeit des 2. Aggregates, ● = isolierter Ersatz Teil 1, ○ = gleichzeitiger Ersatz beider Aggregate, ----- = Verbindung kritischer Ersatzzeitpunkte bei alleinigem Ersatz von Teil 1, ———— = Verbindung kritischer Ersatzzeitpunkte bei gemeinsamem Ersatz.

Das Aggregat 1 wird deshalb, um die hohen Stillstandszeiten bei einem ausfallbedingten Ersatz zu vermeiden, sehr früh vorbeugend ersetzt. Wenn es gleichzeitig mit dem ausgefallenen Aggregat 2 ersetzt werden kann, wird dieses bereits getan, sobald das Aggregat 1 mindestens eine Zeiteinheit in Betrieb war. Bei einem gleichzeitigen Ersatz fallen für das erste Aggregat lediglich die Ersatzteilkosten an. Ausfallkosten entstehen nicht, da die vorbeugende Maßnahme mit $Rv_1=3$ parallel zum Ausfallersatz mit $Ra_2=4$ durchgeführt werden kann.

Unabhängig davon, ob das Aggregat 2 auch ersetzt wird, wird das Aggregatteil 1 nach 7 Zeiteinheiten ausgewechselt. Der relativ hohe Ersatzteilverbrauch dieser Politik wird dabei in Kauf genommen.

Bei L=1 in Abb. (5.07b) gilt die gleiche Politik. Sie ist unabhängig vom jeweiligen Lagerbestand l. Bei L=2 in Abb. (5.07c) und bei L=3 in Abb. (5.07d) verändern sich dagegen die kritischen Ersatzzeitpunkte und sind zudem vom Lagerbestand abhängig.

Der kritische Ersatzzeitpunkt wird im Fall des gleichzeitigen Ersatzes beider Teile gegenüber den vorhergehenden Beispielen tendenziell hinausgezögert, während er für den isolierten vorbeugenden Ersatz tendenziell sinkt. Weiterhin werden die kritischen Ersatzzeitpunkte mit wachsendem Lagerbestand vorverlegt.

Ist das zweite Aggregat ausgefallen und der Lagerbestand bei hoher Lagerkapazität sehr gering, so ist ein vorbeugender Ersatz des ersten Aggregatteiles nicht mehr so vorteilhaft, da bei einem Weiterbetrieb des ersten Aggregates das Zwischenlager aufgebaut werden könnte. Wenn der Lagerbestand bereits hoch ist, fällt dieser Effekt fort und der Ersatz wird vorverlegt.

Der alleinige vorbeugende Ersatz wird in Abb. (5.07d) bei einem Lagerbestand l=3 bereits bei einer Mindestlaufzeit von 6 Zeiteinheiten durchgeführt. Der Grund dieser Vorverlegung liegt darin, daß der Ersatz nicht zu einer Stillegung des zweiten Aggregates führt, da die Ersatzzeit $Rv_1=3$ voll aus dem Zwischenlager überbrückt werden kann.

Diese Tendenzen zeigen sich verstärkt und damit besonders deutlich auch in den Abbildungen (5.08) und (5.09). Gleichzeitig geht aus einem Vergleich der kritischen Ersatzzeitpunkte hervor, daß sich mit steigender Ausfallwahrscheinlichkeit des zweiten Aggregates die Ersatzzeitpunkte des ersten Aggregates erhöhen. Die Ursache für diesen Effekt liegt darin, daß nunmehr das zweite Aggregat zum Engpaß des Systems wird und das Modell bestrebt ist, die Ersatzteilkosten des ersten Aggregates zu verringern und dafür höhere Stillstandszeiten in Kauf zu nehmen.

Aus einem Vergleich der eingetragenen Kosten pro Zeiteinheit kann ermittelt werden, welche Kosteneinsparungen (einschließlich einer Verringerung des Gewinnentganges) durch eine Erhöhung der Zwischenlagerkapazität L bei den unterschiedlichen Ausfallwahrscheinlichkeiten des zweiten Aggregates erzielt werden können. Durch einen Vergleich dieser Einsparung mit den Zwischenlagerkosten pro ZE kann dann z. B. entschieden werden, wie groß die gewinnmaximale Zwischenlagerkapazität gewählt werden soll.

B. Simultane Produktionsplanung und Ersatzpolitik im Mehrproduktunternehmen

Werden in einer Unternehmung mehrere unterschiedliche Produktarten in paralleler Fertigung produziert, so ergeben sich bei weiterer Gültigkeit der Prämissen 9 und 10 keine neuen Probleme der Ersatzpolitik(37). Die optimalen Ersatzzeitpunkte können vielmehr isoliert für die einzelnen Produktionsanlagen ermittelt werden. Im Falle gemeinsamer Fertigung und insbesondere bei dem Sonderfall der Alternativfertigung (38) können aber bezüglich der Ersatzpolitik Interdependenzen zwischen den einzelnen Produkten bestehen.

Die Qualität der Einsatzfaktoren eines Aggregates ist als eine der Belastungsgrößen des Aggregates genannt worden. Differieren z. B. die Belastungsintensitäten durch den Einsatz unterschiedlicher Werkstoffe bei einem Aggregat erheblich, so kann das Ausfallverhalten nicht mehr unverzerrt in einer Ausfallverteilung erfaßt werden, sondern für jedes Produkt sollte gesondert eine Ausfallverteilung ermittelt werden. Ebenso können die Zeiten, die für einen vorbeugenden oder ausfallbedingten Ersatz benötigt werden, von Produkt zu Produkt variieren.

Daraus ergeben sich folgende neue Problemkreise für die Ersatzpolitik:

1. Sowohl die Produktionskosten als auch die Einsatzzeit des Aggragates, die zur Herstellung einer bestimmten Menge eines

---

37)   Die Prämissen 9 und 10 beinhalten, daß Probleme der Ersatzteillagerung und der Reparaturkapazitäten nicht beachtet zu werden brauchen.

38)   Zu den Begriffen vgl. H. Jacob, Preispolitik, Wiesbaden 1962, S. 54; D. Adam, Produktionsplanung bei Sortenfertigung, Wiesbaden 1969, S. 25 f.

Produktes anfallen bzw. benötigt werden, hängen von der Ersatzpolitik ab. Andererseits wird die Ersatzpolitik von den hergestellten Produkten bestimmt, so daß nur ein simultaner Planungsansatz
die Interdependenzen berücksichtigen kann.

2. Besondere Schwierigkeiten ergeben sich, wenn bei der Auflage
   eines Produktes das betrachtete Verschleißteil bereits in Betrieb
   war. Die Ausfallverteilung wechselt dann während der Einsatzzeit
   des Teils, so daß bei steigender Ausfallrate der vorbeugende Ersatztermin weder anhand der vorhergehenden noch der aktuellen
   Ausfallverteilung ermittelt werden kann. In diesen Fällen kann
   ein statischer Ansatz nicht mehr befriedigen; vielmehr muß die
   Ersatzpolitik bei Auflage eines neuen Produktes in Abhängigkeit
   vom Anfangszustand des Teils und der produktspezifischen Ausfallverteilung und Kostenfunktion bestimmt werden.

3. Ein weiterer Problemkreis tritt bei Sortenfertigung auf, wenn
   Fragen der Losgrößenbestimmung bei der Ersatzpolitik berücksichtigt werden müssen. Einmal kann es sinnvoll sein, während
   eines ersatzbedingten Aggregatstillstandes das Aggregat bereits
   auf eine neue Sorte umzurüsten, obwohl der für die Sorte isoliert berechnete optimale Umrüstzeitpunkt noch nicht erreicht
   ist, zum anderen kann auch ein vorbeugender Ersatzzeitpunkt in
   eine Umrüstzeit vorverlegt werden. Voraussetzung solcher Überlegungen ist, daß die Summe der Umrüst- und Ersatzkosten bei
   isolierter Ausführung größer ist als bei gemeinsamer Ausführung (39).

Der erste Punkt kann grundsätzlich in einem für deterministische
Datensituationen entwickelten simultanen Produktionsplanungsmodell erfaßt werden. In dieses Modell würden dann als Kostenleistungsfunktionen der einzelnen Produkte die oben abgeleitete Kostenfunktion eingehen, in der sowohl die Ersatzpolitik als auch die intensitätsmäßige Anpassung einbezogen sind. In einem solchen stati-
schen Ansatz können aber die Punkte zwei und drei nicht erfaßt werden. Vielmehr muß dazu zu einem dynamischen Ansatz übergegangen
werden.

Bei der Ableitung der Ausfallverteilung wurden die Belastungs-
schwankungen eines Teils während einer Zeiteinheit in einer Verteilung erfaßt. Durch den Produktwechsel kann aber eine strukturelle

---

39)	H. Ohse nennt als Beispiel, daß bei einer Schraubenpresse der
	Wechsel von Preßwerkzeugen mit dem Sortenwechsel kombi-
	niert wird, um die Stillstandskosten zu verringern. Vgl. H. Oh-
	se, Wirtschaftliche Probleme industrieller Sortenfertigung,
	Köln und Opladen 1963, S. 809.

Veränderung der Belastung herbeigeführt werden, die nicht mehr im Zufallsmodell der Verteilung enthalten ist. Vielmehr muß dann für jedes Produkt eine spezifische Ausfallverteilung ermittelt werden. Wenn ein Produktwechsel nicht automatisch mit einer Erneuerung der Verschleißteile verbunden ist, so hängt die Ausfallverteilung für das neue Produkt von dem Anfangszustand des Teils bei dem Sortenwechsel ab. Wurde das Teil lediglich bei einem Vorprodukt eingesetzt, so kann die Laufzeit als Maßgröße des Anfangszustandes benutzt werden, weil dann die Belastung innerhalb dieser Zeit wiederum homogen war. Reine Zeitgrößen versagen aber, wenn während der Laufzeit des Teils unterschiedliche Produkte produziert wurden, also unterschiedliche Belastungsqualitäten vorlagen. Hier muß versucht werden, eine technische Größe zur Bestimmung des Zustands zu finden.

Gleichzeitig wird aber von der Ersatzpolitik bestimmt, in welchem Zustand sich ein Teil bei dem Übergang zum nächsten Produkt befindet. Die Ersatzpolitik kann damit nicht einseitig in Abhängigkeit vom Einsatzzustand des Teils bei einem Sortenwechsel bestimmt werden, da der Einsatzzustand selbst von der Ersatzpolitik während der vorangegangenen Sorten abhängt. Hier ist damit wiederum die Forderung nach einem Planungsansatz gestellt, der die Ersatzpolitik für alle Produkte simultan ermittelt. Ein solcher Ansatz müßte dynamisch sein, um die Zeitbeziehungen, die zwischen den Einsatzzuständen und der Ersatzpolitik bestehen, erfassen zu können.

Weitere Interdependenzen, die ebenfalls nur in einem dynamischen Modell erfaßt werden können, ergeben sich, wenn zwischen den Ersatzzeiten und Umrüstzeiten zeitliche Beziehungen bestehen. In einem solchen Fall müssen Losgrößenpolitik und Ersatzpolitik ebenfalls in einem simultanen Planungsansatz bestimmt werden.

Eine Verbindung zwischen vorbeugender Ersatzpolitik und den hier angesprochenen Problemen der Mehrproduktunternehmung ist bisher in der Literatur kaum behandelt worden. Lediglich Muyen (40) hat für exponentiell ausfallende Produktionsanlagen ein Modell entwickelt, das die Losgröße in Abhängigkeit vom Ausfallverhalten bestimmt. Wegen der konstanten Ausfallrate wird aber eine gegenseitige Abhängigkeit nicht behandelt. Wegen der grundsätzlichen Problematik soll der Ansatz von Muyen kurz aufgezeigt werden. Gleichzeitig wird daran deutlich, daß eine Einbeziehung der obigen Probleme in diesen Ansatz nicht möglich ist, so daß wiederum versucht werden muß, die Probleme in einem Markov-Ansatz zu erfassen.

---

40)   A. B. W. Muyen, Optimum Lot-size Policy, if Tools break down frequently, in: O. R. Q. Vol. 12 (1961), S. 41-53.

I. Kombination von Sortenwechselzeiten und Ersatzzeiten bei exponentialverteilten Aggregatausfällen

Für den Fall, daß ein Aggregat betrachtet wird, daß nach einer Exponentialverteilung ausfällt, stellt sich bei Sortenproduktion die Frage, ob bei einem Ausfall des Teils die Stillstandszeit dazu ausgenutzt werden soll, das Aggregat auf die nächste Sorte umzurüsten, selbst wenn der isoliert ausgerechnete Umrüstungspunkt (41) noch nicht erreicht ist.

Eine umgekehrte Fragestellung, also ob bei einer Umrüstung auch ein Verschleißteil erneuert werden soll, stellt sich nicht, da es gerade das Charakteristikum der Exponentialverteilung ist, daß ein bereits in Betrieb befindliches Teil hinsichtlich des Ausfallverhaltens einem neuen Teil äquivalent ist.

Damit wird das Problem wesentlich vereinfacht, wenn auch die Losgrößenbestimmung neu vorgenommen wird.

Die kostenoptimale Lospolitik ohne Berücksichtigung der Ersatz- und Umrüstverbindung wird durch eine Größe gekennzeichnet - durch die kostenoptimale Losgröße.

Wenn das Problem auf die Einbeziehung der Ersatzmaßnahmen erweitert wird, so wird die nunmehr kostenoptimale Politik durch zwei Losgrößen $Q1$ und $Q2$ (mit $Q2 > Q1$) gekennzeichnet, die folgende Entscheidungsregel für den Sortenwechsel beinhalten:

Ein Sortenwechsel wird vorgenommen:

a) nachdem mindestens $Q1$ Produkte bereits hergestellt worden sind und das Aggregat ausfällt,

b) wenn $Q2$ Produkte hergestellt worden sind.

Damit besitzt die kostenoptimale Losgröße keine feste Größe mehr, sondern sie hängt von den stochastischen Aggregatausfällen zwischen $Q1$ und $Q2$ ab. Daraus folgt weiter, daß als Zielgröße der Kostenerwartungswert angesetzt werden muß.

Die Verteilung der Losgröße kann aus der Ausfallverteilung abgeleitet werden, wobei als Zeiteinheit die Produktionszeit einer Mengeneinheit gewählt wird (42).

---

41)   Zur isolierten Bestimmung von optimalen Losgrößen vgl. z. B. D. Adam, a. a. O. , S. 51 ff.

42)   Damit zählt $Q1$ bzw. $Q2$ sowohl Zeiten wie auch Produktionsmengen.

Die Wahrscheinlichkeit für das Auftreten eines Loses kleiner als Q1
ist entsprechend der Entscheidungsregel gleich 0; die Wahrscheinlichkeit für eine Losgröße größer als Q2 ist ebenfalls gleich 0. Die
Wahrscheinlichkeit für Losgrößen zwischen Q1 und Q2 ergibt sich
aus der Wahrscheinlichkeit für den Ausfall des Aggregates während
$\left[Q1, Q2\right]$, also gemäß deren Exponentialverteilung. Graphisch
läßt sich der Verlauf durch folgende Abbildung verdeutlichen (43):

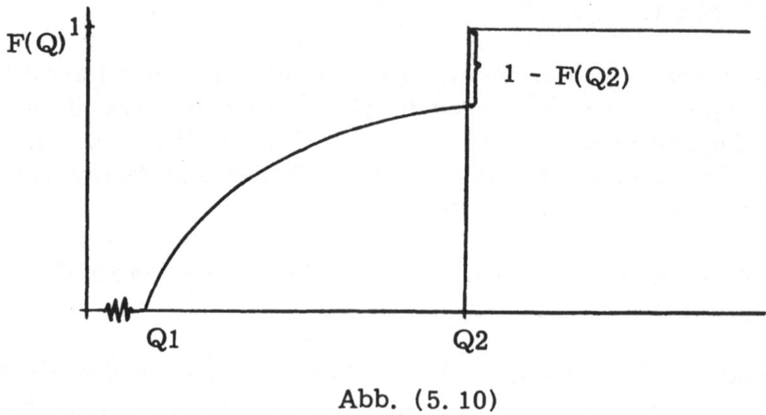

Abb. (5. 10)

Die Verteilung F(Q) der Losgröße weist in Q2 eine Unstetigkeits-
stelle auf, weil hier bei Erreichen der Losgröße Q2 das Los immer
abgebrochen wird. Die Wahrscheinlichkeit dafür ist gleich 1-F(Q2).

Die Kosten für den Optimierungsansatz setzen sich aus den Erwartungswerten für Lagerkosten und Umrüstkosten zusammen. Die Lagerkosten für einen konkreten Loszyklus ergeben sich für eine Absatzgeschwindigkeit v, eine Produktionsgeschwindigkeit x und den
Lagerkostensatz Cl $\left[GE/(ME \cdot ZE)\right]$ zu:

$$\frac{1}{2} Q (1 - \frac{v}{x}) \cdot \frac{Q}{v} \cdot Cl.$$

Der Erwartungswert der erwarteten Kosten pro Zyklus errechnet
sich dementsprechend nach

$$\frac{1}{2} (\frac{1}{v} - \frac{1}{x}) \cdot Cl \cdot E(Q^2).$$

Diese Kosten werden auf das Stück bezogen, indem die erwarteten
Kosten pro Zyklus auf den Erwartungswert der Losgröße E(Q) be-

---

43)   Vgl. A. B. W. Muyen, a. a. O.,

zogen werden (44)

$$K1 = \frac{1}{2}\left(\frac{1}{v} - \frac{1}{x}\right) \cdot C1 \cdot \frac{E(Q^2)}{E(Q)}$$

Ein Los kann mit der Wahrscheinlichkeit F(Q2) durch den Ausfall der Anlage enden, so daß dann Wechselkosten in Höhe von C*r entstehen (45).

Mit der Wahrscheinlichkeit 1-F(Q2) wird die Sorte bei einer Losgröße Q2 abgebrochen. Daraus folgen die erwarteten Umrüstkosten pro ME von

$$K2 = \frac{F(Q2) \cdot C^*r + \left[1 - F(Q2)\right] \cdot Cr}{E(Q)}$$

Die gesamten erwarteten Kosten pro ME errechnen sich dann zu:

$$K = K1+K2 = \frac{\frac{1}{2}\left(\frac{1}{v} - \frac{1}{x}\right) E(Q^2) \, C1 + F(Q2) \left[C^*r - Cr\right] + Cr}{E(Q)}$$

Dieser Ausdruck kann nun nach Einsetzen der ausführlichen Ausdrücke für $E(Q)$ und $E(Q^2)$ nach den beiden Variablen Q1 und Q2 differenziert werden, und es ergeben sich nach den üblichen Regeln der Differentialrechnung zwei Bestimmungsgleichungen für Q1 und Q2.

Muyen gibt für verschiedene Höhen der Ausfallrate und der Kostenrelationen bei gleichzeitigem Sortenwechsel und Ersatz zeichnerische Lösungen an, aus denen hervorgeht, daß bereits bei schwachen Annahmen über diese beiden Größen Kostenersparnisse gegenüber einer isolierten Lospolitik von 10% bis 25% möglich sind.

---

44) Wegen der konstanten Absatzgeschwindigkeit v besteht eine eindeutige Beziehung zwischen den Kosten pro Mengeneinheit und den Kosten pro Zeiteinheit, die bisher als Zielgröße dienten. Die erwartete Zykluszeit ist gleich E(Q)/v.

45) C*r sind die Kosten für gleichzeitiges Umrüsten und Ersatz, die über die isolierten Ersatzkosten hinausgehen und damit der Umrüstung zugerechnet werden können. Cr sind die Kosten für eine isolierte Umrüstung. In diesem Modell gilt Cr > C*r.

II. Simultane Ersatz- und Losgrößenpolitik bei einem Aggregat mit steigenden Ausfallraten

Bei dem Ansatz von Muyen wurde für das Aggregat ein laufzeit-unabhängiges Ausfallverhalten unterstellt. Damit konnte zwar die Losgrößenpolitik in Abhängigkeit vom Ausfallverhalten des Aggregats bestimmt werden - die umgekehrte Fragestellung einer Ersatz-politik in Abhängigkeit von der Lospolitik stellte sich wegen der unterstellten Exponentialverteilung dagegen nicht. Nunmehr soll für das Aggregat eine Ausfallverteilung mit steigender Ausfallrate an-genommen werden. Damit tritt nun auch das Problem der vorbeu-genden Ersatzpolitik hinzu. Für einen vorbeugenden Ersatz kann unterstellt werden, daß er weniger Kosten bzw. Ausfallzeit ver-ursacht als ein Ersatz nach Ausfall. Weiter wird angenommen, daß ein gleichzeitiger Sortenwechsel und Ersatz weniger Kosten bzw. Zeit benötigt als bei isolierter Ausführung, so daß nunmehr auch die Ersatzpolitik in Abhängigkeit von der Losgrößenpolitik bestimmt werden muß.

Die Einbeziehung dieser zusätzlichen Probleme in den Modellansatz von Muyen führt zu ähnlichen Schwierigkeiten wie die Ausweitung des Grundmodells der Ersatzpolitik auf mehrere verbundene Teile. Für das Aggregat kann kein Zyklus definiert werden, da der Einsatz-zustand selbst Problem ist. Aus diesem Grund soll die Struktur der Entscheidungsregel für eine simultane Ersatz- und Losgrößenpolitik an einem diskreten bewerteten Markov-Prozeß untersucht werden. In dem Ansatz von Muyen wird lediglich eine Sorte betrachtet (46). Damit sind die mit dem Losgrößenproblem verbundenen Fragen der Festlegung einer optimalen Reihenfolge bei reihenfolgeabhängigen Umrüstkosten sowie das Lossequenzproblem ausgeklammert.

Weiterhin wird von Muyen unterstellt, daß das Produktionsprogramm bereits bekannt ist.

Im folgenden Ansatz sollen diese Prämissen aufgehoben werden.

Auf einem Aggregat mit steigender Ausfallrate werden mehrere Sorten s* produziert. Zwischen den Ersetzungen und den Wechsel-terminen bestehen kostenmäßige oder zeitliche Abhängigkeiten (47).

---

46)   Strenggenommen ist die Behandlung eines Losgrößenproblems an nur e i n e r Sorte widersprüchlich, da bei der Fertigung nur eines Produktes keine Umrüstkosten auftreten können.

47)   Um das Modell nicht unnötig zu komplizieren, wird lediglich e i n Aggregat mit nur e i n e m Verschleißteil betrachtet. Grundsätzlich kann der Ansatz auch auf eine mehrstufige Fer-tigung oder auf den Fall mehrerer Verschleißteile erweitert werden.

Die Interdependenzen zwischen der Ersatz- und Losgrößenpolitik werden in einem bewerteten Markov-Prozeß erfaßt, der als LP-Problem formuliert wird.

Der Zustand des Prozesses wird durch die Höhe der Lagerbestände der einzelnen Sorten, die Kennzeichnung des Produktes, das gerade produziert wird, und das Alter des Verschleißteils bestimmt. Wird die Sorte, die gerade produziert wird, mit s bezeichnet (48), (s = 0, 1, 2, ..., s*), das Einsatzalter des Verschleißteils mit t (t = 1, 2, 3, ..., t*) und die Lagerbestände der einzelnen Sorten mit $l_{\bar{s}}$ ($\bar{s}$ = 1, 2, ..., s, ..., s*), dann ergibt sich der Zustand des Systems als Kombination dieser einzelnen Zustände $\left\{ s;\ t;\ l_1,\ l_2,\ ...,\ l_s,\ ...,\ l_s^* \right\}$.

Von den einzelnen Zuständen sind jeweils alle innerhalb der Kombination möglichen Werte einzubeziehen. Bei der Produktionssorte und dem Einsatzalter sind dieses alle zulässigen Werte (49) zwischen dem minimalen und dem maximalen Wert.

Die maximalen Zustände des Verschleißteils und der Lagerbestände müssen vorgegeben werden und bestimmen entscheidend die Modellgröße. Aus diesem Grunde muß versucht werden, anhand ökonomischer Überlegungen diese Werte relativ eng einzugrenzen. Für das Verschleißteil können Überlegungen wie beim Modell mehrerer verbundener Teile angestellt werden.

Die maximalen und minimalen Lagerbestände können anhand folgender Überlegungen ermittelt werden: Da die Zeitpunkte der Anlagenumrüstung und damit die Lagerbewegungen abhängig sind von dem stochastischen Ausfallverhalten, gibt es im Gegensatz zu deterministischen Losgrößenmodellen keine gleichförmigen, eindeutig festgelegten Lagerbewegungen. Allerdings sind aber auch nicht alle Kombinationen der Lagerbestände zulässig. Der maximale Lager-

---

48) Im Fall der gemeinsamen Produktion gibt es Zeiten, in denen nur abgesetzt wird und nicht produziert wird. Diese Zustände werden durch die fiktive Sorte s = 0 gekennzeichnet.

49) Da der Ansatz diskrete Werte verlangt, ergibt sich das Problem, wie fein die Maßeinheiten gewählt werden sollen. Das Einsatzalter des Verschleißteils wird in Zeiteinheiten gemessen, wobei als eine Zeiteinheit je nach der Länge der durchschnittlichen Lebensdauer Stunden, Schichten, Tage usw. eingesetzt werden können. Die Lagerbestände können entweder in Mengeneinheiten oder in Einheiten der Absatzgeschwindigkeiten gemessen werden. Es muß dabei wieder ein Kompromiß zwischen der Modellgröße und der Genauigkeit der Planung gefunden werden.

bestand einer Sorte kann z.B. nur während ihres Produktionszyklus erreicht werden. Während des Produktionszyklus einer Sorte wird der Lagerbestand der anderen Sorte verringert, so daß die maximalen Lagerbestände aller Sorten niemals gleichzeitig erreicht werden können. Vielmehr kann eine Bandbreite ermittelt werden, in der jeweils die anderen Lagerbestände liegen müssen, wenn der Lagerbestand der Produktionssorte gegeben ist (50).

Für die Festsetzung des maximalen Lagerbestandes einer Sorte - er ist proportional der maximalen Produktionszeit der Sorte - können eine Reihe von Faktoren Hilfe geben. So kann z. B. die Lagerkapazität oder die Lagerfähigkeit des Produktes die Grenze bestimmen. Auch kann der Lagerbestand der isoliert berechneten kostenminimalen Losgröße ein Hinweis sein.

In jedem der definierten Zustände können nun Ersatz- und Sortenwechselentscheidungen getroffen werden, wobei wegen der beschriebenen Kosten- oder Zeitbeziehungen die Entscheidungen voneinander abhängen. Wird der Produktionszyklus einer Sorte beendet, so steht zur Wahl, welche Sorte als nächste neu aufgelegt werden soll.

Die Wahl wird einmal durch die reihenfolgeabhängigen Umrüstzeiten und -kosten bestimmt und zum anderen von den Lagerbeständen der Sorten. Wenn z. B. der Lagerbestand einer Sorte mit relativ hohen Umrüstkosten gerade sehr niedrig ist, so kann sie einer anderen Sorte mit niedrigen Umrüstkosten aber noch hohem Lagerbestand durchaus vorgezogen werden (51).

Damit lautet die Entscheidungsvariable

$$s;\ t;\ l_1,\ l_2,\ \ldots,\ l_s,\ \ldots\ l_s^* \overset{X}{}\ s';\ t';\ l_1,\ l_2,\ \ldots,\ l_s\ \ldots,\ l_s^*.$$

Da nur die Sorte und/oder der Zustand des Verschleißteils durch Entscheidungen verändert werden können, erhalten nur deren Symbole ein Superskript.

Um den Grad der Abhängigkeit zwischen Los- und Ersatzentscheidungen sichtbar zu machen, sollen die Entscheidungsalternativen in Abhängigkeit vom Zustand des Aggregates und der Lagerbestände an einem Beispiel von zwei Sorten aufgezeigt werden (vgl. Abb. (5. 11)). Da nur zwei Sorten gefertigt werden, entfällt bei einem

---

50)   Im nachfolgenden Beispiel werden diese Überlegungen weiter verdeutlicht.

51)   Gegenüber den deterministischen Ansätzen, die die Reihenfolge allein von den Umrüstkosten abhängig machen, wird damit hier die Problematik erweitert.

Sortenwechsel das Sortenfolgeproblem, so daß sich die Zahl der Entscheidungsalternativen erheblich verringert.

Für einen Zustand $\{s;\ t;\ l_1,\ l_2\}$ ergeben sich dann die Entscheidungsalternativen:

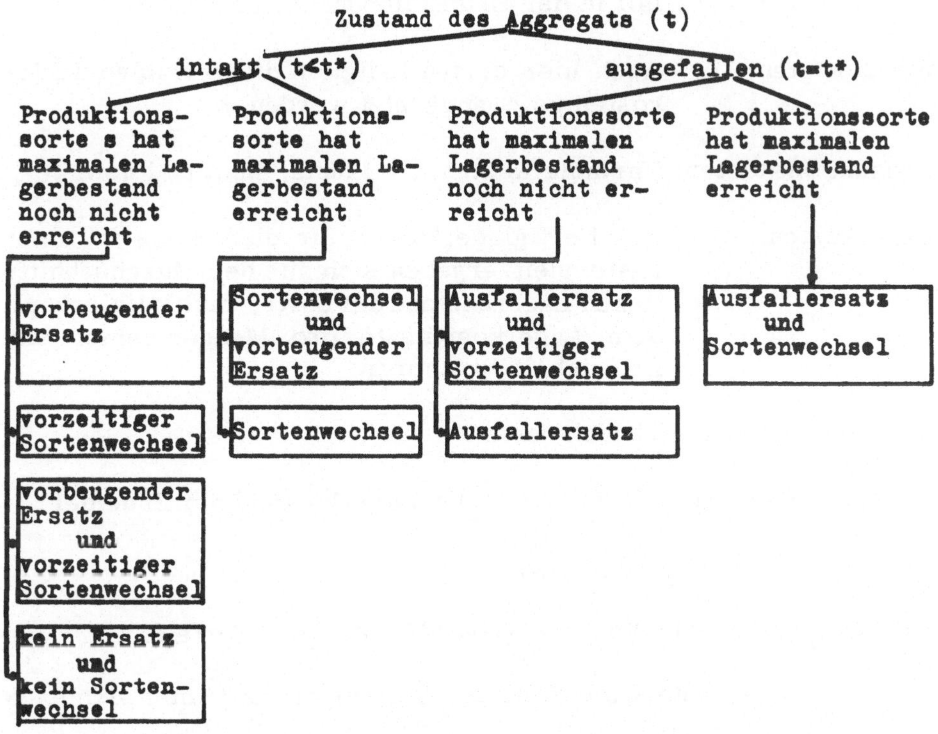

Abb. (5. 11)

Da in dem Modell, insbesondere bei alternativer Fertigung, auch das Produktionsprogramm festgelegt wird, ist es zweckmäßig, für das Modell die Gewinnmaximierung als Zielfunktion anstatt der Kostenminimierung anzusetzen.

In jedem Zeitintervall wird von jedem Produkt maximal die Absatzgeschwindigkeit $V_{\bar{s}}$ abgesetzt, so daß allgemein auch für die Fälle, in denen die Absatzmenge $V_{\bar{s}}$ nicht ausgenutzt werden kann, gilt:

$$\text{Erlös pro Zeiteinheit} = \sum_{\bar{s}} \text{Preis der Sorte} * \min\left\{ V_{\bar{s}},\ \text{Lagerbe-}\right.$$

stand zuzüglich evtl. Produktionsmenge in der Zeiteinheit$\Big\}$.

Dabei ist zu beachten, daß bei dem Ansatz der Produktionsmengen die Ausfallzeiten durch Ersatz- und Sortenwechselmaßnahmen zu berücksichtigen sind.

An Kosten sind zu beachten:

Wechselkosten: Hier sind nur die variablen Kosten anzusetzen; die Wechselzeiten werden als Produktionsausfall in der Erlöskomponente erfaßt.

Ersatzkosten: Auch hier dürfen lediglich die variablen Teilekosten usw. angesetzt werden.

Produktionskosten: Variable Kosten wie Löhne, Material usw.

Lagerkosten: Die Fertiglagerkosten für eine Sorte in einer Zeiteinheit ergeben sich aus dem durchschnittlichen Lagerbestand der Sorte, multipliziert mit dem Lagerkostensatz pro Mengeneinheit und Zeiteinheit zusammen.

Für alle Sorten ergibt sich dann:

$$\sum_{\bar{s}} \left[(\text{Lagerbestand am Anfang } (l_{\bar{s}}) + \text{Lagerbestand am Ende der Zeiteinheit } (l_{\bar{s}}))/2 \right] \cdot LK_{\bar{s}}$$

mit $LK_{\bar{s}} = $ Lagerkostensatz $\left[GE/ME \cdot ZE \right]$ der Sorte $\bar{s}$.

Der Lagerbestand am Ende der Zeiteinheit bestimmt sich nach

$$\max \left\{ \begin{array}{l} \text{Lagerbestand am Anfang + Produktion - Absatz-} \\ \text{geschwindigkeit, } 0 \end{array} \right\}.$$

Die Erlöse und Kosten hängen somit einmal von der Art der am Anfang einer Zeiteinheit getroffenen Entscheidung ab und zum anderen von der Höhe der Lagerbestände. Für jede Entscheidungsvariable kann deshalb ein Gewinnkoeffizient

$$g_{s; t; l_1, l_2, \ldots, l_{\bar{s}}^{*}; s'; t'; l_1, l_2, \ldots, l_{smax}}$$

ermittelt werden.

Die Übergangswahrscheinlichkeiten werden aus den Ausfallraten des Verschleißteils errechnet. Da sich gegenüber den bisher behandelten Modellansätzen kein grundsätzlicher Unterschied ergibt, soll auf eine ausführlichere Darstellung verzichtet werden.

Kapitel VI

Ersatz- und Ersatzteilpolitik

Bei der Ableitung optimaler Ersatzstrategien wurde in den voraufgegangenen Kapiteln davon ausgegangen, daß die benötigten Ersatzteile in ausreichender Menge zur Verfügung stehen. Die Ersatzteilkosten selbst wurden in den Materialkosten der Ersatzpolitik erfaßt.

Häufig bildet aber die Beschaffungspolitik von Ersatzteilen einen eigenen Problemkreis, der nicht unabhängig von der Ersatzpolitik behandelt werden kann. Wird keine vorbeugende Ersatzpolitik betrieben, so konzentriert sich das Problem auf die Prognostizierung des künftigen Ersatzteilbedarfs anhand der Lebensdauerverteilungen.

Wird dagegen eine vorbeugende Ersatzpolitik betrieben, dann hängt der Ersatzteilbedarf von dem vorbeugenden Ersatzintervall ab. Wird bereits nach einer relativ kurzen Laufzeit ein Aggregatteil vorbeugend ausgewechselt, so ist der Ersatzteilbedarf höher als bei einem längeren Ersatzintervall. Andererseits kann auch die Ersatzpolitik von dem Bestand an Ersatzteilen abhängen. Soll z. B. ein Aggregat noch eine bestimmte Zeit im Einsatz bleiben, obwohl kein Ersatzteil mehr zur Verfügung steht, dann wird es vorteilhaft sein, das Aggregat auch dann weiter im Einsatz zu lassen, wenn der vorbeugende Ersatzzeitpunkt des Teiles erreicht ist.

Im folgenden soll zunächst die Prognose- und Entscheidungsstruktur einer Ersatzpolitik bei Ausfallersatz und anschließend die Struktur der Entscheidungsregel bei simultaner Ersatz- und Ersatzteilpolitik behandelt werden.

A. Ersatzteilpolitik bei Ausfallersatz

Ersatzteile können häufig nicht zu beliebigen Zeitpunkten zu gleichen Bedingungen beschafft werden. Gegenüber einer gleichzeitigen Bestellung von Aggregat und zugehörigen Ersatzteilen können bei späteren Bestellungen erheblich höhere Kosten und Lieferzeiten auftreten. Ein Grund dafür liegt z. B. darin, daß die Ersatzteile als Sonderanfertigung hergestellt werden müssen.

Der Investor muß deshalb entscheiden, wieviele Ersatzteile gleichzeitig mit dem Aggregat bestellt werden sollen, wobei die Vorteile der günstigeren Beschaffung gegen den Nachteil, daß mehr Ersatzteile bestellt werden als später effektiv benötigt werden, abgewogen werden müssen.

Auch wenn Ersatzteile nur zu festen Zeitpunkten bestellt werden können(1), stellt sich das gleiche Problem. Auf der einen Seite sind die möglichen Ausfallkosten bis zum nächsten Bestellpunkt bei einer zu geringen Ersatzteilbestellung zu betrachten. Auf der anderen Seite fallen bei einer zu hohen Bestellung zusätzliche Kosten der Kapitalbindung bzw. , wenn die Ersatzteile nur eine begrenzte Lagerfähigkeit besitzen, Kosten der Verschrottung an. Da in diesem Abschnitt als Ersatzpolitik lediglich der Ersatz nach Ausfall betrachtet wird und damit für die Laufzeitverteilungen der betrachteten Verschleißteile Exponentialverteilungen unterstellt werden sollen, wird die Ersatzpolitik nur insoweit von der Lagerpolitik beeinflußt, als bei fehlenden Ersatzteilen das Aggregat stillgelegt werden muß.

Als Ziel einer optimalen Ersatzteilpolitik kann einmal die Einhaltung eines bestimmten Zuverlässigkeitsniveaus gewählt werden - zum anderen auch die Minimierung eines Kostenerwartungswertes bzw. Maximierung eines Gewinnerwartungswertes.

I. Aggregat mit einem stochastisch ausfallenden Untersystem

Es wird ein Aggregat mit nur einem gemäß einer Exponentialverteilung ausfallenden Teil betrachtet, das nur eine bestimmte endliche Zeit $\left[0, T\right]$ eingesetzt werden soll. Dieser Fall ist nicht so selten anzutreffen, wie es auf den ersten Blick den Anschein hat. Häufig müssen für bestimmte Aufträge Spezialmaschinen angeschafft werden oder bei der Bestellung eines Aggregates muß seine Einsatzzeit bereits festliegen, weil zum Zeitpunkt T ein neuer Aggregattyp eingesetzt werden soll (2). Auch kann der Zeitraum $\left[0, T\right]$ die Differenz zwischen zwei festliegenden Bestellpunkten für Ersatzteile angeben.

---

1)   Die Lieferfirmen sind häufig bestrebt, mehrere Aufträge über Ersatzteile gleichzeitig auszuführen, um dadurch die Vorteile der Serienfertigung nutzen zu können, und geben deshalb bestimmte Bestelltermine vor.

2)   Die Zeitspanne $\left[0, T\right]$ kann auch als technische bzw. wirtschaftliche Nutzungsdauer des gesamten Aggregates interpretiert werden. Auf die Interdependenzen zwischen Ersatzteilpolitik und wirtschaftlicher Nutzungsdauer wird weiter unten eingegangen.

Als Problem stellt sich nun, wieviele Ersatzteile zum Zeitpunkt 0 bestellt werden sollen, wobei zunächst unterstellt wird, daß Nachbestellungen während des Zeitraumes nicht möglich sind. In einem zweiten Ansatz wird berücksichtigt, daß Nachbestellungen zwar möglich sind, aber höhere Beschaffungskosten verursachen.

a) Ableitung der Nachfrageverteilung für Ersatzteile im Intervall [0,T]

Um die Ausfallzeit eines Aggregates wegen fehlender Ersatzteile feststellen zu können, müssen sich die Betrachtungen auf die Ausfälle aller zur Verfügung stehenden Ersatzteile beziehen. Dabei sind zwei Zufallsvariablen von Bedeutung: Die Einsatzdauer t des gesamten Aggregates und die Zahl der Ausfälle N_T (d. h. der benötigten Ersatzteile) im Intervall $\left[0, T\right]$. Die Einsatzdauer des Aggregates ist beendet, wenn entweder alle r+1 Teile ausgefallen sind (3) oder der Zeitpunkt T erreicht ist.

Die Einsatzdauer t ist die Summe der Einsatzdauern der r+1 Teile, also die Zeit bis zum r+1-ten Ausfall:

$$(6.01) \qquad t = t_0 + t_1 + t_2 \ldots + t_r.$$

Sind die Verteilungen der Einsatzdauern der einzelnen Teile voneinander stochastisch unabhängig (4), kann die Verteilung $f^r(t)$ des Systems leicht ermittelt werden. Bei identisch exponentialverteilten Laufzeiten der Teile, d. h. $f_i(t) = f(t) = \lambda \cdot e^{-\lambda t}$, ist die Dichtefunktion der Laufzeit für r+1 Teile eine Gammaverteilung mit den Parametern r und λ (5):

$$(6.02) \qquad f^{r+1}(t) = \frac{\lambda \cdot (\lambda \cdot t)^r \cdot e^{-\lambda t}}{r!}$$

---

3) Damit wird unterstellt, daß zum Zeitpunkt 0 noch ein Teil im Aggregat in Betrieb ist und r die Zahl der Ersatzteile angibt.

4) Inwieweit diese Bedingung in der Realität erfüllt ist, kann nur eine Betrachtung im Einzelfall zeigen.

5) Zur Ableitung dieser Verteilung vgl. z. B. D. R. Cox, a. a. O. , S. 20; R. E. Barlow und F. Proschan, Mathematical Theory of Reliability, New York-London-Sydney 1967, S. 48 f. Da r ganzzahlig ist, entspricht die Verteilung einer Erlangverteilung. Gegenüber der Darstellung der Erlangverteilung (2.07) auf S. 46 ist zu beachten, daß in (2.07) das $\lambda = \frac{1}{T_a}$ sich bereits auf ein System von k Komponenten = r bezieht.

Strebt r gegen ∞ , geht die Gammaverteilung asymptotisch gegen eine Normalverteilung mit den Parametern: Mittelwert m und Streuung s^2 (6): $m = (r+1) \cdot \frac{1}{\lambda} = (r+1) \cdot Ta$; $s^2 = (r+1) \cdot \frac{1}{\lambda^2} = (r+1) \cdot Ta^2$. Nach dem zentralen Grenzwertsatz der Wahrscheinlichkeitstheorie gilt das asymptotische Verhalten auch für beliebig andere unabhängige Verteilungen mit endlicher Varianz (7).

Die Verteilung der Zahl der Ausfälle N_T in den Intervall $\left[0, T \right]$ wird in ähnlicher Weise ermittelt. Die Laufzeiten von identisch exponentialverteilten Teilen bilden einen Poissonprozeß mit der Rate λ , d. h. die Zufallsvariable N_T gehorcht einer Poissonverteilung mit dem Mittelwert T/Ta. Auch diese Verteilung geht für T $\longrightarrow \infty$ gegen eine Normalverteilung mit dem Mittelwert $m_N = T/Ta$ und der Varianz $s_N^2 = s^2 \cdot T/Ta^3$ (8). Im Fall der Exponentialverteilung mit s = Ta gelten demnach die Parameter der Grenzverteilung: $m_N = T/Ta$ und $s^2 = T/Ta$, d. h. diese Verteilung besitzt die bekannte Eigenschaft der Poissonverteilung: Varianz = Mittelwert.

Die Zufallsvariablen "Zahl der Ausfälle in $\left[0, T \right]$" und "Zeit bis zum r-ten Ausfall" stehen in einem engen Zusammenhang: Die Wahrscheinlichkeit, daß weniger als r Teile im Intervall $\left[0, T \right]$ ausfallen, ist gleich der Wahrscheinlichkeit, daß die Laufzeit t des gesamten Systems länger als T ist, d. h. $P(N_T < r) = P(t_r > T)$.

Für einen gegebenen Planungszeitraum T und gegebenen Parameter der Ausfallverteilung des betrachteten, gemäß einer Exponentialverteilung ausfallenden Teiles, ist damit die Verteilung des Bedarfs an Ersatzteilen $N_T - 1$ aufgestellt.

b) Optimale Anzahl von Ersatzteilen, wenn Nachbestellungen nicht möglich sind

Die Zahl der für ein Aggregat mit der Anschaffung gleichzeitig zu bestellenden Ersatzteile wird mit r bezeichnet. Da in dem Aggre-

---

6)   Vgl. D. R. Cox, a. a. O. , S. 28 und S. 48.

7)   Vgl. z. B. W. Feller, An Introduction to Probability Theory and its Applications, Vol. I, Sec. Ed. , New York-London 1957, S. 253. Die Güte der Anpassung der asymptotischen Normalverteilung an die effektive Verteilung des Systems kann mit Hilfe von Anpassungstests oder an Hand des Vergleichs höherer statistischer Momente geprüft werden.

8)   Vgl. W. Feller, a. a. O. , S. 198 und S. 310; F. Weinberg, Grundlagen der Wahrscheinlichkeitsrechnung und Statistik sowie Anwendungen im Operations Research, Berlin- Heidelberg - New York 1968, S. 114.

gat selbst ein Teil enthalten ist, stehen insgesamt r+1 Teile für den gesamten vorgegebenen Planungszeitraum T zur Verfügung. Die Dichte-, Verteilungs- und Zuverlässigkeitsfunktion des Systems wird mit $f^r(t)$, $Fr(t)$ und $R^r(t)$ bezeichnet.

Die erwartete produktive Zeit des Systems ist dann gleich $\int_0^T R^r(t)dt$ und entsprechend der erwartete Bruttogewinn bei einer Deckungsspanne pro Zeiteinheit von g gleich $g \cdot \int_0^T R^r(t)dt$.

Die Ersatzteilkosten sind gleich $r \cdot c_1$, da die Anschaffungskosten eines Ersatzteils gleich c_1 sind. Ein nicht eingesetztes Ersatzteil kann am Ende des Planungszeitraumes nicht weiterverwendet werden. Von einer detaillierten Betrachtung der Lagerkosten wird zunächst abgesehen. Damit ergibt sich die Gewinngleichung:

$$(6.03) \qquad E(G(r, T)) = g \int_0^T R^r(t)dt - r \cdot c_1$$

bzw. die äquivalente Beziehung:

$$(6.04) \qquad \frac{E(G(r, T))}{c_1} = \frac{g}{c_1} \int_0^T R^r(t)dt - r.$$

Für unterschiedliche Gewinn-Kosten-Verhältnisse g/c_1 und unterschiedliche Planungszeiträume ist die Zahl der hinsichtlich dieses Gewinnerwartungswertes $E(G(r, T))$ optimalen Ersatzteile in Abbildung (6.01) eingezeichnet. Da nur ganzzahlige r-Werte zulässig sind, mußten die Werte der Zeichnung mit Hilfe eines numerischen Verfahrens ermittelt werden (9).

Abbildung (6.01) ist so allgemein gehalten, daß sie für beliebige mittlere Laufzeiten Ta angewandt werden kann. Deshalb wird der Planungszeitraum T auf der Abszisse in Einheiten der mittleren

---

9)   Die Werte der Zeichnung wurden mit Hilfe eines ALGOL-Programms errechnet. Zunächst wurde in einer Art Tabelle für vorgegebene T und r der Ausdruck
$\int_0^T R^r(t)dt$ ermittelt und anschließend für alternative g/c_1 das
optimale r errechnet. Die Zuverlässigkeitsfunktion $R^r(t) = P(t^* > t)$ folgt dabei einer Gammaverteilung bzw. Erlangverteilung, d.h. die einzelnen Teile haben eine exponentialverteilte Laufzeit.

Laufzeit Ta angegeben. Auf der Ordinate ist die Zahl der Ersatzteile in Einheiten der durchschnittlichen Zahl der Ausfälle (T/Ta) abgetragen.

Das Gewinn-Kosten-Verhältnis $\frac{g}{c_1}$ wurde mit Ta multipliziert zu $q = Ta \cdot g/c_1$. Damit kann für Laufzeitverteilungen mit unterschiedlichem Parameter Ta, für unterschiedliche $\frac{g}{c_1}$ -Verhältnisse und unterschiedliche Planungszeiträume T die gewinnoptimale Zahl von Ersatzteilen ermittelt werden. Die durchgezogenen Hyperbeln geben für die Anzahl von Ersatzteilen $r=1$ bis $r=9$ den Quotienten $r/(T/Ta) = r \cdot Ta/T$ wieder. Die gestrichelten Linien gelten jeweils für ein bestimmtes Gewinn-Kosten-Verhältnis $q = g \cdot Ta/c_1$ und geben für einen Planungszeitraum T/Ta die optimale Anzahl zu bestellender Ersatzteile an. Wegen der geforderten Ganzzahligkeit der Bestellmenge sind nur Größen zulässig, die auf einer der durchgezogenen Hyperbeln liegen. Deshalb muß jeweils für gegebenen Planungszeitraum T/Ta und gegebenes q diejenige optimale ganzzahlige Anzahl von Ersatzteilen bestellt werden, die erstens auf einer durchgezogenen Linie liegt und sich zweitens unterhalb oder auf der gestrichelten Linie des zugehörigen q-Wertes befindet. Der Schnittpunkt zwischen einer gestrichelten und einer durchgezogenen Linie gibt jeweils an, ab welchem Planungszeitraum T/Ta für ein gegebenes q-Verhältnis ein Ersatzteil mehr bestellt werden soll. Die Zwischenräume zwischen den Schnittpunkten auf einer gestrichelten Linie sind bei großen q-Werten kleiner als bei niedrigeren Gewinn-Kosten-Verhältnissen. Bei niedrigen Gewinn-Kosten-Verhältnissen wird wegen der relativ hohen Ersatzteilkosten also nur bei größeren Sprüngen des Planungszeitraumes die Zahl der Ersatzteile erhöht.

Bei der Ableitung der Werte für Abb. (6.01) hat sich herausgestellt, daß für einen gegebenen q-Wert in den Schnittpunkten der gestrichelten Linie jeweils die g l e i c h e Zuverlässigkeit $R^r(t)$ eingehalten wird, die allerdings für Planungszeiträume zwischen den Schnittpunkten absinkt. An jede gestrichelte Linie ist diese optimale Zuverlässigkeit R eingetragen; wegen der Ganzzahligkeit von r kann diese aber nur in den Schnittpunkten realisiert werden.

Weiter läßt die Abbildung folgende Tendenzen deutlich werden:

1. Die auffälligste Eigenschaft der gestrichelten Verbindungslinien gleicher Zuverlässigkeiten ist, daß bei hohen Zuverlässigkeiten mit wachsendem Planungszeitraum T/Ta die relative Zahl $r \cdot Ta/T$ der benötigten Ersatzteile sinkt, während sich bei niedrigen Zuverlässigkeiten der umgekehrte Effekt zeigt.

r·T/Ta
T/Ta
r=2
r=3
r=4
r=5
r=6
r=7
r=8
r=9
q=200;R=0,995
q=100;R=0,990
q=60;R=0,983
q=40;R=0,975
q=20;R=0,949
q=15;R=0,933
q=10;R=0,899
q=6;R=0,831
q=4;R=0,799
q=2;R=0,499
0,5
1,0
1,5
2,0
2,5
3,0
3,5
4,0
0
0,5
1,0
1,5
2,0
2,5
3,0
3,5
4,0
4,5
5,0

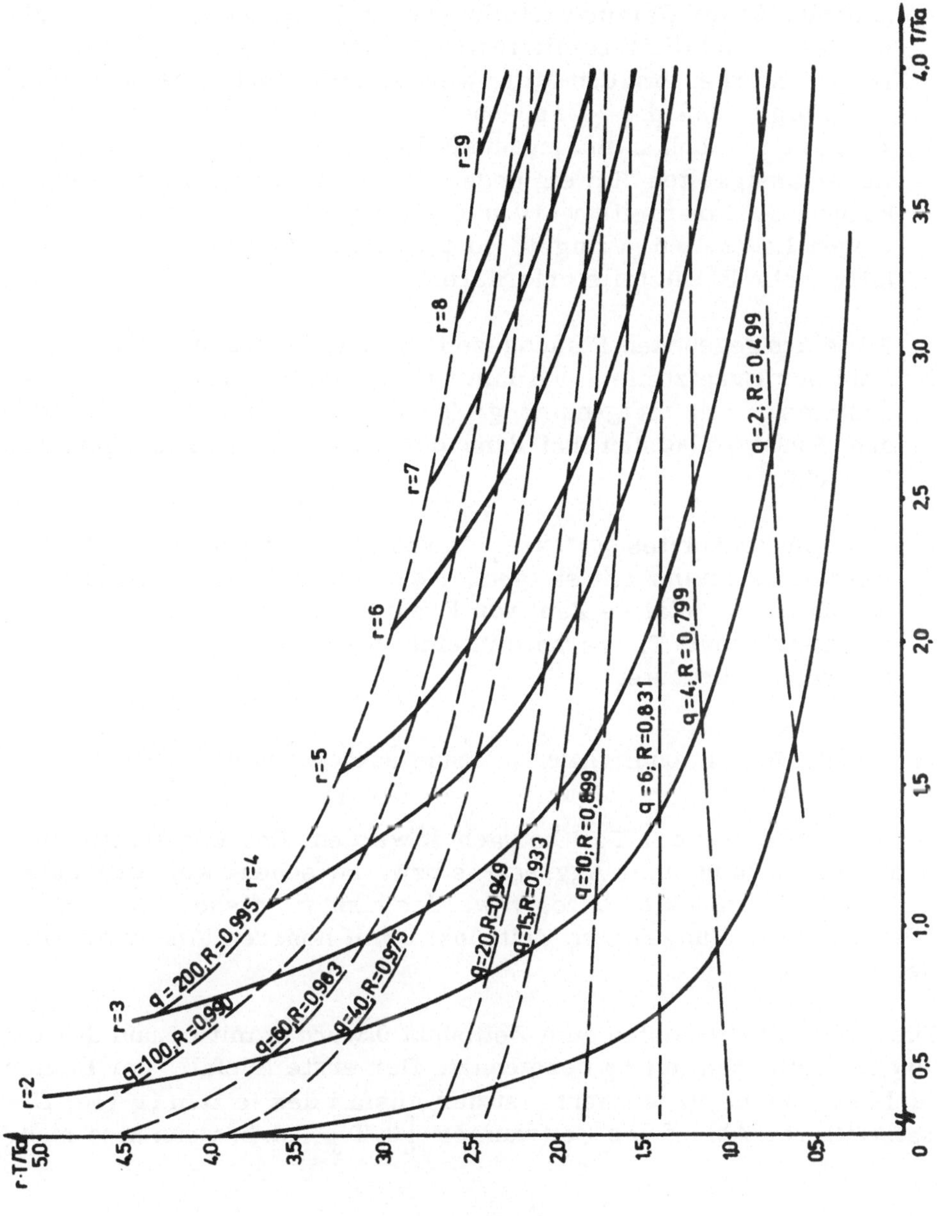

Abb. (6.01)

Diese Effekte sind auf die mit steigendem r abnehmende Variabilität (10) der Gammaverteilungen zurückzuführen. Die Abnahme des Variabilitätskoeffizienten besagt, daß sich die Verteilung relativ stärker um den Mittelwert konzentriert. Das hat einmal zur Folge, daß die - insbesondere bei Gammaverteilungen mit kleinem r - hohen Anfangsausfälle verschwinden, so daß hohe Zuverlässigkeiten für ein gegebenes T leichter erreicht werden können. Andererseits werden auch die Häufigkeiten der relativ langen Laufzeiten geringer, so daß kleine Zuverlässigkeiten relativ mehr Ersatzteile erfordern.

2. Für einen gegebenen Planungszeitraum T/Ta nimmt die optimale Zahl der Ersatzteile - und damit die optimale Zuverlässigkeit des Systems - mit steigendem $g \cdot Ta/c_1$-Verhältnis zu. Gegenüber den Ersatzteilkosten hat dann der Gewinnentgang ein höheres Gewicht.

3. Für ein konstantes $g \cdot Ta/c_1$-Verhältnis und konstantes T/Ta-Verhältnis nimmt mit steigender durchschnittlicher Laufzeit Ta ebenfalls die relative Zahl von Ersatzteilen zu, da steigendes Ta bei gleichem T/Ta-Verhältnis eine Verlängerung des Planungszeitraumes bedeutet.

c) Optimale Anzahl von Ersatzteilen, wenn Nachbestellungen erlaubt sind

Im folgenden soll der Fall betrachtet werden, daß Ersatzteile auch nach Anschaffung eines Aggregates bzw. zwischen zwei vorgegebenen Bestellzeitpunkten bezogen werden können, dieses aber gegenüber den Bestellungen zum Zeitpunkt 0 mit höheren Kosten verbunden ist (11).

Die Beschaffungskosten zum Zeitpunkt 0 werden mit c_1 und die der Nachbestellungen mit c_2 bezeichnet. Der erste Ausfall, der Kosten in Höhe von c_2 verursacht, ist der Ausfall des letzten (r-ten) Ersatzteils vor Ablauf des Zeitraumes $\left[0, T\right]$, d. h. wenn also mehr

---

10) Der Variabilitätskoeffizient Va ist definiert als der Quotient aus Standardabweichung und arithmetischem Mittel und folgt hier dem Ausdruck

$$Va = \sqrt{\sum_{j=1}^{r} s_j^2 \Big/ \sum_{j=1}^{r} Ta_j} \,.$$

11) Der Zeitpunkt 0 ist entweder der Anschaffungszeitpunkt des Aggregates oder ein vorgegebener Bestellpunkt.

als r+1 Teile benötigt werden. Dann ergibt sich für den Kostenerwartungswert des Zeitraumes $\left[0, T\right]$ (12):

$$(6.05) \qquad E(K\left[0, T\right]) = r \cdot c_1 + \sum_{N=r+2}^{\infty} (N-r-1) \cdot c_2 \cdot f_T(N)$$

$f_T(N)$ gibt die Zahl der Ausfälle in $\left[0, T\right]$ an und ist z.B. für Teile mit identisch exponentialverteilten Laufzeiten eine Poissonverteilung mit dem Parameter $\lambda = 1/Ta$. Liegt eine differenzierbare Verteilung vor (z. B. eine Normalverteilung), so kann die optimale Anzahl der am Anfang zu bestellenden Ersatzteile nach den üblichen Regeln der Differentialrechnung leicht ermittelt werden:

$$(6.06) \qquad E(K\left[0, T\right]) = r \cdot c_1 + \int_{r+1}^{\infty} (N-r-1) \cdot c_2 \cdot f_T(N) \cdot dN$$

$$(6.07) \qquad \frac{dE(K\left[0, T\right])}{dr} = c_1 - c_2 + c_2 \cdot F_T(r+1) = 0$$

$$(6.08) \qquad \frac{c_1}{c_2} = 1 - F_T(r+1).$$

Die rechte Seite $1 - F_T(r+1)$, die Zuverlässigkeit, gibt die Wahrscheinlichkeit an, daß mehr als r+1 Teile in $\left[0, T\right]$ benötigt werden. Je größer die Kosten einer Nachbestellung gegenüber c_1 sind, desto kleiner wird diese Wahrscheinlichkeit angesetzt.

II. Ersatzteilpolitik für mehrere Aggregate mit identischen Untersystemen

Häufig werden in einem Industrieunternehmen gleichartige Untersysteme in mehreren Aggregaten eingesetzt. Das kann z. B. der Fall sein, wenn mehrere gleichartige Maschinen nebeneinander eingesetzt werden oder wenn unterschiedliche Aggregate einer Herstel

---

12) Da Erlöseinbußen während der Ersatzzeiten in den Kosten c_1 bzw. c_2 erfaßt sind, kann als Zielsetzung die Kostenminimierung angesetzt werden. Gegenüber dem Ansatz (6.03) wird das Aggregat vor T nicht stillgelegt.

lerfirma vorhanden sind, die nach dem Baukastensystem aus bestimmten Teilsystemen zusammengesetzt sind.

Wenn eine derartige Situation vorliegt, daß ein Ersatzteiltyp an mehreren Stellen eingesetzt wird, kann für diese eine zentrale Ersatzteillagerung und Beschaffungspolitik betrieben werden.

Die Ausfallverteilung der Teile kann wegen der unterschiedlichen Belastung von Einsatzplatz (Aggregat) zu Einsatzplatz verschieden sein. Zunächst soll aus Gründen der Einfachheit davon ausgegangen werden, daß die Ausfallverteilungen der parallel eingesetzten Untersysteme identisch sind. Um die Auswirkungen einer zentralen Ersatzteilpolitik untersuchen zu können, werden die parallel eingesetzten Teile als e i n System aufgefaßt, für das zunächst die Ausfallverteilung abgeleitet wird.

a) Ableitung der Ausfallverteilung des Systems

Um die Nachfrage nach Ersatzteilen des Systems zu ermitteln, wird der überlagerte Ausfallprozeß betrachtet, der sich aus der Zusammenfassung der parallel eingesetzten Teile ergibt.

Wenn die Lebensdauerverteilungen der einzelnen Teile voneinander unabhängig sind - von dieser Vorausetzung wird ausgegangen -, so ergibt sich die Anzahl N_T^p der in dem Intervall $\left[0, T\right]$ benötigten Ersatzteile für p parallel eingesetzte Teile aus:

$$(6.09) \qquad N_T^p = N_T^{(1)} + N_T^{(2)} + \ldots + N_T^{(p)}; \text{ mit } N_T^{(i)} = \text{ Zahl der im}$$

$$\text{Intervall } \left[0, T\right] \text{ benötigten Teile an der Einsatzstelle i}$$

Bei der Ableitung der Nachfrage nach Ersatzteilen bei einem Aggregat wurde gezeigt, daß die Zahl der in $\left[0, T\right]$ benötigten Teile poissonverteilt ist mit dem Mittelwert T/Ta. Unter Zuhilfenahme dieses Ergebnisses gilt für den überlagerten Prozeß, daß der Mittelwert und die Varianz das p-fache gegenüber dem einfachen Prozeß sind (13). Das bedeutet: die Zahl der benötigten Ersatzteile im Intervall $\left[0, T\right]$ ist poissonverteilt mit dem Mittelwert $p \cdot T/Ta$,

---

13)   Vgl. z. B. H. Störmer, Mathematische Theorie der Zuverlässigkeit, München 1970, S. 75 f.

und die Zeit t_r^p bis zum r-ten Ausfall folgt einer Erlangverteilung mit dem Phasenwert r und dem asymptotischen Mittelwert Ta $\cdot$ r/p (14).

Die Zuverlässigkeit R_T^p des gesamten Systems ist die Wahrscheinlichkeit, daß nicht mehr als r Teile in dem Intervall $\left[0, T\right]$ ausfallen, d.h. es gilt $P(N_T^p \leq r)$ bzw. $P(t_r^p \geq T)$. Diese Zuverlässigkeit R_T^p bezieht sich auf alle p parallel eingesetzten Aggregate und $1 - R_T^p$ ist damit die Wahrscheinlichkeit, daß m i n d e s t e n s ein Ersatzteil fehlt.

Der überlagerte Ersatzprozeß stellt damit die Nachfrage nach Ersatzteilen dar, wenn von einem zentralen Ersatzteillager ausgegangen wird, zu dem alle Aggregate Zugriff besitzen (15). Auch hier zeigt sich wie bei der Ableitung der Nachfrage nach Ersatzteilen im vorigen Abschnitt für hintereinander eingesetzte Teile, daß eine Degression der Ersatzteile pro Aggregat mit zunehmendem Ausdruck p $\cdot$ T einsetzt (16). Dieser Effekt bedeutet, daß für einen konstanten Planungszeitraum und eine konstante Zuverlässigkeit die Zahl der pro Aggregat benötigten Ersatzteile mit steigendem p abnimmt, wenn ein zentrales Ersatzteillager eingerichtet ist.

Ein einfaches Beispiel mag diesen Effekt verdeutlichen: Es werden zwei Aggregate betrachtet, die parallel eingesetzt sind. Für einen Planungszeitraum von 4 Zeiteinheiten stehen außer den in den Aggregaten befindlichen Teilen insgesamt weitere 2 Ersatzteile zur

---

14) Sowohl N_T^p als auch t_r^p gehen für große T bzw. r asymptotisch gegen eine Normalverteilung. Vgl. D. R. Cox, a. a. O. , S. 82. Vgl. auch die Berichtigung eines Druckfehlers bei Cox von H. Schneeweiß in Ablauf- und Planungsforschung, Bd. 8 (1967), S. 583.

15) Entscheidend für die folgenden Ausführungen ist nicht, ob ein Ersatzteillager im räumlichen Sinn zentral eingerichtet ist, sondern ob es allen p Nachfrageeinheiten zur Verfügung steht. Auf Probleme einer dezentralen Ersatzteilorganisation gehen ein: J. W. Johnson, On Stock Selection at Spare Parts Stores Sections, in: Nav. Res. Log. Qu. Vol. 9 (1962), S. 49-59; H. Boothroyd und R. C. Tomlinson, The Stock Control of Engineering Spares - A Case Study, in: O. R. Q. Vol. 14 (1963), S. 317-332; W. Lampkin und A. D. L. Flowerdew, On a multiple re-order point inventory policy, in: O. R. Q. , Vol. 12 (1961), S. 187-190.

16) Vgl. dazu Abb. (6.01). Die Nachfragefunktionen unterscheiden sich in den beiden Abschnitten nicht, wenn in den beiden Ausdrücken T/Ta und p $\cdot$ T/Ta gleich sind.

Verfügung. Die Teile haben jeweils mit einer Wahrscheinlichkeit von
0. 4 eine Lebensdauer von einer Zeiteinheit und fallen mit einer
Wahrscheinlichkeit von 0. 6 nach 4 Zeiteinheiten aus.

Um den Unterschied zwischen einer dezentralen und einer zentralen
Lagerorganisation zu zeigen, soll für die beiden Fälle die Zuverlässigkeit errechnet werden.

Im Falle einer dezentralen Lagerhaltung ist jedem Aggregat genau
ein Ersatzteil zugeteilt, das von dem anderen Aggregat nicht in Anspruch genommen werden darf.

Die Wahrscheinlichkeit, daß kein Aggregat vor dem Ende des Planungszeitraumes ausfällt, ergibt sich dann aus dem Produkt der Zuverlässigkeiten beider Aggregate.

Die Zuverlässigkeit eines einzelnen Aggregates ist gleich 1 abzüglich
der Wahrscheinlichkeit, daß beide Teile ausfallen, und ist damit
gleich 1 - 0. 4 · 0. 4 = 0. 84. Die Zuverlässigkeit beider Aggregate
ist mithin gleich 0. 7056.

Im Falle eines zentralen Lagers kann ein Aggregat auch nach Ausfall des eingebauten Teils und eines Ersatzteils weiterbetrieben
werden, wenn das zweite Ersatzteil von dem zweiten Aggregat nicht
benötigt wird. Insgesamt errechnet sich die Wahrscheinlichkeit, daß
mindestens ein Aggregat ausfällt und wegen fehlender Ersatzteile
nicht weiter betrieben werden kann, aus folgenden Fällen:

a) Aggregat 1 hat zuwenig Ersatzteile:

 (1) Bei Aggregat 1 fallen 2 Teile nach jeweils 1 Zeiteinheit aus;
  bei Aggregat 2 fällt das erste Teil nach 1 Zeiteinheit aus, so
  daß für das erste Aggregat kein weiteres Ersatzteil zur Verfügung steht.
  Wahrscheinlichkeit: 0. 4 · 0. 4 · 0. 4 = 0. 0640

 (2) Bei Aggregat 1 fallen 3 Teile nach jeweils 1 Zeiteinheit aus,
  wobei beim zweiten Aggregat das erste Teil erst nach 4 Zeiteinheiten ausfallen darf.
  Wahrscheinlichkeit: 0. 4 · 0. 4 · 0. 4 · 0. 6 = 0. 0384

b) Aggregat 2 hat zuwenig Ersatzteile:

 (1) Bei Aggregat 2 fallen 3 Teile nach jeweils 1 Zeiteinheit aus,
  wobei beim ersten Aggregat das erste Teil nach 4 Zeiteinheiten ausfällt.
  Wahrscheinlichkeit: 0. 4 · 0. 4 · 0. 4 · 0. 6 = 0. 0384

(2) Beim zweiten Aggregat fallen 2 Teile nach jeweils 1 Zeiteinheit aus; bei Aggregat 1 fällt das erste Teil nach 1 Zeiteinheit,
das zweite Teil nach 4 Zeiteinheiten aus.
Wahrscheinlichkeit: $0.4 \cdot 0.4 \cdot 0.4 \cdot 0.6 = \underline{0.0384}$
$$\underline{\underline{0.1792}}$$

Die Zuverlässigkeit des Systems ist mit 0.8208 bei einer zentralen
Ersatzteilpolitik gegenüber 0.7056 damit erheblich größer.

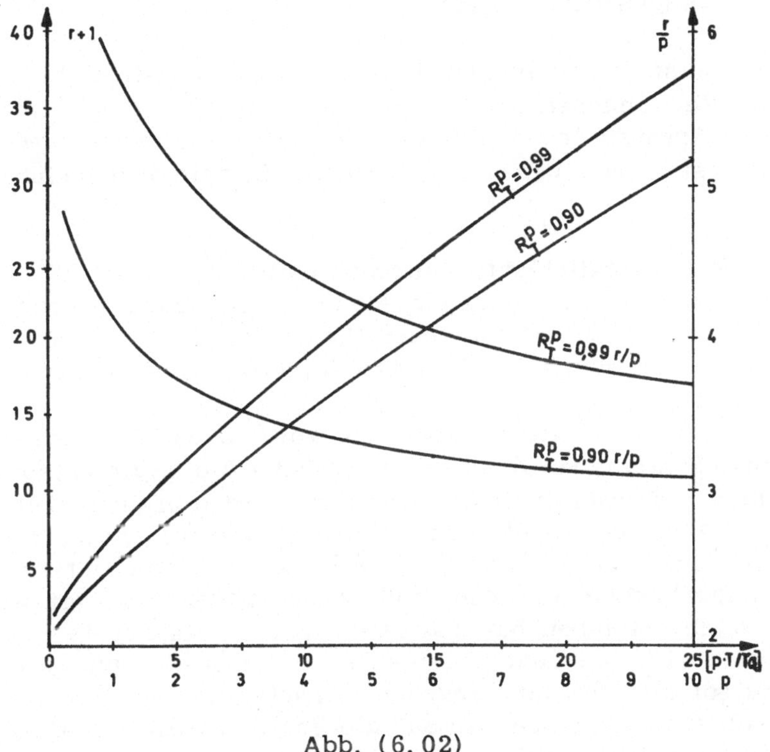

Abb. (6.02)

In Abb. (6.02) ist die Zahl der benötigten Ersatzteile r für die Zuverlässigkeiten $R_T^p = 0.90$ und $R_T^p = 0.99$ in Abhängigkeit von der Zahl
parallel eingesetzter Systeme für identisch exponentialverteilte
Laufzeiten eingetragen. Sie errechnet sich nach der Beziehung:

$R_T^p = P(N_T^p < r+1)$; der r+1-te Ausfall kann bei r Ersatzteilen nicht
mehr behoben werden. Für die mittlere Laufzeit Ta eines Teiles
werden 40 Zeiteinheiten angesetzt - der betrachtete Planungszeitraum beträgt 100 Zeiteinheiten (17). Damit ist der Parameter des
Poissonprozesses gleich $\bar{\lambda} = p/Ta = p/40$.

---

17) Die Abbildung ist auch für andere Parameter gültig, die zu
dem gleichen Ausdruck p · T/Ta führen.

Aus dem Verlauf der Funktionen geht hervor, daß mit zunehmender Zahl parallel eingesetzter Systeme die Zahl der benötigten Ersatzteile mit abnehmenden Zuwachsraten ansteigt. Besonders deutlich wird dieser Degressionseffekt bei der zugehörigen Funktion r/p, also der Zahl der pro System benötigten Ersatzteile. Diese Funktionen sind ebenfalls eingetragen, wobei der entsprechende Maßstab rechts abzulesen ist.

b) Bestimmung der optimalen Anzahl von Ersatzteilen
   für ein zentrales Ersatzteillager

Sind die Ausfallverteilungen des überlagerten Systems bei mehreren parallel eingesetzten Teilen ermittelt, kann die optimale Anzahl von Ersatzteilen und damit die optimale Zuverlässigkeit analog der Bestimmung bei einem isolierten System durchgeführt werden.

Besteht keine Möglichkeit, während des Intervalls $[0, T]$ Ersatzteile nachzubestellen, muß ein Modellansatz entsprechend (6.03) gewählt werden (18), sind dagegen Nachbestellungen - wenn auch zu höheren Kosten - möglich, gilt ein Modellansatz entsprechend (6.06).

Im folgenden soll davon ausgegangen werden, daß die Zuverlässigkeit eines Systems vorgegeben ist, so daß lediglich die entsprechende Zahl von Ersatzteilen bestimmt zu werden braucht (19). Diese kann aus Abbildung (6.02) leicht ermittelt werden. Aus ihr kann z. B. abgelesen werden, um wieviele Ersatzteile eine Unternehmung ihren Lagerbestand erhöhen muß, wenn es bisher 5 Aggregate nebeneinander betrieben hat und nun 5 gleiche Aggregate zusätzlich anschaffen will. Die Zuverlässigkeit war für die 5 Aggregate gleich 0.99 und soll auch für das vergrößerte System gelten. Der Ausdruck T/Ta soll gleich 2,5 sein, so daß die Zahlen direkt aus Abb. (6.02) abgelesen werden können.

Für p=5 müssen bei $R_{100}^{5} = 0.99$ genau 22 Ersatzteile bereitgestellt

---

18) Formeln zur Berechnung der Laufzeiten für parallel eingesetzte Teile mit exponentialverteilter Laufzeit, die berücksichtigen, daß sich nach jedem ausgefallenen und nicht ersetzten Teil die Grundgesamtheit des Systems ändert, sind von D. R. Wilken und E. S. Langford, O. R. Vol. 14 (1965), S. 731-732, entwickelt worden.

19) Von vorgegebener Zuverlässigkeit auszugehen, entspricht einer vielfach geübten Vorgehensweise der Praxis, da die schwierige Bestimmung der Größen: Gewinnentgang, Verlust an akquisitorischem Potential bei Lieferverzögerungen nicht im einzelnen erforderlich ist.

werden. Bei p=10 ist der entsprechende Wert gleich 38, so daß für die zusätzlichen 5 Aggregate lediglich 16 Ersatzteile zusätzlich beschafft werden müssen.

Mit diesem Beispiel wird bereits die Beziehung zwischen der Investitionspolitik und der Ersatzteilbereitstellung berührt, auf die im folgenden näher eingegangen werden soll.

c) Der Einfluß von Ersatzteilkosten auf Investitionsentscheidungen

Wie in Abb. (6.02) gezeigt wurde, nimmt mit steigender Aggregatzahl die für eine vorgegebene Zuverlässigkeit erforderliche Anzahl von Ersatzteilen pro Aggregat ab. Dieser Effekt kann erheblichen Einfluß auf die Investitionspolitik einer Unternehmung ausüben. So ist zu beobachten, daß sich Unternehmen häufig bezüglich ihrer Produktionsanlagen auf einen bestimmten Anlagentyp bzw. eine bestimmte Herstellfirma festgelegt haben, um dadurch die Vorteile einer gemeinsamen Ersatzteilhaltung auszunutzen (20). Bei der Beurteilung der Vorteilhaftigkeit eines Investitionsobjektes müssen deshalb auch die Wirkungen des Investitionsobjektes auf die gegenwärtige und zukünftige Ersatzteilpoltik beachtet werden.

Damit ergeben sich ähnliche Interdependenzen zwischen der Vorteilhaftigkeit von Investitionsobjekten über die Ersatzteilkosten, wie sie von Jacob bezüglich der Produktionskosten, der Kapazität, Finanzierung und Absatzsituation herausgearbeitet worden sind (21).

Im einzelnen hängt für eine gegebene Zuverlässigkeit des Betriebes die Zahl der für ein Investitionsobjekt benötigten Ersatzteile davon ab,

a) wieviele der bereits im Betrieb vorhandenen Aggregate Ersatzteile der gleichen Art benötigen und wieviele Teile bereits gelagert werden;

b) wieviele Aggregate gleichzeitig angeschafft werden, die ebenfalls Ersatzteile dieses Typs benötigen.

In beiden Fällen wird der Degressionseffekt wirksam. Da sich die Interdependenzen zu dem bestehenden Produktionsapparat bzw. zu den gleichzeitig anzuschaffenden Aggregaten auf den Zeitpunkt der Anschaffung des Aggregates beziehen, sollen sie nach Jacob als zeitlich horizontale Interdependenzen bezeichnet werden.

---

20)   Besonders ausgeprägt ist dieses Vorgehen bei Luftverkehrsunternehmen. Vgl. J. Hormann, a.a.O.

21)   Vgl. H. Jacob, Neuere Entwicklungen, a.a.O.

Weiterhin muß bei der Anschaffung von Aggregaten mit Ersatzteilen eines neuen Typs beachtet werden, ob später weitere Aggregate angeschafft werden sollen, die den gleichen Ersatzteiltyp benötigen. Für die zusätzlichen Aggregate würden sich dann die Ersatzteilkosten erheblich verringern.

Ebenso kann mit dem Ablauf der Nutzungszeit eines bereits im Betrieb vorhandenen Aggregattyps das dafür bestehende Ersatzteillager aufgelöst werden und somit der Degressionseffekt für jetzt investierte Aggregate fortfallen.

Diese Abhängigkeiten zwischen den Ersatzteilkosten und der Investitionspolitik sollen in Anlehnung an Jacob als zeitlich vertikale Interdependenzen bezeichnet werden.

Die hier dargestellten Effekte können dazu führen, daß eine anhand ihrer Anschaffungskosten vorteilhaftere Investition bei Betrachtung der Ersatzteilkosten gegenüber einem anderen Investitionsobjekt unvorteilhaft wird.

III. Ersatzteilpolitik für Aggregate mit verbundenen Teilen

Befinden sich an einem Aggregat mehrere Teile mit stochastischem Ausfallverhalten, wobei der Ausfall eines Teiles den Ausfall des gesamten Aggregates bedeutet, muß die Ersatzteilpolitik für alle Teile gleichzeitig bestimmt werden. Im Fall, daß die Ausfallverteilungen der einzelnen Teile voneinander stochastisch unabhängig sind, wird die Zuverlässigkeit R(t) des Aggregates als Produkt der Zuverlässigkeiten R_i(t) der einzelnen Systemkomponenten (i = 1, 2, ... p) errechnet:

$$(6.10) \qquad R(t) = \prod_{i=1}^{p} R_i(t).$$

Besteht ein System aus p **gleichartigen** Ausfallteilen, für die außer den eingebauten Teilen r Ersatzteile bereitgestellt werden, so ist das gesamte System ausgefallen, wenn r+1 Teile ausgefallen sind.

Die Zeit bis zum (r+1)-ten Ausfall ist bei identisch exponentialverteilten Laufzeiten der einzelnen Teile gammaverteilt, so daß auch die Zuverlässigkeitsfunktion explizit angegeben werden kann. Die Zahl der im Intervall $\left[0, T\right]$ ausfallenden Teile folgt einer Poissonverteilung (22). Damit ergeben sich formal die gleichen Ausdrücke wie sie oben für unabhängige Systeme abgeleitet worden sind (23), und bei gleichartigen Komponenten auch die Vorteile der Ersatzteildegression. Bei unabhängigen Teilen bedeutete aber der (r+1)-te Ausfall nicht den Ausfall des gesamten Systems von Aggregaten, sondern lediglich den Stillstand des betreffenden einen Aggregates - die anderen Aggregate konnten bis zum Ende der Laufzeit ihres Ausfallteils weiterbetrieben werden.

Wenn ein Aggregat mehrere unterschiedliche Teile enthält, müssen für das Aggregat für die einzelnen Teile getrennte Ersatzteillager eingerichtet werden, und die Zuverlässigkeit des Systems kann für gegebene Verteilungen nicht mehr in Abhängigkeit von nur einem Parameter - r - angegeben werden, sondern errechnet sich entsprechend der Formel (6. 10) aus den einzelnen Zuverlässigkeiten $R_i(t)$. Die Zuverlässigkeitsfunktion $R_i(t)$ eines einzelnen Teils wird dabei jeweils aus dem bereits bekannten Ausdruck

$$(6.11) \qquad R_i(t) = P\,(N_t^{(i)} \le r_i)$$

bestimmt.

Zur Bestimmung des optimalen Ersatzteillagerbestandes für ein Aggregat mit mehreren unterschiedlichen Teilen sind in der Literatur mehrere Modellansätze entwickelt worden. Sie basieren vor allem auf einem Modellansatz der Dynamischen Optimierung von Bellman und Dreyfus (24), bei dem die Zuverlässigkeit eines Systems maximiert wird unter Einhaltung eines gegebenen Finanzbudgets und einer vorgegebenen Lagerkapazität (angegeben z.B. in Gewichtseinheiten).

---

22)   Vgl. dazu die Ableitungen bei G. B. Mohr, a. a. O. , S. 175 ff und 68 ff; D. F. Morrison und H. A. Davis, The Life Distribution and Reliability of a System with Spare Components, in: Annals of Math. and Stat. Vol. 31 (1960), S. 1084-1094. Vgl. auch D. F. Morrison, Cost Functions for Systems with Spare Components, in: O. R. Vol. 9 (1961), S. 688-694; J. M. Goodwin und E. W. Giese, Reliability of Spare Part Support for a Complex System with Repair, in: O. R. Vol. 13 (1965), S. 413-423.

23)   Vgl. oben S. 160 ff.

24)   Das Modell wurde zunächst in einem Aufsatz vorgestellt; vgl. R. Bellman und St. Dreyfus, Dynamic Programming and the Reliability of Multicomponent Devices, in: O. R. Vol. 6 (1958), S. 200-206, und später geringfügig modifiziert in dem Buch

Für den Fall, daß die Zuverlässigkeit unter Beachtung der Erlös- und Kostenwirkungen optimiert werden soll, kann der Ansatz von Bellman und Dreyfus erweitert werden:

Der Gewinn G_T eines Systems für eine vorgegebene Zeit T ergibt sich aus der Differenz aus Erlösen und Kosten in Abhängigkeit von der Zuverlässigkeit R; d. h. wenn der Deckungsbeitrag pro ZE g proportional der Zuverlässigkeit R ist, r_i die Zahl der Ersatzteile vom Typ i und c_i die Kosten eines Ersatzteils vom Typ i angeben, wird der Gewinn nach (6. 12) errechnet:

$$(6.12) \qquad G_T = R(T) \cdot g - \sum_{i=1}^{p} r_i \cdot c_i,$$

wobei R sich gemäß den Formeln (6. 10) und (6. 11) bestimmt. Zur Bestimmung der optimalen Lösung eignet sich die Methode der Dynamischen Optimierung. Die Zielfunktion muß dazu in eine Rekursionsbeziehung umgeformt werden. Als Stufen des Prozesses werden die Ersatzteilarten definiert.

Mit $F_i(R)$ wird der Gewinn der i-ten Stufe für die Zuverlässigkeit R bezeichnet, mit $R_i(r_i)$ die Zuverlässigkeit des Teils i bei einem Ersatzteillager von r_i Mengeneinheiten und mit $\bar{r}_i$ die vom Typ i maximal zu beziehenden Teile. Daraus folgt die Rekursionsbeziehung für die Stufen i = 1, 2, ... , p-1:

$$(6.13) \qquad R_i(R) = \max \left[-r_i \cdot c_i + F_{i-1}(R/R_i(r_i)) \right]$$

$$0 \leq r_i \leq \bar{r}_i \qquad\qquad i = 1, 2, \ldots p-1$$

"Applied Dynamic Programming", a. a. O. , übernommen. Die in der Literatur behandelten Zuverlässigkeitsmodelle beziehen sich zum größten Teil auf Probleme der Zuverlässigkeit von Systemen der Raumfahrt wie Satelliten, Raketen usw. und befassen sich deshalb vor allem mit der mathematisch günstigsten Schaltung von Reservekomponenten, ohne betriebswirtschaftliche Probleme in den Mittelpunkt zu rücken. Vgl. z. B. H. Störner, a. a. O. ; G. J. Liebermann, The Status and Impact of Reliability Methodology, in: Nav. Res. Log. Qu. Vol. 16 (1969), S. 17-35; P. M. Ghare und R. E. Taylor, Optimal Redundancy for Reliability in Series Systems, in: O. R. Vol. 17 (1969), S. 838-847.

und für die letzte Stufe p:

$$(6.14) \qquad R_p(R) = \max \left[\; g \cdot R - r_p \cdot c_p + F_{p-1}(R/R_p(r_p)) \; \right]$$

$$0 \leq r_p \leq \bar{r}_p$$

Zu den Nebenbedingungen jeder Stufe $0 \leq r_i \leq \bar{r}_i$ tritt als eine weitere Bedingung zur Verknüpfung aller Stufen hinzu:

$$(6.15) \qquad R = \prod_{i=1}^{p} R_i(r_i).$$

Der Ansatz kann relativ leicht für eine elektronische Rechenanlage programmiert werden.

Das Modell kann auch auf den - erheblich komplizierteren - Fall erweitert werden, daß mehrere Aggregate betrachtet werden, die einige Teile vom gleichen Typ verwenden. Hier kommen dann für diese gemeinsam benötigten Teile die oben dargelegten Vorteile einer zentralen Ersatzteillagerung zum tragen.

B. Ersatzteilpolitik bei vorbeugender Ersatzpolitik

Zwischen der Planung der Ersatzteilbeschaffung und der vorbeugenden Ersatzpolitik für ein Aggregat können enge Beziehungen bestehen.

Einmal hängt der durchschnittliche Bedarf an Ersatzteilen in einem Zeitraum $[0, T]$ von der Wahl des vorbeugenden Ersatzzeitpunktes Tp ab, indem eine Vorverlegung des Ersatzzeitpunktes die durchschnittliche Zahl der benötigten Ersatzteile erhöht.

Andererseits kann es vorteilhaft sein, die Ersatzpolitik in Abhängigkeit von der jeweiligen Höhe des Lagerbestandes zu gestalten. Wenn am Anfang einer Periode außergewöhnlich viele Teile ausgefallen sind, so kann es sinnvoll sein, die restliche Zeit nur "Ersatz nach Ausfall" zu betreiben, um nicht am Ende der Periode wegen fehlender Ersatzteile das Aggregat stillegen zu müssen.

Diese Beziehungen, die eine simultane Planung von Ersatzpolitik und Ersatzteilbeschaffung erfordern, sind in der Literatur m. E. nicht behandelt worden.

Im folgenden soll deshalb untersucht werden, wie sich bei einem simultanen Planungsansatz die Struktur der optimalen Politik gestaltet. Dabei wird unterstellt, daß die Bedingungen für die Vorteilhaftigkeit einer vorbeugenden Ersatzpolitik gegenüber einem Ersatz nach Ausfall erfüllt sind.

I. Simultane Planung für ein Aggregat und vorgegebenen Planungszeitraum

a) Das Modell

Am Anfang eines vorgegebenen endlichen Planungszeitraumes $[0, T]$ soll die Zahl der Ersatzteile für ein Aggregat mit einem stochastisch ausfallenden Teil bestellt werden. Der Planungszeitraum kann beispielsweise eine bereits bekannte Einsatzdauer des Aggregates sein oder die Bestellperiode des Bestellsystems. Bis zum Ende des Zeitraumes nicht benötigte Teile können nicht weiter verwendet werden. Wie im Kapital 3 gezeigt wurde, ist bei einem endlichen Planungszeitraum eine sequentielle Ersatzpolitik optimal. Diese unterscheidet sich um so mehr von der stationären Politik, je geringer die durchschnittliche Einsatzdauer im Verhältnis zum Planungszeitraum ist.

Wenn der Bestand an Ersatzteilen in die Politik mit einbezogen wird, hängt die Ersatzentscheidung im Zeitpunkt T^* nicht nur vom gegenwärtigen Einsatzalter t des Teils, von den Ersatzkosten und dem noch verbleibenden Planungszeitraum, sondern auch von dem gegenwärtigen Bestand an Ersatzteilen ab.

Für die Bestimmung einer optimalen sequentiellen Ersatzpolitik war oben ein Ansatz der Dynamischen Optimierung aufgestellt worden (25). Dieser soll nun um die Problematik der Ersatzteilbevorratung erweitert werden. Dazu werden folgende Bezeichnungen eingeführt:

T = Ende des Planungszeitraumes
T^* = Periode bzw. Stufe des Planungsprozesses
t = Einsatzalter des Teils ($t = 0, 1, 2, \ldots t^*$)
t^* = Zustand "ausgefallen" des Teils
r = Bestand an Ersatzteilen

---

25)   Vgl. dazu oben S. 62 ff.

r^* = maximale Zahl von Ersatzteilen, die überhaupt in Betracht kommen können

g = Deckungssumme des Aggregats pro Zeiteinheit ($g=0$, falls Aggregat nicht in Betrieb)

$B(t)$ = Betriebskosten in Abhängigkeit vom Einsatzalter des Teils

c = Beschaffungskosten eines Ersatzteils

$KE(t) = \begin{cases} KV = \text{Kosten eines vorbeugenden Ersatzes (ohne Materialkosten des Ersatzteils), d. h. } t < t^* \\ KA = \text{Kosten eines Ersatzes nach Ausfall (ohne Materialkosten des Ersatzteils), d. h. } t = t^* \end{cases}$

l = Lagerkostensatz zur Lagerung eines Ersatzteils um eine Zeiteinheit

$_tp_{t^*}$ = Übergangswahrscheinlichkeiten des Ausfallprozesses mit $_{t^*-1}p_{t^*}=1$

z = Zinssatz pro Zeiteinheit

$F_{T^*}(r,l)$ = abgezinster Gewinn zum Zeitpunkt T^*, wenn ab T^* bis zum Ende des Planungszeitraumes eine optimale Politik betrieben wird

Der Planungszeitraum $[0, T]$ wird in T Perioden mit dem Index $T^* = 0, 1, 2, \ldots T-1$ aufgeteilt. Je feiner die Unterteilung ist, desto genauer wird zwar das Ergebnis - desto umfangreicher wird andererseits aber der Rechenaufwand. Am Anfang jeder Teilperiode muß entschieden werden, ob das betrachtete Teil ersetzt werden soll oder nicht. Die Entscheidung ist in bestimmten Zuständen vorgegeben: beispielsweise wird ein Teil im Zustand t^* immer ersetzt, soweit noch Ersatzteile zur Verfügung stehen (26).

---

26) Falls die Deckungsspanne pro ZE kleiner ist als die Ersatzkosten, lohnt es sich nicht mehr, das Teil kurz vor dem Ende des Planungszeitraums zu ersetzen. In diesem Fall muß als weitere Entscheidungsalternative die Stillegung des Aggregates eingeführt werden.

Am Anfang des Planungszeitraumes ($T^*=0$) muß weiter über die Zahl der zu beschaffenden Ersatzteile entschieden werden (27). Über den Zustand des zum Zeitpunkt 0 bereits im Aggregat eingesetzten Teils werden keine einschränkenden Annahmen gemacht - in der Regel kann aber davon ausgegangen werden, daß das Teil sich im Zustand neu, d. h. t=0 befindet.

Nach einer Entscheidung verändert sich der Zustand des Aggregates und des Ersatzteillagers entsprechend der Entscheidung. Während einer Periodenstufe erhöht sich das Einsatzalter des Teils mit der Wahrscheinlichkeit $1-{_t}p_{t^*}$ oder das Teil fällt mit der Wahrscheinlichkeit ${_t}p_{t^*}$ aus. Für die Stufen $T^*=T, T-1, \ldots 1$ gilt dann folgende Rekursionsbeziehung mit der Randbedingung $F_T(r, t) = 0$:

$$
(6.16) \qquad F_{T^*}(r, t) = \text{Max} \Bigg\{ \text{Ersatz:} \quad \underset{\substack{\text{Deckungs-} \\ \text{spanne}}}{g} - \underset{\substack{\text{Ersatz-} \\ \text{kosten}}}{KE(t)}
$$

$$
- \underset{\substack{\text{Lager-} \\ \text{kosten}}}{(r-1) \cdot 1} - \underset{\substack{\text{Betriebs-} \\ \text{kosten}}}{B(0)}
$$

$$
+ \Bigg[(1-{_t}p_{t^*}) \cdot F_{T^*+1}(r-1, 1)
$$

abgezinster Gewinn der
Perioden T^*+1 bis T, falls
das Teil während T^* nicht ausfällt

$$
+ {_t}p_{t^*} \cdot F_{T^*+1}(r-1, t^*) \Bigg] / (1+z);
$$

abgezinster Gewinn der Perioden
T^*+1 bis T, falls das Teil während
T^* ausfällt

$$
\text{Weiterbetrieb:} \quad \underset{\substack{\text{Deckungs-} \\ \text{spanne}}}{g} - \underset{\substack{\text{Lager-} \\ \text{kosten}}}{r \cdot 1} - \underset{\substack{\text{Betriebs-} \\ \text{kosten}}}{B(t)}
$$

$$
+ \Bigg[(1-{_0}p_{t^*}) \cdot F_{T^*+1}(r, t+1)
$$

---

27)   Es wird dabei unterstellt, daß die Lieferzeit gleich 0 ist. Da das Modell eine Planungsaufgabe löst, ist diese Prämisse keine Einschränkung. Im konkreten Fall muß die anhand des Modells errechnete Zahl von Ersatzteilen entsprechend der Lieferzeit früher bestellt werden.

$$\left. \begin{array}{l} \text{abgezinster Gewinn der Perioden} \\ T^*+1 \text{ bis } T, \text{ falls das Teil während} \\ T^* \text{ nicht ausfällt} \end{array} \right.$$

$$+ \; _0P_{t^*} \cdot F_{T^*+1}(r, t^*) \Big] \; / \; (1+z) \Big\}$$

abgezinster Gewinn der Perioden
T*+1 bis T, falls das Teil während
T* ausfällt

Für T*=0 tritt als weitere Entscheidung die Ersatzteilbestellung hinzu, so daß sich die Beziehung erweitert zu:

$$F_0(r, t) = \operatorname*{Max}_{0 \le r \le L^*} \left\{ \begin{array}{l} r \cdot c \\[1em] \text{Anschaffungskosten} \\ \text{der Ersatzteile} \end{array} \right.$$

$$+ \operatorname{Max} \left\{ \begin{array}{l} \text{Gewinn bei Ersatz (s. o.);} \\ \text{Gewinn bei Weiterbetrieb (s. o.)} \end{array} \right\} \Bigg\}$$

Die Struktur der optimalen Entscheidungsregel soll an einem numerischen Beispiel weiter verdeutlicht werden.

b) Struktur der Politik

Es wird ein Aggregat mit einem stochastisch ausfallenden Teil betrachtet, für das für einen endlichen Zeitraum $[0, T]$ ein Ersatzteillager angelegt werden soll. Da das Teil nach einer Erlangverteilung mit dem Phasenparameter k=6 ausfällt, soll gleichzeitig die vorbeugende Ersatzpolitik bestimmt werden. Als Zielkriterium gilt der Gewinnerwartungswert des Planungszeitraums. Im einzelnen gelten die folgenden weiteren Daten: KA = 1000 GE, KV = 200 GE, g = 1000, z = 0; die mittlere Laufzeit Ta beträgt 10 ZE (28); die Betriebskosten sind unabhängig von dem Einsatzalter des Teils. Das maximale Einsatzalter beträgt 19 ZE und kennzeichnet gleichzeitig den Ausfallzustand. Die Ersatzkosten KV und KA beinhalten nicht die Anschaffungskosten eines Ersatzteils, sondern nur den durch den Wechselvorgang verursachten Entgang an Deckungsspannen sowie die anfallenden variablen Wechselkosten.

---

28) Die Übergangswahrscheinlichkeiten entsprechen damit denen des Beispiels von S. 65.

In Abb. (6.03) sind die entsprechend der Rekursionsformel (29) (6.16) errechneten optimalen vorbeugenden Ersatzzeitpunkte in Abhängigkeit von der Zahl der zur Verfügung stehenden Ersatzteile und unterschiedliche Zeitpunkte T-T* innerhalb des Planungszeitraumes eingetragen. T-T* gibt die zeitliche Entfernung vom Zeitpunkt T* bis zum Endpunkt des Planungszeitraums T an.

Die optimale Zahl der anzuschaffenden Ersatzteile ist in dieser Abbildung nicht enthalten; vielmehr ist die Zahl der Ersatzteile ein Parameter. Die eingekreisten Punkte sind errechnet worden - sie wurden der besseren Übersicht wegen geradlinig verbunden.

Aus Abb. (6.03) geht hervor, daß für einen bestimmten noch ausstehenden Zeitraum T-T* der vorbeugende Ersatzzeitpunkt mit der Zahl der noch zur Verfügung stehenden Ersatzteile abnimmt. Sind lediglich sehr wenige Ersatzteile vorhanden, so neigt die Politik zum reinen Ausfallersatz - sind dagegen reichlich Teile vorhanden, nähert sich dem vorbeugenden Ersatzintervall Tp=5, wie es durch

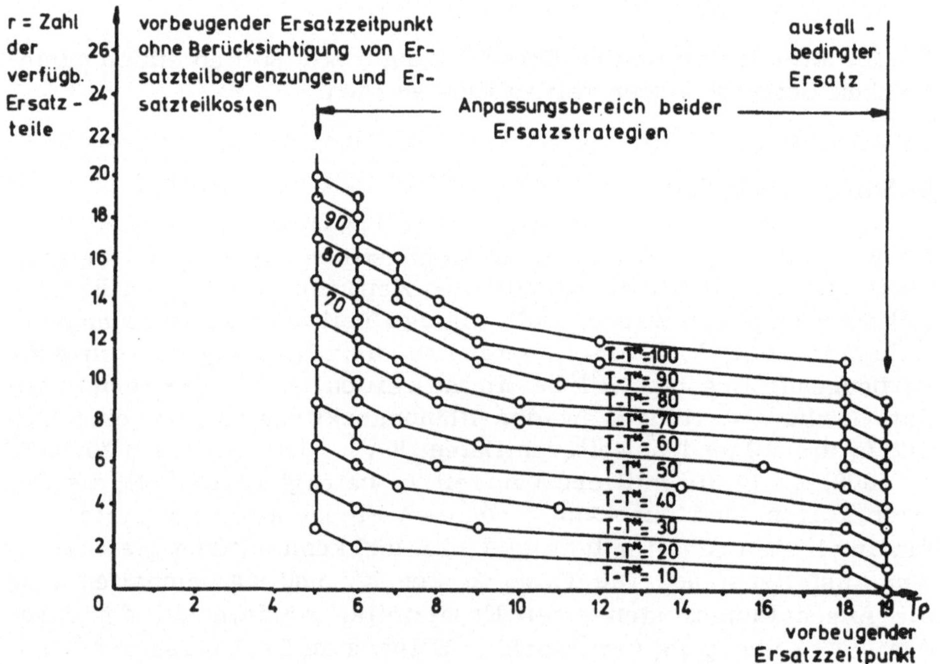

Abb. (6.03)

---

29) Die Rechnungen wurden mit Hilfe eines in ALGOL programmierten Rechenprogramms durchgeführt.

das Grundmodell der Ersatzpolitik ohne Berücksichtigung der Ersatzteilpolitik für ein Kostenverhältnis von KA zu KV = 5 optimal ist (30).

Für kleine Zeiträume T-T* bedeutet die Erhöhung von r um eine Einheit bereits einen erheblichen Zuwachs an Zuverlässigkeit, so daß hier die Ersatzpolitik nur durch wenige Punkte gekennzeichnet wird. Bei größeren Werten für T-T* ist die Politik dagegen differenzierter.

In Abb. (6.04) ist für das Beispiel die in Abhängigkeit unterschiedlicher Planungszeiträume T für die Anschaffungskosten c=100 optimale Zahl von Ersatzteilen eingezeichnet (31). Die eingekreisten Werte sind exakt errechnet - sie wurden wiederum wegen der besseren Übersicht miteinander verbunden (32). Aus der Abbildung lassen sich mehrere Tendenzen erkennen.

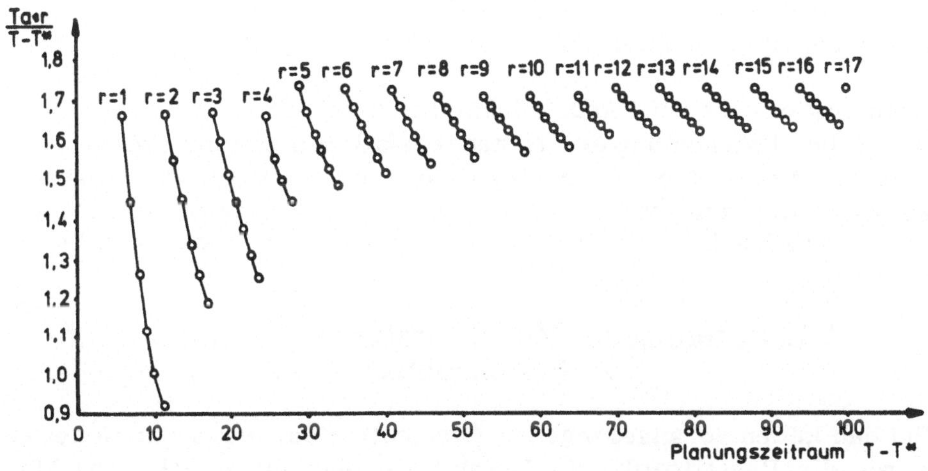

Abb. (6.04)

---

30) Vgl. dazu die Abb. (3.06) auf S. 77.
31) Es wird für jedes T* davon ausgegangen, daß im Aggregat bereits ein neues Teil eingesetzt ist. Mit r werden damit die wirklichen Ersatzteile bezeichnet.
32) Wenn alternative Werte für c angenommen werden, ergibt sich, daß bei Ansatz höherer Anschaffungskosten die Zahl der anzuschaffenden Ersatzteile abnimmt, da dann der Erlösentgang durch fehlende Ersatzteile und höhere Wechselkosten gegenüber den Anschaffungskosten weniger ins Gewicht fallen.

Es fällt auf, daß der in Tabelle (6. 03) errechnete Grenzwert der vorbeugenden Ersatzpolitik von Tp=5 nicht erreicht werden kann. Beispielsweise werden für einen Planungszeitraum T-T*=100 ZE 17 Ersatzteile angeschafft, so daß insgesamt 18 Teile zur Verfügung stehen (33).

Nach Ablauf von 10 ZE, also T-T*=90, wird ein Teil aber nur mit einer Einsatzdauer von 5 ersetzt, wenn noch mindestens 19 Ersatzteile zur Verfügung stehen. Mithin konnte dieser Ersatzzeitpunkt auch nicht bei T-T*=95 realisiert werden. Dieser scheinbare Widerspruch zwischen Abb. (6. 03) und Abb. (6. 04) ist darauf zurückzuführen, daß der Grenzwert von 5 ohne Berücksichtigung der Ersatzteilkosten errechnet wurde. Wenn in die Ersatzteilkosten die Kosten KV bzw. KA eingesetzt werden, ergeben sich andere Grenzwerte der vorbeugenden Ersatzpolitik. Die Ersatzpolitik kann aber weiterhin aus Abb. (6. 03) abgelesen werden, da diese für ein bestimmtes T-T* nur von der Zahl der vorhandenen Ersatzteile abhängt - nicht aber von den Ersatzteilkosten. Die Ersatzteilkosten bestimmen nur die am Anfang der Periode zu bestellenden Teile, wobei dabei durch die Rekursionsbeziehung der Dynamischen Optimierung eine optimale Ersatzpolitik unterstellt wird.

Auch ergibt sich aus Abb. (6. 04) die gleiche Tendenz wie in Abb. (6. 01) bei Betrachtung des reinen Ausfallersatzes für exponentialverteilte Laufzeiten. Auch hier nimmt mit wachsendem Planungszeitraum die relative Varianz der gesamten Laufzeitverteilung ab, und der Ausdruck Ta · r/(T-T*) nähert sich einem konstanten Wert.

II. Erweiterung der Modellansätze auf Probleme der Bestellpolitik

Bei den in den vorangegangenen Abschnitten dargestellten Modellen wurde die Bestellpolitik für Ersatzteile sehr vereinfacht. Die Modelle können aber leicht auf die Fälle: Gewährung von Mengenrabatten bei der Ersatzteilbestellung und unterschiedliche Bestellsysteme wie s, S-Politik oder Two-Bin-System erweitert werden (34).

---

33)   Bei Ansatz von Ersatzteilkosten in Höhe von c=50 werden für den gleichen Zeitraum 19 Teile bestellt - bei c=500 lediglich 13 Teile.

34)   Einige Ansätze der Literatur zur Bestimmung der optimalen Bestellpolitik für Ersatzteile versuchen lediglich, anhand der Ausfallverteilung den Bedarf an Ersatzteilen abzuschätzen und nehmen deren Erwartungswerte als "sichere" Bedarfsmenge an, ohne stochastische Bedarfsschwankungen um die Werte zu berücksichtigen. Vgl. z. B. G. v. D. Steen, Ein Verfahren zur

Bei Ansatz einer s, S-Politik wird unterstellt, daß zum Bestellzeitpunkt noch vorhandene Ersatzteile auch in den nächsten Perioden eingesetzt werden können. Das hat zur Folge, daß die einzelnen Bestellperioden durch ihre Anfangsbestände, die ja Ergebnis der Bestell- und Ersatzpolitik der Vorperiode sind, miteinander verknüpft werden. Als Lösungsansatz kann hier einmal der oben entwickelte Ansatz mit Hilfe der Dynamischen Optimierung erweitert werden - zum anderen ist auch ein bewerteter Markov-Ansatz geeignet, der als LP-Modell formuliert wird. Auch bei dem letztgenannten Fall wird die Bestellperiode in Teilperioden zerlegt, an deren Anfang jeweils die Ersatzentscheidungen getroffen werden. Der Zustand ergibt sich dann aus der Kombination von Teilperiode, Lagerbestand und Einsatzalter des Teils. Die Lagerbestände am Anfang der Bestellperiode resultieren aus der am Ende der (Vor-) Periode getroffenen Ersatz- und Bestellentscheidung. Das Ergebnis ist dann eine stationäre Lösung für die Ersatz- und Bestellpolitik, die für jeden Endlagerbestand angibt, wieviele Teile bestellt werden sollen, und innerhalb der Periode die Ersatzpolitik optimal bestimmt.

Ermittlung der optimalen Ersatzteilbestellungen bei neu einzuführenden Aggregaten, in: Ablauf- und Planungsforschung, (1968), S. 121-136. Zu ausführlicheren Bestellmodellen, bei denen allerdings die Nachfrageverteilung für Ersatzteile als Datum vorgegeben ist und nicht ausdrücklich aus dem Ausfall- bzw. Ersatzprozeß der Teile abgeleitet wird, vgl. F. Ferschl, a. a. O. , S. 9 ff; W. Lampkin und A. D. J. Flowerdew, Computation of Optimum Re-order Levels and Quantities for a Re-order Level Stock Control System, in: O. R. Q. Vol. 14 (1963), S. 263 bis 278; J. R. Lawrence, G. G. Stephenson und W. Lampkin, A Stock Control Policy for Important Spares in a Two Level Stores System, in: O. R. Q. Vol. 12 (1961), S. 261-271.

Kapitel VII

Ersatzpolitik bei beeinflußbaren Ersatzzeiten

Durch Prämisse 10 wurde in den bisher behandelten Modellen sichergestellt, daß eine Maßnahme der Ersatzpolitik unverzüglich ausgeführt werden konnte, so daß die Verteilungen der Dauer eines Ausfallersatzes bzw. einer vorbeugenden Maßnahme allein die Ersatzzeit betrafen (1). Weiter wurde unterstellt, daß die Ersatzzeitver-
teilungen vorgegeben waren und durch organisatorische oder technische Maßnahmen nicht zu beeinflussen waren (Prämisse 11).

Zwei neue Problemkreise ergeben sich, wenn diese Prämissen aufgelöst werden, d. h.

-       wenn Anlagen auf die Ausführung einer Maßnahme warten müs-
        sen, weil die Reparaturabteilung noch mit einer anderen Anla-
        ge beschäftigt ist. Die Ausfallzeiten R_v bzw. R_a eines Aggre-
        gates setzen sich dann aus Ersatzzeit und Wartezeit zusam-
        men;

-       wenn durch technische oder organisatorische Eingriffe (z. B.
        Vergrößerung der Reparaturabteilung) die Wartezeiten und/
        oder Ersatzzeiten verändert werden können, so daß die Ge-
        staltung der Reparaturabteilung ein neues Optimierungspro-
        blem bildet.

Diese Problemkreise führen auch zu neuen Fragestellungen hinsichtlich der Ersatzpolitik, da die bisher als Daten betrachteten
Größen R_v und R_a zu Variablen werden. Eine Reihe der Fragestellungen, die sich aus einer Auflösung der Prämissen 10 und 11 ergeben, können mit Hilfe von Ergebnissen der Warteschlangentheorie
angegangen werden.

Zunächst soll die Prämisse 11 isoliert aufgehoben werden, indem
für das Grundmodell der Ersatzpolitik über die Dimensionierung der
Reparaturkapazität die Verteilung der Reparaturzeit optimal bestimmt wird. Wartezeiten sollen dabei für Aggregate nicht entstehen (2).

---

1)   Vgl. dazu oben S. 53 ff.
2)   Vorstellbar ist z. B., daß jedem Aggregat eine Reparaturein-
        heit zugeordnet ist.

A. Optimale Dimensionierung der Reparaturkapazität ohne Berücksichtigung von Wartezeiten

Da in den bisher betrachteten Modellen von einer konstanten Reparaturkapazität ausgegangen wurde, brauchten die mit der Bereitstellung dieser Kapazität verbundenen, lediglich kalenderzeitabhängigen Kosten in den Modellansätzen nicht berücksichtigt zu werden. Durch Maßnahmen wie Vergrößerung der quantitativen Reparaturkapazität oder Erhöhung des qualitativen Niveaus der Monteure oder deren Ausrüstung (3) können die Verteilungen der Ersatzzeiten und damit insbesondere auch deren Erwartungswerte Rv und Ra beeinflußt werden.

Die damit verbundenen kalenderzeitabhängigen Kostenänderungen sind nun aber dispositionsabhängig und müssen in die Betrachtung mit einbezogen werden. Neben diesen Kosten können weiterhin die bezüglich der Ersatzpolitik variablen Kostensätze lv und la anfallen, die einerseits abhängen von der Art der Maßnahme (vorbeugender Ersatz oder Ersatz nach Ausfall) und zum anderen aber auch von der Dimensionierung der Reparaturkapazität D.

Damit sind die in dem Grundmodell der vorbeugenden Ersatzpolitik als konstant angesetzten Größen lv, la und Rp, Ra abhängig von der Dimensionierung D, und es ergeben sich folgende mit der Ersatzpolitik insgesamt verbundenen Kosten (vgl. dazu auch oben S. 69 ff.)

variable Ersatzkosten:

vorbeugend: $\qquad$ $KV(D) = kv + Rv(D) \cdot \left[lv(D)+U \right]$

nach Ausfall: $\qquad$ $KA(D) = ka + Ra(D) \cdot \left[la(D)+U \right]$

Bereitstellungskosten der Ersatzkapazität:

$K_D(D)$

Die Zielfunktion der Ersatzpolitik erweitert sich dann zu:

$$(7.01) \qquad K = \frac{R(Tp)\cdot KV(D) + F(Tp)\cdot KA(D)}{\displaystyle\int_0^{Tp} R(t)dt + R(Tp)\cdot Rv(D)+F(Tp)\cdot Ra(D)} + K_D(D).$$

---

3) Im folgenden werden diese drei Gestaltungsmöglichkeiten zu dem Begriff der Dimensionierung der Reparaturkapazität zusammengefaßt.

Die Kosten der Ersatzpolitik sind damit abhängig von der Wahl des Ersatzzeitpunktes Tp und der Kapazitätsdimensionierung D.

Bei differenzierbaren Funktionen können nach den Regeln der Differentialrechnung durch Differentiation nach den beiden Entscheidungsgrößen Tp und D zwei Bestimmungsgleichungen abgeleitet werden, die - in stark vereinfachten Fällen direkt - im Normalfall allerdings nur iterativ lösbar sind (4).

Wenn die Deckungsspanne U pro ZE noch unbekannt ist und erst im Rahmen der Produktionsplanung bestimmt werden soll, empfiehlt es sich, eine Kostenleistungsfunktion aufzustellen, bei der jeweils für eine gegebene durchschnittliche Ausbringung pro ZE die Entscheidungsparameter Tp und D kostenminimal bestimmt werden. Als Lösungsverfahren kann wiederum ein numerisch iteratives Verfahren herangezogen werden, wie es bei der Ermittlung der Kostenleistungsfunktion bei simultaner intensitätsmäßiger Anpassung und vorbeugender Ersatzpolitik angewandt wurde (5).

B. Dimensionierung der Ersatzkapazitäten bei Wartezeiten

Wenn mehrere Aggregate die gleiche Ersatzkapazität in Anspruch nehmen, kann sich vor der Reparaturstation eine Warteschlange bilden. Die entstehenden Wartezeiten verlängern die Zeit, in der das Aggregat nicht zur Produktion verfügbar ist. Da es gleichgültig ist, aus welchem G r u n d ein Aggregat nicht einsatzfähig ist, wird die Wartezeit mit zu den Ersatzzeiten R_v bzw. R_a gerechnet. Die Verteilungen der Ersatzzeiten ergeben sich dann aus der Verteilung der reinen Behandlungsdauern und der Verteilung der Wartezeiten.

Die Ermittlung von Verteilungen bzw. ihrer Parameter der Wartezeiten ist Aufgabe der Theorie der Wartesysteme. Es soll deshalb geprüft werden, ob die Ersatzmodelle mit Hilfe der Warteschlangentheorie ergänzt werden können.

---

4)　Auch Vergin schlägt für einen ähnlichen Ansatz ein Iterationsverfahren vor. Vgl. dazu R. C. Vergin, Scheduling Maintenance and Determining Crew Size for Stochastically Failing Equipment, in: Mng. Sci. Vol. 13 (1966), S. B52-B65.

5)　Vgl. oben S. 118 ff. Ein Ansatz mit Hilfe des Verfahrens von Lagrange führt in der Regel zu mathematisch äußerst schwierig zu handhabenden Ausdrücken.

I. Charakterisierung von Wartesystemen der Anlageninstandhaltung

Warteschlangen ergeben sich, wenn in einem gegebenen Zeitraum die Zahl der in der Reparaturstation eintreffenden Anlagen derartig ansteigt, daß das Bearbeitungssystem die ankommenden Anlagen nicht sofort abfertigen kann. Bei stochastischen Ankünften und Bedienungszeiten, die im folgenden unterstellt werden, können zeitweilige Stauungen auch dann auftreten, wenn die Zahl der durchschnittlich pro ZE eintreffenden Aggregate kleiner ist als die Zahl der durchschnittlich pro ZE möglichen Bedienungen (6).

Die Warteschlangentheorie stellt eine ständig wachsende Sammlung von Einzelmodellen dar, die aber bisher noch nicht zu einem geschlossenen System zusammengefaßt sind (7). Ursache dafür sind vor allem die Komplexität und die mathematische Schwierigkeit der Probleme, die eine systematische Behandlung erschweren.

Ein Modell der Warteschlangentheorie kann im allgemeinen durch Angaben über folgende Elemente beschrieben werden:

1. Inputprozeß,
2. Servicesystem,
3. Bedienungsdisziplin.

a) Der Inputprozeß

Der Inputprozeß wird durch die Größe des Inputreservoirs, die Ankunftszeitverteilung und das Ankunftsverhalten charakterisiert.

---

6) Auch bei deterministischen Ankünften und/oder Abfertigungen können Wartezeitprobleme entstehen, die aber Spezialfälle des oben genannten Falles sind. Vgl. K. H. Tempel, Wartezeitmodelle, Göttingen 1964, S. 21; A. A. B. Pritsker, A Deterministic Queuing Situation, in: JIE, Bd. 14 (1963), S. 284 ff; Th. L. Saaty, Elements of Queuing Theory, a. a. O. , S. 27 ff.

7) Vgl. z. B. P. M. Morse, a. a. O. ; F. Ferschl, a. a. O. ; E. Ruiz-Palà und K. Avila-Beloso, a. a. O. ; Th. L. Saaty, Elements of Queuing Theory, New York-Toronto-London 1961; A. M. Lee, Applied Queuing Theory, London und Beccles 1966; D. R. Cox und W. L. Smith, Queues, London 1961; U. Narayan Bhat, Sixty Years of Queuing Theory, in: Mng. Sci. Vol. 15 (1969), S. B280 bis 294; U. Narayan Bhat, A Study of the Queuing Systems M/G/1 and GI/G/1, Berlin-Heidelberg-New York 1968.

Das Inputreservoir des hier betrachteten Falles ist der Maschinenpark eines Unternehmens. Grundsätzlich ist für ihn eine endliche Größe anzusetzen. Bei einer Maßnahme der Ersatzpolitik verläßt ein Aggregat das Inputreservoir und schließt sich nach Beendigung der Maßnahme wieder den Einheiten des Inputreservoirs an. Ein solches Warteschlangensystem wird als System mit Ringschluß oder auch als geschlossenes System bezeichnet.

Ist dagegen das Inputreservoir unbeschränkt, so bezeichnet man das Warteschlangensystem als offenes System. Im ersten Fall hängt die Wahrscheinlichkeit für den Ausfall eines Aggregates von der Anzahl der bereits außer Betrieb befindlichen Einheiten ab. Um die daraus resultierenden mathematischen Schwierigkeiten zu vermeiden, kann bei einem hinreichend großen Anlagenpark von einer unbeschränkten Grundgesamtheit ausgegangen werden.

Die Ankunftszeitverteilung bezieht sich auf den gesamten Anlagenpark mit λ als der mittleren Ankunftsrate (8) und ergibt sich aus dem überlagerten Prozeß der einzelnen Ersatzprozesse.

Bei reinem Ausfallersatz resultiert der überlagerte Ersatzprozeß allein aus den Laufzeitverteilungen der Aggregate. Bei vorbeugenden Ersatzmaßnahmen auch aus der Struktur der vorbeugenden Ersatzpolitik (9).

b) Servicesystem

Die Instandhaltungsabteilung kann aus mehreren p a r a l l e l angeordneten Arbeitsgruppen bestehen. Unter der Voraussetzung, daß jede Gruppe in der Lage ist, alle anfallenden Maßnahmen auszuführen, werden alle Stellen aus der gleichen Warteschlange gespeist. Sind die Arbeiten in einzelne Teilaufgaben aufgespalten, die von spezialisierten Stellen n a c h e i n a n d e r ausgeführt werden, so spricht man von einer seriellen Anordnung. Selbstverständlich sind auch Mischformen zwischen paralleler und serieller Anordnung von Instandhaltungsstellen denkbar, die allerdings bei der Behandlung in Wartezeitmodellen zu erheblichen mathematischen Schwierigkeiten führen. Im allgemeinen wird vorausgesetzt, daß jede parallele In-

---

8)　Es gilt $\lambda = 1/Ta$ mit Ta als der mittleren Zeit zwischen zwei (ausfallbedingten) Ankünften. Die folgenden Ausführungen schließen zunächst Maßnahmen der vorbeugenden Ersatzpolitik aus.

9)　Weitere Merkmale des Inputprozesses wie z. B. die "Ungeduld der ankommenden Einheiten" sind für Probleme der Ersatzpolitik weniger relevant und sollen hier nicht weiter behandelt werden.

standhaltungsstelle eine identische Ersatzzeitverteilung mit dem Mittelwert Ra und der Servicerate $\mu=1/Ra$ besitzt.

c) Bedienungsdisziplin

Wenn eine Reparaturstelle frei wird, ergibt sich die Frage, welches in der Schlange wartende Aggregat als nächstes bearbeitet werden soll. In der Warteschlangentheorie wird unterschieden zwischen verschiedenen Regeln wie z. B. FIFO-Regel (first in - first out), LIFO-Regel (last in - first out) und Zufallsauswahl. Die FIFO-Regel ist in Wartezeitmodellen mathematisch besonders einfach zu handhaben. Von besonderer Bedeutung sind aber kompliziertere Prioritätsregeln, wie z. B. die, daß unabhängig von ihrem Ankunftszeitpunkt Aggregate mit hohen Ausfallkosten vor Aggregaten mit relativ niedrigen Ausfallkosten bearbeitet werden.

II. Kennzahlen und Lösungsverfahren

Ausgangspunkt der Betrachtung war die Tatsache, daß bei möglichen Warteschlangen die Ausfallzeit eines Aggregates aus Ersatzzeit und Wartezeit besteht, also aus der Zeit vom Eintritt in die Warteschlange bis zur Eingliederung der Anlage in den Anlagenpark. Diese Zeit wird in der Warteschlangentheorie als Verweilzeit im System W bezeichnet mit

$$W = W_W + W_R \qquad (W_W = \text{Wartezeit}; \ W_R = \text{Ersatzzeit}).$$

Die Zufallsvariable W stellt damit die wichtigste Kennzahl der hier betrachteten Probleme dar, von der in einem konkreten Fall vor allem ihr Erwartungswert E(W) und Varianz V(W) interessieren. Die Zufallsvariable W entspricht damit der Zufallsvariablen "Ersatzzeit" Ra.

Weitere Größen, die im allgemeinen für Wartesysteme berechnet werden, sind hier weniger von Interesse (10).

Zur Berechnung des Verhaltens dieser Größe im stationären Zustand werden verschiedene mathematische Verfahren herangezogen (11), wie z. B. die Differentialmethode, Methode der Erneue-

---

10)   Da unterstellt wird, daß die Bereitstellungskosten der Instandhaltungskapazität unabhängig vom Grad der Beschäftigung sind, sollen Kenngrößen, wie z. B. der mittlere Auslastungsgrad der Servicestation u. a., nicht im einzelnen betrachtet werden.

11)   Vgl. z. B. A. Kaufman und R. Cruon, a. a. O., S. 39 f.

rungspunkte, Integralmethode, Phasenmethode von Erlang usw. (12). Kompliziertere Modelle sind häufig überhaupt nicht oder nur unter sehr großem Rechenaufwand analytisch zu behandeln. Aus diesem Grunde werden in zunehmendem Maße Simulationsverfahren, vor allem mit Hilfe der Monte-Carlo-Methode, eingesetzt (13).

III. Aktionsparameter zur Beeinflussung der durch Wartezeiten bedingten Ausfallkosten

Durch organisatorische Veränderungen der Elemente einer Warteschlangensituation: Servicesystem, Inputprozeß und Bedienungsdisziplin, können die Wartezeiten und damit die Ausfallkosten beeinflußt werden. Im folgenden sollen kurz die organisatorischen Eingriffsmöglichkeiten bei Wartezeitproblemen im Bereich der Ersatzpolitik erörtert werden.

a) Erweiterung der Bearbeitungskapazität

Allgemein kann mit Hilfe von Wartezeitmodellen gezeigt werden, daß durch eine Verkürzung der Bearbeitungsdauer Ra bzw. der Erhöhung der Bedienungsrate μ die Wartezeiten und damit die Ausfall-

---

12)   Es würde zu weit gehen, die bisher in der Warteschlangentheorie entwickelten Modelle hier darzustellen. Vielmehr soll stellvertretend auf die von S. Jacke und P. Hölzel dargestellten Modelle verwiesen werden. Vgl. S. Jacke, Zur Übertragung von Optimierungsmodellen der Mehrmaschinenbedienung auf die Instandhaltungsbereitstellungsplanung, in: Operations Research und Datenverarbeitung bei der Instandhaltungsplanung, Hrsg. K. F. Bussmann und P. Mertens, Stuttgart 1968, S. 109 ff; P. Hölzel, Zur Lösung von Problemen der Maschineninstandhaltung mit Hilfe der Warteschlangentheorie, in: Operations Research und Datenverarbeitung bei der Instandhaltungsplanung, Hrsg. K. F. Bussmann und P. Mertens, Stuttgart 1968, S. 126 ff. In diesen Modellen wird lediglich der Ausfallersatz erfaßt.

13)   Vgl. z. B. B. E. Goetz, Monte Carlo Solution of Waiting Queue Problems, in: Management Technology, Mass. 1960, S. 7 ff; G. M. Ferrero die Roccaferrera, Operations Research for Business and Industry, Cincinnati 1964, S. 895 ff; E. S. Buffa, Models for Production and Operations Management, New York-London 1963, S. 507 ff; K. H. Tempel, a. a. O. , S. 145 ff. Diese Ansätze beziehen sich auf relativ einfache Warteschlangenprobleme der Ersatzpolitik, z. B. ist die Möglichkeit vorbeugender Maßnahmen nicht vorgesehen.

kosten verringert werden können (14). Zur Steigerung der pro ZE möglichen Bearbeitungen sind zwei Wege möglich: einmal kann durch den Einsatz höher qualifizierter Mitarbeiter oder Werkzeuge die durchschnittliche Bearbeitungsdauer direkt beeinflußt werden - zum anderen können bei gleicher durchschnittlicher Bearbeitungsdauer mehrere Instandhaltungsgruppen parallel eingesetzt werden. Im zweiten Fall würden sich die Warteschlangenmodelle auf sogenannte "Mehrkanalmodelle" erweitern (15).

Wenn die Zahl der pro ZE möglichen Bearbeitungen durch die zwei Maßnahmen jeweils um das m-fache erhöht wird, hat das doch unterschiedliche Wirkungen. Bei mehreren Instandhaltungsgruppen sinkt gegenüber dem Fall einer Instandhaltungsgruppe zwar die durchschnittliche Wartezeit (16), weil ausgefallene Aggregate häufiger auf freie Bedienungsstellen treffen, trotzdem ist aber die durchschnittliche Zahl der insgesamt außer Betrieb befindlichen Anlagen höher, weil hier die Ersatzzeiten länger sind (17).

Bei gleichen Kosten für eine Vervielfachung von μ ist demnach die Verkürzung der Bearbeitungszeit vorzuziehen. In einem konkreten Fall werden die Kosten für eine multiple Erweiterung und eine Erhöhung der Intensität aber unterschiedlich sein. Für eine Verkürzung der Reparaturzeit werden die Kosten im allgemeinen überproportional steigen - zumal in der Regel eine gewisse Mindestzeit besteht. Bei multipler Erweiterung kann dagegen ein eher linearer Kostenanstieg vermutet werden (18).

Damit können die beiden Aktionsparameter bezüglich der Kosten- und Leistungswirkung miteinander konkurrieren, und zur Bestimmung des Optimums müssen beide Parameter kombiniert kostenminimal angepaßt werden.

b) Einflüsse einer vorbeugenden Ersatzpolitik

Wenn die bei der Entwicklung des Grundmodells der Ersatzpolitik genannten Voraussetzungen der Vorteilhaftigkeit einer vorbeugen-

---

14)   Vgl. z. B. die Abbildung bei P. M. Morse, a. a. O. , S. 168.

15)   Zu Wartezeitmodellen mit mehreren parallelen Bedienungsstationen vgl. Ph. Morse, a. a. O. , S. 102 ff und S. 171 ff; F. Ferschl, a. a. O. , S. 98 ff; A. Angermann, Industrielle Planungsrechnung, Bd. I, Entscheidungsmodelle, Frankfurt/Main 1963, S. 262 ff.

16)   Beziehungsweise die durchschnittliche Schlangenlänge!

17)   Vgl. dazu z. B. die Abbildung bei Ph. Morse, a. a. O. , S. 103; F. Ferschl, a. a. O. , S. 100 f.

18)   Zum Kostenverlauf bei multipler Betriebsgrößenerweiterung vgl. E. Gutenberg, Produktion, a. a. O. , S. 409 ff.

den Ersatzpolitik gegeben sind, muß nunmehr weiter untersucht werden, wie sich die vorbeugende Ersatzpolitik auf die Wartezeiten eines gegebenen Systems auswirkt.

Eine Voraussetzung der vorbeugenden Ersatzpolitik liegt darin begründet, daß die durchschnittliche Dauer der Bearbeitung bei vorbeugendem Ersatz kürzer ist als bei Ersatz nach Ausfall. Bezüglich eines Wartezeitsystems hat das zur Folge, daß die durchschnittliche Bedienungsrate bei Übergang zur vorbeugenden Ersatzpolitik steigt.

Auf der anderen Seite wird durch vorbeugende Maßnahmen auch der Inputprozeß verändert, da die durchschnittliche Zahl der pro ZE verlangten Bearbeitungen (vorbeugend und ausfallbedingt) ansteigt.

Beide Faktoren sind in ihrer Wirkung auf die Verweildauer entgegengerichtet, und nur ihre simultane Betrachtung kann zu einer endgültigen Entscheidung über die Vorteilhaftigkeit einer vorbeugenden Ersatzpolitik führen.

Wartezeitmodelle unter Einbeziehung vorbeugender Maßnahmen sind wegen ihrer komplexen Struktur bisher analytisch kaum behandelt worden (19). Dagegen hat Vergin (20) anhand einer Simulationsstudie für 5 gleichartige Aggregate mit erlangverteilten Laufzeiten den Effekt einer vorbeugenden Ersatzpolitik bei einer Bedienungsstation auf die nutzbare Zeit der Aggregate untersucht. Auf einige Ergebnisse dieser Arbeit wird weiter unten eingegangen.

c) Einführung von Prioritäten bei der Bedienungsdisziplin

Besteht der betrachtete Anlagenpark aus Aggregaten, die sich hinsichtlich der Dauer ihrer durchschnittlichen Bearbeitungszeiten oder ihrer Ausfallkosten unterscheiden, können durch die Einführung von Prioritäten anstelle der FIFO-Regel für die Reihenfolge der Abfertigung die Ausfallkosten beeinflußt werden.

Ein einfaches Beispiel macht bereits den Vorteil bei unterschiedlichen Bearbeitungszeiten bezüglich der Verweilzeit deutlich. Vor

---

19) Einige Autoren versuchen - wenn auch unvollkommen - einfache Maßnahmen der Ersatzpolitik durch die Annahme unterschiedlicher Abfertigungsraten zu erfassen und für jede Ersatzstrategie ein neues Wartesystem zu definieren. Vgl. L. G. Peck und R. N. Hazelwood, Finite Queuing Tables, New York 1958, S. XIII; W. J. Fabrycky und P. W. Torgensen, Operations Economy, Englewood Cliffs, N. J. , 1966, S. 356 f.
20) Vgl. R. C. Vergin, a. a. O.

einer frei werdenden Bedienungsstation warten zwei Aggregate mit den Ersatzzeiten R1 und R2 (R1 > R2). Wird Anlage 1 zuerst bearbeitet, entstehen für die Aggregate zusätzliche Ausfallzeiten in Höhe von R1 + (R1+R2) = (2R1 + R2) ZE, im umgekehrten Fall dagegen nur R2 + (R2+R1) = (2R2 + R1) ZE. Die Differenz beträgt R1-R2, und wegen R1 > R2 ist die zusätzliche Verweilzeit im ersten Fall größer.

Ähnlich wie bei diesem deterministischen Beispiel ist auch der Einfluß bei stochastischen Wartesystemen. Allgemein wird zwischen absoluten und relativen Prioritäten unterschieden (21). Bei relativen Prioritäten muß eine ankommende bevorzugte Einheit solange warten, bis eine gerade bearbeitete nicht bevorzugte Einheit abgefertigt ist; bei absoluten Prioritäten wird die Bearbeitung der nicht bevorzugten Einheiten unterbrochen.

Für die Berechnung von Prioritäten bietet sich neben Zeitgrößen auch die Höhe des Ausfallkostensatzes an. Modelle zur Berechnung der Kenngrößen für Wartesysteme mit Prioritätsregeln sind in der Literatur für relativ einfache Systeme behandelt worden. Probleme der Ersatzpolitik sind dabei bisher kaum einbezogen worden.

Da gerade die durchschnittlichen Ersatzzeiten Rv und Ra wegen Ra > Rv geeignete Voraussetzungen für die Anwendung von Prioritäten sind, empfiehlt es sich jedoch, bei Einführung einer vorbeugenden Ersatzpolitik gleichzeitig die Prioritäten der verschiedenen Maßnahmen der Ersatzpolitik festzulegen.

IV. Optimale Dimensionierung der Instandhaltungskapazität

Mit Hilfe der Warteschlangentheorie können für bestimmte Wartesysteme Kenngrößen ermittelt werden und kann gezeigt werden, wie sich diese Kenngrößen in Abhängigkeit von Aktionsparametern verändern. Die hinsichtlich wirtschaftlicher Zielsetzungen (z. B. Gewinnmaximierung, Kostenminimierung) o p t i m a l e Gestaltung der Aktionsparameter gehört eigentlich nicht mehr zur Aufgabe der Warteschlangentheorie, kann aber relativ einfach vorgenommen werden, wenn erst einmal die Abhängigkeiten zwischen den Kenngrößen und den Aktionsparametern ermittelt worden sind (22).

---

21)   Vgl. z. B. F. Ferschl, a. a. O. , S. 171 ff; Th. E. Philipps, Jr., Machine Repair as a Priority Waitingline Problem, in: O.R. (1956), S. 75-85.

22)   Das grundsätzliche Vorgehen bei einem Anlagenpark mit exponentialverteilten Laufzeiten (und damit lediglich ausfallbedingten Ersetzungen) kann bei P. M. Morse, a. a. O. , S. 168 ff, verfolgt werden.

Grundsätzlich kann gesagt werden, daß für Ersatzmodelle mit komplizierterem Inputsystem, Servicesystem und Bedienungssystem die Ermittlung der Kenngröße Verweildauer bzw. Ersatzzeit mathematisch sehr aufwendig wird bzw. sich einer analytischen Lösung bisher entzieht. Aus diesem Grunde soll versucht werden, das Ersatzproblem unter Einbeziehung einer vorbeugenden Ersatzpolitik, Prioritäten und der Kapazitätsdimensionierung mit Hilfe eines bewerteten Markov-Prozesses zu formulieren.

a) Darstellung der Interdependenzen in einem bewerteten Markov-Prozeß

In das Grundmodell der vorbeugenden Ersatzpolitik gehen die durchschnittlichen Ersatzzeiten als Daten ein. Diese Zeiten sind aber Ergebnis der Kapazitätsdimensionierung der Instandhaltungsabteilung, da durch sie die Bearbeitungszeiten und Wartezeiten beeinflußt werden können. Andererseits setzen im allgemeinen Modelle der Warteschlangentheorie die Ankunftsverteilung als Datum voraus. Durch die Festlegung eines vorbeugenden Ersatzzeitpunktes wird dagegen die Inputverteilung verändert. Strenggenommen entstehen durch die Einführung einer vorbeugenden Ersatzpolitik zwei Inputreservoirs: einmal der Ausfallersatz, dessen Eintritt entsprechend der Ausfallverteilung stochastisch ist, zum anderen die vorbeugenden Maßnahmen, deren Eintrittszeitpunkte quasi deterministisch sind, wobei durch die Wahl des vorbeugenden Ersatzzeitpunktes das Verhältnis zwischen den zwei Ankunftsarten variiert werden kann. Unter der Annahme, daß vorbeugende Maßnahmen in kürzerer Zeit ausgeführt werden als andere, besitzt das Wartesystem zwei unterschiedliche Abfertigungsraten. Dadurch entstehen auch Probleme der Schlangendisziplin, indem z. B. vorbeugenden Maßnahmen wegen ihrer kürzeren Dauer eine höhere Abfertigungspriorität gegeben werden kann. Weitere Probleme entstehen, wenn die Instandhaltungsabteilung unterschiedliche Aggregattypen betreut.

Ein Modell, das diese Faktoren umfaßt, kann als bewerteter Markov-Prozeß formuliert werden. Wenn auch die entstehende Modellgröße einer numerischen Lösung praktischer Probleme noch weitgehend entgegensteht, kann ein solches Modell die Entscheidungssituationen weiter verdeutlichen und zur Lösung von Teilproblemen herangezogen werden.

Grundsätzlich entstehen drei Entscheidungskreise:

1) In jedem Zeitpunkt muß für jedes noch laufende Aggregat bestimmt werden, ob es vorbeugend stillgelegt werden oder weiterlaufen soll. Diese Entscheidung hängt davon ab, in welchem Zustand sich das Servicesystem befindet (ob das Aggregat z. B. sofort bearbeitet werden kann oder sich erst in eine Warteschlange einrei-

hen muß usw.). Der Zustand des Servicesystems in einem Zeit-
punkt wird aber auch von der Ersatzpolitik der vorangegangenen
Zeitperioden bestimmt bzw. die Ersatzentscheidung in diesem
Zeitpunkt beeinflußt den Zustand des Servicezyklus und damit die
Ersatzpolitik der nächsten Zeiteinheiten.

Daraus folgt, daß die Ersatzentscheidung eines Aggregates in
Abhängigkeit vom Zustand des Servicesystems und den Zuständen aller laufenden Aggregate getroffen werden muß.

2) Weiterhin muß in jedem Zustand, in dem die Servicestation leer
   ist, entschieden werden, w e l c h e s Aggregat als nächstes bearbeitet werden soll. Dieses kann ein bereits wartendes Aggregat
   sein oder ein noch laufendes Aggregat aufgrund einer vorbeugenden Maßnahme. Die Entscheidung über die Reihenfolge kann von
   vornherein durch vorgegebene Prioritätsregeln festgelegt werden - kann aber auch simultan in jedem Zeitpunkt mit den Ersatzentscheidungen getroffen werden.

3) Besteht die Möglichkeit, durch geeignete Maßnahmen die mittleren Ersatzzeiten zu verändern, dann muß entschieden werden,
   wie die Bedienungsstation dimensioniert werden soll.

Zur Bestimmung der stationären optimalen Politik wird folgender
Ansatz eines bewerteten Markov-Prozesses, formuliert als LP-
Problem, entwickelt: Es wird ein endlich großer Anlagenpark von
stochastisch ausfallenden Produktionsanlagen betrachtet, für den
eine Instandhaltungsabteilung zur Verfügung steht. In jedem Zeitpunkt kann höchstens ein Aggregat von der Abteilung bearbeitet werden. Die Instandhaltungsabteilung kann unterschiedlich dimensioniert werden, wobei sich die Kapazitätsdimensionierung auf die
Verteilungen der Dauer vorbeugender bzw. ausfallbedingter Ersatzvorgänge auswirkt.

Der Zustand des Systems wird durch die Zustände der einzelnen Aggregate bestimmt. Dieses sind für ein Aggregat sein Einsatzalter,
sein Standort in der Warteschlange bezüglich vorbeugender bzw.
ausfallbedingter Maßnahmen oder die Bearbeitungsphase. Je nach
der konkreten Problemstellung müssen die einzelnen Zustände mehr
oder weniger stark präzisiert werden. Wenn einzelne Aggregate mit
konstanter Ausfallrate ausfallen, so brauchen für diese anstatt der
Einsatzdauer lediglich die Zustände "intakt" und "ausgefallen" definiert zu werden. Eine Unterscheidung zwischen den Warteschlangen
für vorbeugenden bzw. ausfallbedingten Ersatz ist erforderlich,
weil nur so der Übergang zu den vorbeugenden bzw. ausfallbedingten Ersatzmaßnahmen richtig erfolgen kann.

Je nachdem, welche Schlangendisziplin von dem System eingehalten werden soll, müssen die Wartezustände unterschiedlich gestaltet werden. Falls die Abfertigung gemäß der FIFO-Regel ausgeführt wird, müssen von jedem Aggregat die einzelnen Wartedauern als Zustände erfaßt werden. Wird dagegen in jedem Zustand vom Modell entschieden, welches Aggregat aus den Warteschlangen als nächstes in die Bedienungsstation eingehen soll, dann braucht nur die Art der Warteschlange (vorbeugend oder nach Ausfall) erfaßt zu werden, nicht aber die Wartezeit selbst.

Im einzelnen setzt sich der Zustand s_i des Aggregats $i = 1, 2, \ldots, n$ aus folgenden Phasen zusammen:

$$s_i = \begin{cases}
t_i & = \text{Einsatzalter, falls} \\
& \quad 0 < s_i \leq t_i^* = \text{maximales Einsatzalter bzw.} \\
& \qquad\qquad\qquad \text{Ausfallzustand} \\[2ex]
Wv_i & = \text{Wartezustand für vorbeugenden Ersatz, falls} \\
& \quad t_i^* < s_i \leq Wv_i^* = \text{maximaler Wartezustand für} \\
& \qquad\qquad\qquad\qquad\qquad \text{vorbeugenden Ersatz} \\[2ex]
Wa_i & = \text{Wartezustand für ausfallbedingten Ersatz, falls} \\
& \quad Wv_i^* < s_i < Wa_i^* = \text{maximaler Wartezustand für} \\
& \qquad\qquad\qquad\qquad\qquad \text{ausfallbedingten Ersatz} \\[2ex]
Rv_{D,i} & = \text{vorbeugender Ersatzzustand bei der Dimensio-} \\
& \quad \text{nierung D der Instandhaltungsabteilung, falls} \\
& \quad Rv_{D-1,i}^* < Rv_{D,i} \leq Rv_{D,i}^*; \text{ mit } Rv_{0,i}^* = Wa_i^* + 1 \\[2ex]
Ra_{D,i} & = \text{ausfallbedingter Ersatzzustand bei der Dimen-} \\
& \quad \text{sionierung D der Instandhaltungsabteilung, falls} \\
& \quad Ra_{D-1,i}^* < Ra_{D,i} \leq Ra_{D,i}^*; \text{ mit } Ra_{0,i}^* = Rv_{D*,i}^* + 1
\end{cases}$$

Die Größen t_i^*, Wv_i^*, Wa_i^*, $Rv_{D,i}^*$ und $Ra_{D,i}^*$ müssen bei einer konkreten Modellformulierung geschätzt werden. Sie dienen zur Abgrenzung des Wertebereichs für s_i.

Der Zustand des gesamten Systems am Anfang einer Zeiteinheit wird dann durch den Vektor $s = \{s_1, s_2, \ldots, s_n\}$ gegeben.

Durch Entscheidungen kann am Anfang einer Zeiteinheit der Vektor s in den Vektor s' mit den Komponenten $\{ s'_1, s'_2, \ldots, s'_n \}$ überführt werden. Für den Zustand des Aggregates s'_1 gilt dann:

$$
s'_i = \begin{cases}
s_i & = \text{falls keine Entscheidung, die das Aggregat i} \\
& \quad \text{betrifft, gefällt wird.} \\[2ex]
Wv_i & = t^*_i + 1, \text{ falls Aggregat vorbeugend ersetzt werden} \\
& \quad \text{soll und in die Warteschlange für vorbeugende} \\
& \quad \text{Maßnahmen eingereiht wird.} \\[2ex]
Wa_i & = Wv^*_i + 1, \text{ falls Aggregat ausgefallen ist und in} \\
& \quad \text{die Warteschlange für ausfallbedingte Maßnahmen} \\
& \quad \text{eingereiht wird.} \\[2ex]
Rv_{D,i} & = Rv^*_{D-1,i} + 1, \text{ falls an dem Aggregat in der D-di-} \\
& \quad \text{mensionierten Instandhaltungsabteilung eine vor-} \\
& \quad \text{beugende Maßnahme ausgeführt wird.} \\[2ex]
Ra_{D,i} & = Ra^*_{D-1,i} + 1, \text{ falls an dem Aggregat in der D-di-} \\
& \quad \text{mensionierten Instandhaltungsabteilung die aus-} \\
& \quad \text{fallbedingte Maßnahme ausgeführt wird.}
\end{cases}
$$

Die Entscheidungsvariable $s_1, s_2, \ldots, s_n X_{s'_1, s'_2, \ldots, s'_n}$ gibt an, wie häufig pro ZE durch Entscheidung der Zustandsvektor s in den Vektor s' transformiert wird. In der Zielfunktion des Modells werden die mit den Entscheidungen verbundenen Erlöse und Kosten (zusammengefaßt in der Größe $_{s_1, s_2, \ldots, s_n} g_{s'_1, s'_2, \ldots, s'_n}$) mit der Entscheidungsvariablen multipliziert. Die Summation über alle Zustände und Entscheidungen führt dann zu der erwarteten Deckungsspanne pro ZE. Nach Abzug der auf die Zeiteinheit bezogenen Investitionskosten IK_D der Instandhaltungsabteilung ergibt sich dann der erwartete Gewinn pro ZE (7. 01).

$$
(7.01) \qquad \bar{G} = \sum_{s, s'} {}_s X_{s'} \cdot {}_s g_{s'} - \sum_D IK_D \cdot U_D
$$

$$
\text{mit} \quad \begin{aligned}
s &\{= s_1, s_2, \ldots s_n\} \\
s' &\{= s'_1, s'_2, \ldots s'_n\}
\end{aligned}
$$

In (7.01) ist U_D eine Ganzzahligkeitsvariable $0 \leq U_D \leq 1$, die nur dann den Wert 1 erhält, wenn vom Modell die Dimensionierung D der Instandhaltungsabteilung in Anspruch genommen wird.

Durch Nebenbedingungen der Form:

$$(7.02) \qquad \sum_{s,\,s'} {}_s X_{s'} \leq U_D \;; \qquad \text{für solche s bzw. s' mit}$$

$$\text{mindestens einem } s_i \text{ bzw. } s'_i \text{ gleich}$$

$$Rv_{D,\,i} \text{ bzw. } Ra_{D,\,i}$$

wird die Erfüllung dieser Forderung sichergestellt.

Die Übergangswahrscheinlichkeiten $_{s'}P_{s''}$ des Systems, die in die Nebenbedingungen (7.03) eingehen, resultieren aus den Ausfallprozessen der Aggregate und den stochastischen Bedienungszeiten.

$$(7.03) \qquad \sum_s {}_{s''}X_s = \sum_{s,\,s'} {}_s X_{s'} \cdot {}_{s'}P_{s''} \;; \text{ für alle s''},$$

$$\text{mit } s = \left\{ s_1, s_2, \ldots s_n \right\};$$
$$s' = \left\{ s'_1, s'_2, \ldots, s'_n \right\};$$
$$s'' = \left\{ s''_1, s''_2, \ldots, s''_n \right\}.$$

Weiter muß die Bedingung (7.04), daß die Summe der Zustandswahrscheinlichkeiten gleich 1 ist, eingehalten werden.

$$(7.04) \qquad \sum_{s,\,s'} {}_s X_{s'} = 1; \text{ mit } s = \left\{ s_1, s_2, \ldots, s_n \right\}$$

$$s' = \left\{ s'_1, s'_2, \ldots, s'_n \right\}$$

An einem Beispiel soll die Struktur der optimalen Entscheidungsregel dieses Modells weiter untersucht werden.

b) Ein Beispiel zur Optimierung der Ersatzpolitik in Abhängigkeit vom Zustand des Wartesystems

Ein Aggregat i=0 mit steigender Ausfallrate wird zusammen mit n=4 Aggregaten i=1, 2, 3, 4, die nach identischen Exponentialverteilungen

ausfallen, von einer Instandhaltungseinheit bedient (vgl. dazu Abb.
(7.01)). Die Aggregate werden von der Instandhaltungsabteilung nach
der Reihenfolge ihres Eintreffens bearbeitet (FIFO-Prinzip).

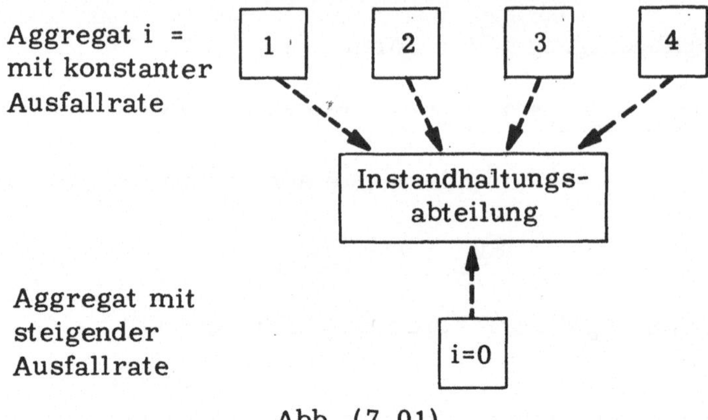

Abb. (7.01)

1) Definition der Systemzustände

Nur beim Aggregat i=0 stellt sich die Frage nach der vorbeugenden
Ersatzpolitik, so daß hier die Laufzeit t_0 in die Definition des Ag-
gregatzustandes eingehen muß. Für die Aggregate i=1 bis i=4 genügt
es dagegen, lediglich festzuhalten, ob sie sich in dem Zustand "intakt" oder "ausgefallen" befinden. Da die vier Aggregate hinsichtlich ihrer für die Ersatzpolitik relevanten Daten identisch sein sollen, ist es möglich, die Aggregate zusammenzufassen und zur Charakterisierung ihres Zustandes lediglich die Zahl der m ausgefallenen bzw. die Zahl der n-m intakten Aggregate anzugeben (23). Von
den vier Aggregaten wird weiter angenommen, daß ihre Ersatzzeit
konstant ist und genau eine Zeiteinheit dauert.

Der Zustand s des Systems am Anfang einer Zeiteinheit wird mithin
für den Fall, daß das Aggregat i=0 in Betrieb ist, d.h. $0 \leq t \leq t^*$,
durch die Kombination von t mit der Zahl der m ausgefallenen Ag-
gregate angegeben zu $s = \{t, m\}$ mit t=0, 1, 2, ... t*-1 und m=0, 1, ... ,4.
Dabei finden sich jeweils m-1 der ausgefallenen Aggregate in der
Warteschlange, während ein Aggregat gerade instandgesetzt wird
(m - 1 > 0).
Zur Einhaltung des FIFO-Prinzips muß in dem Fall, wenn sich das
Aggregat 0 in der Warteschlange befindet, bei der Definition des
Zustands unterschieden werden, wie viele der m ausgefallenen Ag-

---

23)   Damit wird allerdings bei den vier Aggregaten mit konstanter
        Ausfallrate das FIFO-Prinzip nicht mehr beachtet. Für die
        Ermittlung der optimalen Entscheidungsregel für das Aggregat
        i=0 ist allerdings auch nur die Einhaltung des FIFO-Prinzips
        zwischen Aggregat i=0 und den anderen vier Aggregaten von
        Bedeutung.

gregate $i > 0$ sich vor dem Aggregat $i=0$ in der Warteschlange befinden bzw. gerade bearbeitet werden. Der Zustand ergibt sich deshalb in diesem Fall aus der Kombination der Zahl der vor dem Aggregat 0 ausgefallenen Aggregate l, dem Wartezustand des Aggregats 0 und der Zahl k der nach dem Aggregat 0 ausgefallenen Aggregate zu $s = \{l, w, k\}$, mit $l+k=m$. Der Wartezustand w zählt die Wartezeiteinheiten Wv bei vorbeugender Stillegung und Wa bei ausfallbedingter Eingliederung des Aggregates in die Ausfallschlange (24).

Wenn sich das Aggregat 0 in der Instandhaltungsabteilung befindet, wird der Zustand s des Systems durch die Kombination der Ersatzzeit R mit der Zahl der ausgefallenen Aggregate $i > 0$ bestimmt zu $s = \{R, m\}$ mit $m=0, 1, 2, 3, 4$. Dabei steht R für Rv bei vorbeugendem und für Ra bei ausfallbedingtem Ersatz (25).

2) Berechnung der Übergangswahrscheinlichkeiten

Die Übergangswahrscheinlichkeiten des Systems $_{s'}p_{s''}$ setzen sich zusammen aus den Ausfallwahrscheinlichkeiten des Aggregates 0, den Ausfallwahrscheinlichkeiten der übrigen vier Aggregate, den deterministischen Übergängen in den Warteschlangen sowie den Fertigstellungswahrscheinlichkeiten in den einzelnen Ersatzzuständen. Die bedingten Ausfallwahrscheinlichkeiten des Aggregats 0 werden mit λ_t bezeichnet.

Die Wahrscheinlichkeit P der Zahl der Ausfälle mit konstanter Ausfallrate λ während einer Zeiteinheit folgt einer Binomialverteilung gemäß (7.05):

---

24) Die Unterscheidung zwischen vorbeugender und ausfallbedingter Warteschlange ist notwendig für den Übergang in die vorbeugenden bzw. ausfallbedingten Zustände der Ersatzmaßnahmen.

25) Da sich Entscheidungen in diesem Modell lediglich auf den vorbeugenden Ersatzzeitpunkt des Aggregates 0 beziehen, werden in Zuständen, in denen das Aggregat bereits stillgelegt ist, d. h. sich entweder in der Warteschlange befindet oder bereits bearbeitet wird, keine Entscheidungen getroffen. Aus diesem Grund können die entsprechenden Zustände zusammengefaßt werden, womit sich die Zahl der Variablen verringert. Vgl. dazu oben die Ausführungen in Kapitel II: Verringerung der Variablenzahl..., S. 87 ff. Der übersichtlicheren Darstellung wegen sollen hier aber alle Zustände explizit einbezogen werden.

$$(7.05) \qquad P(a) = \binom{n}{m} \lambda^a \cdot (1-\lambda)^b$$

$$a = \text{Zahl der ausfallenden Aggregate}$$
$$b = \text{Zahl der nicht ausfallenden Aggregate}$$
$$n = 4 = \text{Zahl der Aggregate mit exponential-}$$
$$\text{verteilter Laufzeit}$$
$$m = \text{Zahl der bereits ausgefallenen Aggregate}$$

Die Zustandsänderungen der vier Aggregate i=1, 2, 3, 4 setzen sich aus den ausfallenden Aggregaten und den instandgesetzten Aggregaten zusammen. Die Instandsetzungszeit eines ausgefallenen Aggregats beträgt jeweils genau eine ZE.

Die isolierten Übergangswahrscheinlichkeiten $_{m'}p_{m''}$ der vier Aggregate mit exponentialverteilter Laufzeit errechnen sich unter der Voraussetzung, daß das Aggregat 0 sich nicht in einem Ersatzzustand befindet, nach:

$$(7.06) \qquad _{m'}p_{m''} = \begin{cases} \binom{n}{m'} \lambda^a \cdot (1-\lambda)^b, \ a = \begin{cases} m''-m'+1, \text{ falls } m' > 0 \\ \qquad\qquad \text{und } m'' \geqq m' \\ m'' \qquad\qquad , \text{ falls } m' = 0 \end{cases} \\ \qquad\qquad\qquad b = n-m'-a \\ \\ \text{sonst } 0 \end{cases}$$

Die Übergangswahrscheinlichkeiten des Systems während der Laufzeit des Aggregates 0 ergeben sich aus der Multiplikation der Übergangswahrscheinlichkeiten beider Ausfallprozesse:

$$(7.07) \qquad _{t',m'}p_{t'',m''} = \begin{cases} \lambda_t \cdot {}_{m'}p_{m''}, \text{ falls } t'' = t^*, \text{ sonst} \\ \\ (1-\lambda_t) \cdot {}_{m'}p_{m''}. \end{cases}$$

Wenn sich das Aggregat 0 in einer Warteschlange befindet, wird nur der Ausfallprozeß der Aggregate i=1, 2, 3, 4 wirksam:

$$(7.08) \qquad _{l',w',k'}p_{l'',w'',k''} = {}_{m'}p_{m''}, \text{ mit } \begin{aligned} w'' &= w'+1 \ ; \\ m' &= l'+k' \ ; \\ m'' &= l''+k''. \end{aligned}$$

Die Übergangswahrscheinlichkeiten müssen modifiziert werden, wenn sich das Aggregat 0 in einem Ersatzzustand befindet. Einmal wird in diesem Fall kein Aggregat i=1, 2, ... , 4 fertiggestellt und zum anderen werden die Übergangswahrscheinlichkeiten der Ersatzzeitverteilung des Aggregates 0 wirksam. Die Übergangswahrscheinlichkeiten $_{m'}p_{m''}$ verändern sich zu $_{m'}\bar{p}_{m''}$:

$$(7.09) \qquad _{m'}\bar{p}_{m''} = \left(n{-}^a_{m'}\right) \cdot \lambda^a \cdot (1-\lambda)^b, \quad a=m''-m'; \; b=n-m'-a$$

Die Fertigstellwahrscheinlichkeit für das Aggregat während einer Zeiteinheit, wenn bereits R Zeiteinheiten lang die Ersatzmaßnahme ausgeführt wurde, soll mit q_R bezeichnet werden; R steht dabei entweder für Rv oder Ra. Entsprechend errechnen sich die Übergangswahrscheinlichkeiten zu

$$(7.10) \qquad _{m',R'}p_{s''} = \begin{cases} s''=m'',R'' : (1-q_{R'}) \cdot {}_{m'}\bar{p}_{m''}, & \text{falls } R''=R'{+}1 \\[2ex] s''=t,m'' : q_{R'} \cdot {}_{m'}\bar{p}_{m''}, & \text{für } t=0 \end{cases}$$

Anhand dieser Berechnungsvorschriften kann das Modell entsprechend den Formeln (7.01), (7.03) und (7.04) aufgestellt werden. Die Möglichkeit der Kapazitätsdimensionierung wird nicht behandelt.

3) Numerische Ergebnisse

Es wird folgende konkrete Datensituation betrachtet: Die bedingten Ausfallwahrscheinlichkeiten des Aggregates 0 (Aggregattyp I) sind in Tab. (7.01) dargestellt und aus einer Erlangverteilung mit den Parametern k=8, Ta=8 abgeleitet (26). Das maximale Einsatzalter t*=11 ist identisch mit dem Zustand "ausgefallen". Wenn das Aggregat ausfallbedingt in der Instandhaltungsabteilung bearbeitet wird, geht es mit einer Wahrscheinlichkeit von 0.90 nach einer ZE in den zweiten Ersatzzustand über (27), und nach zwei Zeiteinheiten der Bearbeitung wird mit einer Wahrscheinlichkeit von 0.95 der dritte Ersatzzustand begonnen. Nach drei Zeiteinheiten ist das Aggregat auf jeden Fall fertiggestellt. Für einen vorbeugenden Ersatz lauten die entsprechenden Übergangswahrscheinlichkeiten 0.15 und 0.05. Aus diesen Verteilungen geht der Vorteil einer vorbeugenden Ersatzpolitik in bezug auf eine Verringerung der Ersatzzeiten hervor.

Die konstante Ausfallwahrscheinlichkeit der Aggregate 1 bis 4 (Aggregattyp II) beträgt 0.3.

---

26)   Um die Zahl der Variablen zu verringern, wurde die Verteilung um 2 ZE in Richtung zum Ursprung verschoben.

27)   Bzw. ist mit einer Wahrscheinlichkeit von 0.10 nach einer Zeiteinheit fertiggestellt.

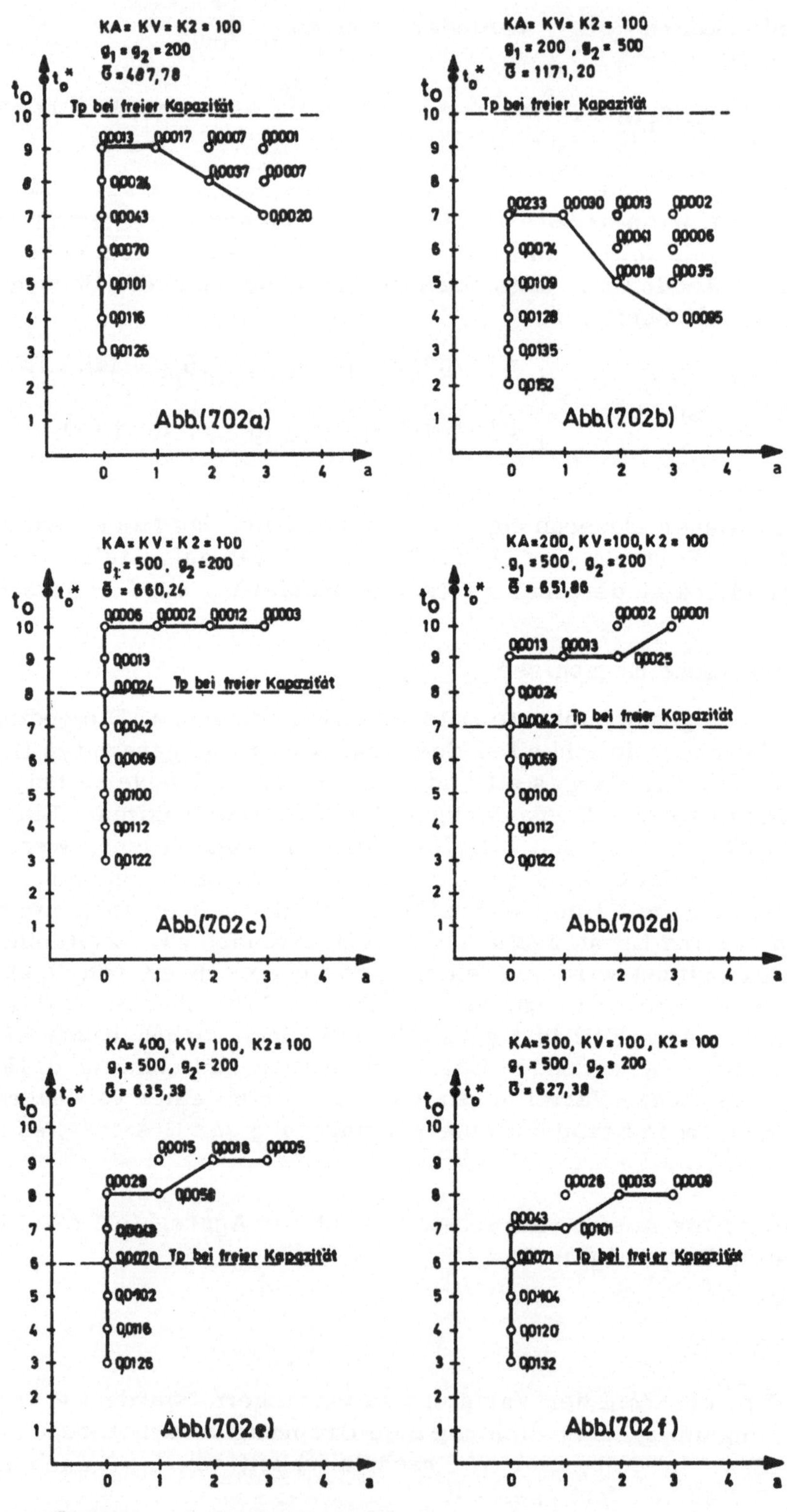
KA = KV = K2 = 100
g₁ = g₂ = 200
G = 487,78
Tp bei freier Kapazität
Abb.(702a)

KA = KV = K2 = 100
g₁ = 200, g₂ = 500
G = 1171,20
Tp bei freier Kapazität
Abb.(702b)

KA = KV = K2 = 100
g₁ = 500, g₂ = 200
G = 660,24
Tp bei freier Kapazität
Abb.(702c)

KA = 200, KV = 100, K2 = 100
g₁ = 500, g₂ = 200
G = 651,86
Tp bei freier Kapazität
Abb.(702d)

KA = 400, KV = 100, K2 = 100
g₁ = 500, g₂ = 200
G = 635,39
Tp bei freier Kapazität
Abb.(702e)

KA = 500, KV = 100, K2 = 100
g₁ = 500, g₂ = 200
G = 627,39
Tp bei freier Kapazität
Abb.(702f)

ERLÄUTERUNG : t₀ —Einsatzzeit des Teiles 0
a —Zahl der ausgefallenen Aggregate vom Typ I

Einsatz-alter t	0	1	2	3	4	5	6	7	8	9	10	11
Ausfall-wahr-schein-lichkeit	0.011	0.040	0.087	0.142	0.195	0.243	0.285	0.320	0.35	0.4	1	

Tab. (7.01)

Die Dauer einer Instandsetzung beträgt bei diesen Aggregaten genau eine ZE. Aus diesen Angaben lassen sich entsprechend den Ausführungen auf Seite 196 ff. die Zustände und die Übergangswahrscheinlichkeiten des Systems errechnen.

Für das Aggregat 0 gilt es nun, unter Berücksichtigung der FIFO-Abfertigungsregel die optimale Ersatzpolitik zu ermitteln. In den Abbildungen (7.02a) bis (7.02f) sind die optimalen Ersatzzeitpunkte des Aggregates 0 eingetragen in Abhängigkeit von der Zahl der bereits ausgefallenen Aggregate vom Typ II, die wegen der FIFO-Regel Vorrang besitzen. Dabei sind jeweils unterschiedliche Deckungsspannen pro ZE g_1 und g_2 für die Aggregattypen angesetzt. Weiter werden unterschiedliche direkte Ersatzkosten KV bzw. KA bei vorbeugendem bzw. ausfallbedingtem Ersatz unterstellt. Die direkten Ersatzkosten des Aggregattyps II betragen dagegen durchweg K2= 100 GE. In den Abbildungen sind jeweils die betreffenden Daten angegeben. Ferner ist der Gewinn pro ZE bei Verfolgung der optimalen Ersatzstrategie eingetragen. Ein Punkt bedeutet jeweils, daß bei dieser Kombination zwischen Einsatzalter und Zahl ausgefallener Aggregate des Typs II das Aggregat 0 vorbeugend ersetzt wird. An jeden Punkt ist die Wahrscheinlichkeit geschrieben, mit der die jeweilige Entscheidung im stationären Zustand des Systems getroffen wird. Die eingezeichnete Verbindungslinie kennzeichnet die "kritischen Werte" der Ersatzpolitik, auf der oder oberhalb der das Aggregat vorbeugend ersetzt wird (28). Weiterhin ist durch eine gestrichelte Linie die vorbeugende Ersatzpolitik für den Fall angegeben, daß keine Wartezeiten auftreten, d.h. Beschränkungen der Instandhaltungsabteilung nicht wirksam werden.

In Abb. (7.02a) sind die direkten Ersatzkosten für alle Ersatzvorgänge und die Deckungsspannen pro ZE beider Aggregattypen gleich.

---

28) Oberhalb dieser Linie werden nicht alle Zustände bei Befolgung einer Ersatzstrategie realisiert. Nur die durch Punkte gekennzeichneten Zustände werden auch tatsächlich vom System erreicht. Beispielsweise wird in Abb. (7.02a) das Einsatzalter 10 vom Aggregat 0 nicht erreicht, da es bei einem Alter von 9 in jedem Fall vorbeugend ersetzt wird.

In Abb. (7.02b) ist die Deckungsspanne des zweiten Aggregattyps
auf 500 GE erhöht.

In den anderen Beispielen ist die Deckungsspanne des Aggregates 0
höher, außerdem werden die direkten Ersatzkosten bei einem Ausfall KA höher angesetzt als KV.

Die Vorteile einer vorbeugenden Ersatzpolitik bei Aggregat 0 sind
vielschichtig:

a) Zunächst können durch einen vorbeugenden Ersatz Ersatzzeiten
   des Aggregates 0 vermieden werden, da bei einem vorbeugenden
   Ersatz die durchschnittliche Ersatzzeit geringer ist als bei einem
   ausfallbedingten Ersatz.

b) Wenn das Aggregat 0 ausfällt, blockiert es für nahezu 3 Zeiteinheiten die Instandhaltungsabteilung für die Aggregate vom Typ II
   und verursacht dadurch gegenüber einem vorbeugenden Ersatz erheblich mehr Wartezeiten für den Aggregattyp II.

In Beispiel (7.02a) und insbesondere in (7.02b) ist das Modell wegen
der hohen Deckungsspanne g_2 bestrebt, vornehmlich Wartezeiten
des Aggregattyps II zu vermeiden. Aus diesem Grund wird das Aggregat 0 früh vorbeugend ersetzt, wenn sich kein Aggregat vor ihm
in der Warteschlange befindet. Der Ersatz ist dann nach rund einer
ZE abgeschlossen und behindert kein anderes Aggregat. Die entstehenden direkten Ersatzkosten und entgangenen Deckungsspannen des
Aggregates 0 werden daher in Kauf genommen.

Auch in den anderen Beispielen wird das Aggregat 0 relativ früh ersetzt, wenn sich kein Aggregat vor ihm in der Schlange befindet.
Hier ist allerdings der Grund darin zu sehen, daß in diesen Fällen
für das Aggregat 0 selbst keine Wartezeit entsteht, und weniger in
einer geringeren Behinderung der anderen Aggregate. Es zeigt sich,
daß bei freier Instandhaltungsabteilung (d.h. die Zahl der ausgefallenen Aggregate vom Typ II ist gleich 0) der isoliert optimale vorbeugende Ersatzzeitpunkt unterschritten wird (29). Daraus folgt,
daß der Vorteil der vorbeugenden Ersatzpolitik zunimmt, weil durch
einen vorbeugenden Ersatz spätere Wartezeiten des eigenen Aggregates oder des anderen Aggregattyps vermieden werden.

Befinden sich bereits ausgefallene Aggregate vor Aggregat 0 in der
Warteschlange oder in der Bearbeitung, dann kann das Aggregat bei
einem vorbeugenden Ersatz nicht sofort bearbeitet werden, sondern

---

29) Der isoliert optimale Ersatzzeitpunkt wird durch die gestri-
     chelte Linie angegeben.

wird zunächst stillgelegt und schließt sich der Schlange an. In diesen Fällen ergeben sich zwischen den Beispielen (7.02a), (7.02b) und den anderen Abbildungen zwei unterschiedliche Strukturen der Ersatzpolitik.

In den Fällen (7.02a) und (7.02b) wird versucht, Blockierungen der Instandsetzungsabteilung durch das Aggregat 0 zu vermeiden. Sind nur wenig Aggregate ausgefallen, so ist das Reservoir für weitere Ausfälle vom Aggregattyp II relativ groß, die sich bei einer Stillegung des Aggregats h i n t e r diesem in die Warteschlange einordnen. Aus diesem Grund wird das Aggregat 0 erst dann stillgelegt, wenn die Ausfallneigung relativ hoch ist. Wenn dagegen bereits mehrere Aggregate ausgefallen sind, ist das Ausfallreservoir gering, so daß nunmehr bei einer Stillegung kaum Wartezeiten für ausfallende Aggregate entstehen.

In den Beispielen (7.02c) bis (7.02f) ist die Struktur der Politik entgegengesetzt. Hier wird das Aggregat tendenziell um so früher stillgelegt, je w e n i g e r Aggregate bereits ausgefallen sind. Der Grund liegt darin, daß nunmehr vornehmlich Wartezeiten des Aggregates 0 zu vermeiden versucht werden. Das ist aber um so mehr der Fall, je weniger Aggregate bereits vorher ausgefallen sind.

Gegenüber dem isoliert optimalen Ersatzzeitpunkt wird im Falle knapper Instandhaltungskapazität folgende Struktur der Ersatzpolitik deutlich (vgl. Abb. (7.02c) bis (7.02f)):

a) bei nicht besetzter Instandhaltungsabteilung wird der Ersatzzeitpunkt vorverlegt;

b) bei besetzter Instandhaltungsabteilung wird der Ersatzzeitpunkt hinausgezögert. Dies geschieht um so mehr, je höher die Zahl der bereits ausgefallenen Aggregate ist.

Ursache für diese in allen Beispielen zu beobachtende Tendenz ist, daß bei dem Auftreten von Wartezeiten die Vorteilhaftigkeit der Ersatzpolitik bei einem einzelnen Aggregat abnimmt (30). Ob diese Aussagen allerdings generell auch für ein komplexes System mit mehreren vorbeugend zu ersetzenden Aggregaten zutrifft, soll später mit Hilfe eines Simulationsmodells geprüft werden.

---

30)   Wenn sowohl bei ausfallbedingtem als auch bei vorbeugendem Ersatz eine durchschnittliche Wartezeit von W ZE auftritt, dann nimmt der Quotient aus den gesamten Stillstandszeiten (Ra+W)/(Rv+W) gegenüber Ra/Rv ab.

Kapitel VIII

Ersatzpolitik in komplexen Produktionssystemen

In den vorangegangenen Kapiteln wurde gezeigt, wie die Ersatzpolitik bei stochastisch ausfallenden Produktionsanlagen mit anderen betrieblichen Entscheidungsbereichen verknüpft ist. In jedem Kapitel wurde dadurch eine oder mehrere der in den Grundmodellen der Ersatzpolitik enthaltenen Prämissen (1) aufgelöst, wobei allerdings häufig die jeweils anderen Prämissen beibehalten wurden. Daraus ergibt sich zwangsläufig die Forderung, nachdem in den einzelnen Kapiteln die Prämissen isoliert aufgehoben wurden, sie nun alle gleichzeitig aufzuheben, um alle Interdependenzen erfassen zu können. Die in den einzelnen Kapiteln aufgezeigten Probleme könnten zwar formal in einem bewerteten Markov-Prozeß einbezogen werden, aber ein solcher Ansatz könnte wegen der Zahl der Variablen weder zur Bestimmung konkreter Optima herangezogen werden noch könnte sein Erklärungswert befriedigen.

Aus diesem Grund soll mit Hilfe der Simulation (2) versucht werden, die Vorteilhaftigkeit der Ersatzpolitik in komplexen Produk-

---

1) Vgl. dazu oben S. 53.

2) Zu Begriff und Verfahren der Simulationstechnik vgl. u. a. H. Seelbach, Die Planung mehrstufiger Produktionsprozesse in Mehrproduktunternehmen mit Hilfe von Simulationsverfahren, unveröffentlichte Habilitationsschrift der Universität Köln 1970, S. 8 ff; H. Schneeweiß, Monte-Carlo-Methoden, in: G. Menges (Hrsg.), Beiträge zur Unternehmensforschung, Würzburg 1969; J. M. Hammersley, und D. C. Handscomb, Monte Carlo Methods, London 1964; R. Koxholt, Die Simulation - Hilfsmittel der Unternehmensforschung, München 1967; P. Mertens, Simulation, Stuttgart 1969; N. P. Buslenko und J. A. Schreider, Die Monte-Carlo-Methode und ihre Verwirklichung mit elektronischen Digitalrechnern, Leipzig 1964; W. Müller, Technik und Leistungsfähigkeit betriebswirtschaftlicher Simulationsstudien, in: ZfB (1968), S. 605 ff. Wegen ihrer Komplexität der Entscheidungssituationen werden in der Literatur und in der Praxis zur Beurteilung von Ersatzstrategien in zunehmendem Maße Simulationsmodelle aufgestellt. Vgl. z. B. J. Frotscher, Ein Simulationsmodell für den Reparaturdienst, in: Simulationsmodelle, Hrsg. Institut für Datenverarbeitung, Dresden 1968; in praktischem Einsatz steht das EROS-Modell der Deutschen Lufthansa, vgl. H. Gröger, EROS - ein Planungsinstrument für Triebwerksinstandhaltungswerkstätten von Luftverkehrsgesellschaften, in: K. F. Bussmann und P. Mertens, Hrsg., a. a. O., S. 137 ff.

tionssystemen zu überprüfen. Dazu werden die relevanten Eigenschaften eines Produktionssystems in einem ALGOL-Programm abgebildet und durch wiederholte Experimente (Simulationsläufe) die Wirkungen unterschiedlicher Ersatzstrategien getestet.

Zur Aufstellung der unterschiedlichen Ersatzstrategien werden die Ergebnisse der bisher betrachteten Entscheidungsmodelle herangezogen.

Das betrachtete Produktionssystem soll sich vor allem durch die Größe des Anlagenparks von den relativ einfachen Systemen der vorangegangenen Kapitel unterscheiden. Dadurch kann untersucht werden, ob sich die Vorteile der Ersatzpolitik in realitätsnäheren Modellen verstärken oder abschwächen.

A. Das Simulationsmodell

I. Das abgebildete Produktionssystem

Das in dem Simulationsmodell abgebildete Produktionssystem ist in Abb. (8.01) dargestellt. Es besteht aus einer Fließkette mit drei starr miteinander verketteten Aggregaten. Jedes der Aggregate fällt stochastisch aus, wobei für den Ausfall lediglich ein Verschleißteil verantwortlich ist. Da diese Teile bei den Aggregaten unterschiedlich sind, wird jedem Aggregat ein Ersatzteillager zugeordnet. Auf der Fließkette werden zwei Sorten abwechselnd gefertigt.

Neben der Fließkette wird eine Werkstattfertigung betrieben. Die sechs Aggregate der ersten Produktionsstufe der Werkstattfertigung sind identisch. Zwischen der ersten und zweiten Stufe ist ein Zwischenlager geschaltet, das vor allem Pufferfunktionen ausübt. Ist das Zwischenlager gefüllt und die zweite Stufe nicht betriebsbereit, so müssen die Aggregate der ersten Stufe stillgelegt werden. Ist dagegen das Zwischenlager leer und sind Aggregate der ersten Stufe ausgefallen, dann muß das Aggregat der zweiten Stufe (zumindest teilweise) stillgelegt werden. Die in Werkstattfertigung produzierten unterschiedlichen Produkte sollen hinsichtlich ihres Einflusses auf das Ausfallverhalten der Aggregate homogen sein.

Auch bei den Werkstattaggregaten ist jeweils lediglich ein Teil verschleißanfällig. Für die sechs Aggregate der ersten Stufe wird ein gemeinsames Ersatzteillager gehalten - für das Aggregat der zweiten Stufe ist eine gesonderte Lagerhaltung erforderlich.

Die Bestellpolitik für alle Ersatzteiltypen folgt jeweils einer s, S-Lagerregel.

Die Instandhaltungsabteilung besteht aus einer variablen Anzahl parallel einsetzbarer Gruppen und betreut sowohl die Werkstattaggregate als auch die Fertigungskette.

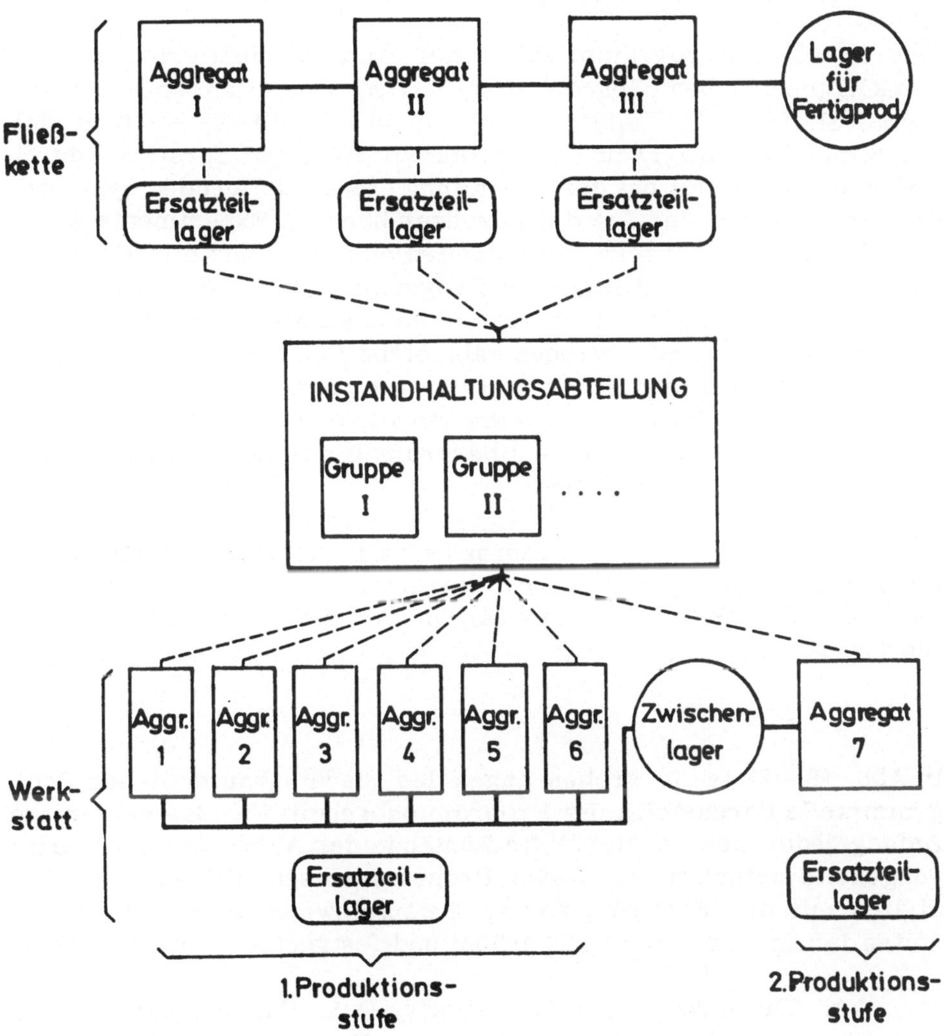

Abb. (8. 01)

Wenn alle Gruppen der Instandhaltungsabteilung beschäftigt sind, reiht sich ein ausgefallenes Aggregat in die Warteschlange ein. Für die Abfertigung werden unterschiedliche Prioritätsregeln angesetzt. Ebenfalls werden bezüglich der Ersatzpolitik unterschiedliche Strategien getestet.

II. Beschreibung des Simulationsablaufs

Das Simulationsprogramm ist in der problemorientierten Sprache ALGOL geschrieben. Gegenüber speziellen Simulationssprachen wie GPSS, SIMSCRIPT, GASP, SIMULA und DYNAMO zeichnet sich ein Simulationsprogramm in problemorientierten Sprachen durch größere Flexibilität bei der Gestaltung des abzubildenden Systems, des Reports und der Art der durchzuführenden Experimente sowie durch erheblich kürzere Rechenzeiten aus (3). Nachteile entstehen dagegen wegen der schwierigeren Programmierung. Wegen der vielfältigen Interdependenzen in einem Simulationsprogramm, wie es hier aufgestellt wird, bestehen zahlreiche Fehlermöglichkeiten, die die Simulationsergebnisse verfälschen können. Aus diesem Grund müssen in dem Report eine Reihe von Plausibilitätskontrollen enthalten sein, die eine leichte Überprüfung der Schlüssigkeit eines Simulationslaufs ermöglichen.

Das hier aufgestellte Programm besteht aus einem Rahmenprogramm, in dem die Parameter des Simulationslaufs bestimmt werden, und einem Unterprogramm (4), in dem die Experimente ausgeführt werden.

a) Das Flußdiagramm

In Abb. (8.02) ist in groben Zügen das Flußdiagramm dieses Programmteils dargestellt. Im Programmabschnitt (8.02a) werden am Anfang jeder Zeiteinheit (5) die Zustände der Aggregate der Fertigungskette aktualisiert. Dieser Programmabschnitt befaßt sich lediglich mit der Fertigungskette. Beispielsweise werden die Laufzeiten der Aggregate um 1 ZE erhöht und festgestellt, ob ein Aggre-

---

3) Vgl. Th. H. Naylor, J. L. Balintfy, D. S. Burdick und K. Chu, Computer Simulation Techniques, New York-London-Sydney 1968, S. 239 ff.

4) In dem Unterprogramm sind wiederum mehrere Prozeduren enthalten, die den Report, die benutzten Zufallszahlen u. a. generieren.

5) Die Zeiteinheit des Simulationslaufs kann beliebig gewählt werden. Sie kann z. B. als Stunde, Tag, Woche usw. definiert sein.

gat seinen Ausfallzeitpunkt erreicht hat. Weiter wird abgefragt, ob
eine Maßnahme der Ersatzpolitik beendet ist. Auch werden die Zustände der mit der Fertigungskette verbundenen Ersatzteillager und
Fertiglager berichtigt.

Im Programmteil (8. 02b) werden am Anfang jeder Zeiteinheit die
Zustände der Werkstattaggregate und der mit ihnen verbundenen
Einrichtungen aktualisiert. Auch dieser Abschnitt ist selbständig,
d. h. von den Zuständen der Fertigungskette unabhängig. Allerdings
treten komplizierte Beziehungen zwischen den Aggregaten der ersten Stufe, dem Zustand des Zwischenlagers und dem Aggregat der
zweiten Stufe auf.

Im Programmteil (8. 02c) wird die Besetzung der Instandhaltungsabteilung vorgenommen. Hier müssen die Aggregate der Fertigungskette und die Werkstattaggregate gemeinsam betrachtet werden. Insbesondere ist bei knapper Kapazität der Instandhaltungsabteilung zu
entscheiden, welches Aggregat die höchste Priorität besitzen soll.
Dazu wird in den Programmabschnitten (8. 02a) und (8. 02b) jedem
Aggregat in Abhängigkeit von der verfolgten Strategie bei jeder Ersatzentscheidung eine Prioritätsziffer zugeordnet. Da diese aber zunächst nur isoliert berechnet wird, kann sie aufgrund des Zustands
des gesamten Systems im Abschnitt (8. 02c) durchaus verändert
werden.

Im Abschnitt (8. 02d) werden Entscheidungen über die Beschaffung
von Ersatzteilen getroffen. Neben der Veränderung der für die Durch-
führung eines Simulationslaufs unbedingt erforderlichen Zustands-
größen wird laufend eine Reihe von charakteristischen Größen erfaßt, die über das Verhalten des Systems Aufschluß gibt. Die Größen gehen in einen Report ein, der zu beliebigen Zeiten des Simulationslaufes abgerufen werden kann. Für die einzelnen Werkstattaggregate wird z. B. erfaßt: die Produktionszeit bis zu diesem Zeitpunkt (getrennt danach, ob sie vor Erreichung des vorbeugenden Ersatzzeitpunktes Tp oder nach ihm - bei Anwendung einer differenzierten Stop-Politik - angefallen ist); die Zahl der Ausfälle vor Tp
bzw. nach Tp; Wartezeiten getrennt nach ihren Ursachen: belegte
Instandhaltungsabteilung, fehlende Ersatzteile, unzureichende Zwischenlagerkapazität; Ersatzzeiten für vorbeugende und ausfallbedingte Maßnahmen; der durchschnittliche Lagerbestand des Zwischenlagers und die Zahl der Ersatzteilbestellungen. Aus diesen
Größen können leicht bestimmte Kostengrößen wie die Ersatzkosten, Lagerkosten usw. ermittelt werden.

Für die Fertigungskette gilt ein ähnlicher Katalog von charakteristischen Größen. Darüber hinaus wird der Zustand der K e t t e
i n s g e s a m t fortgeschrieben, der wegen der starren Verkettung

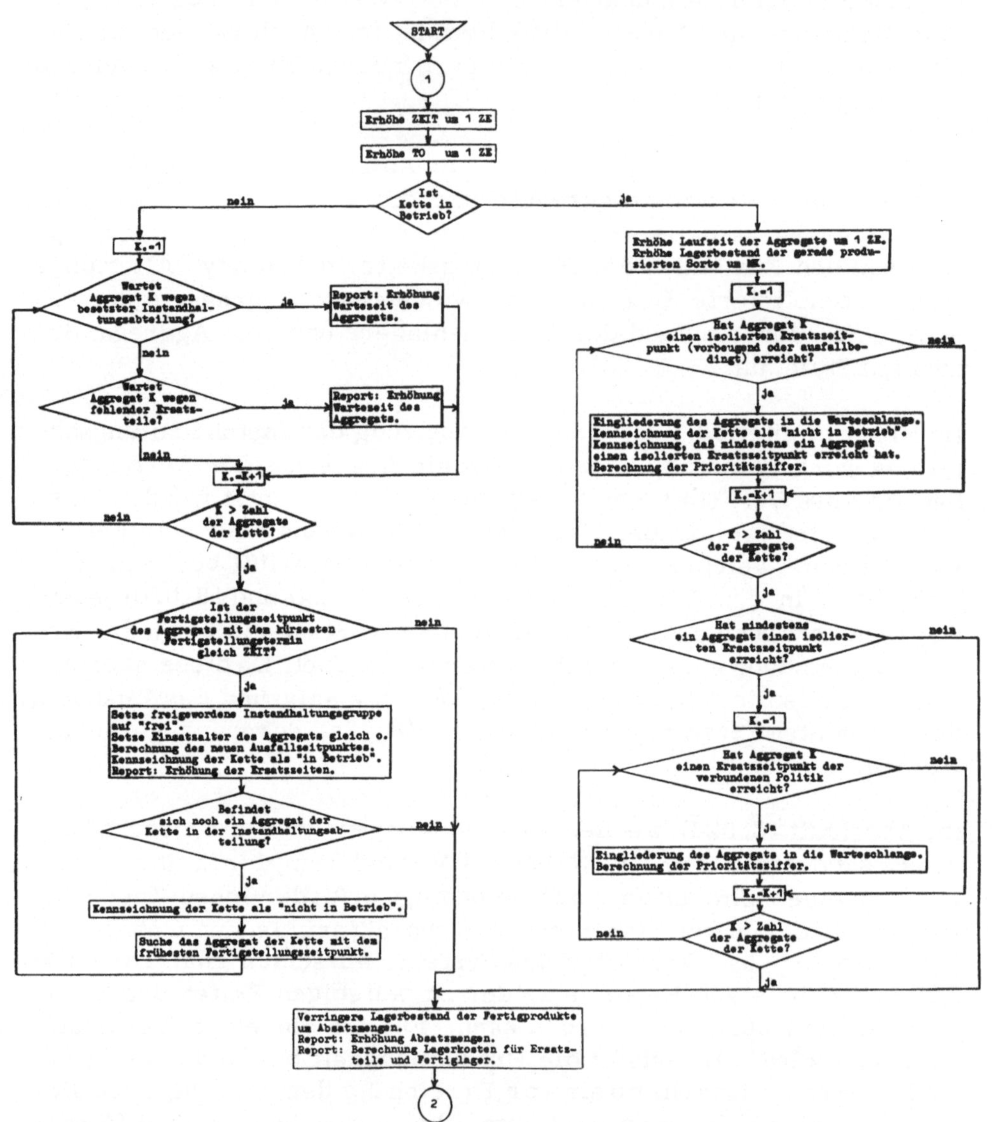
START
1
Erhöhe ZEIT um 1 ZE
Erhöhe TO   um 1 ZE
Ist Kette in Betrieb?
nein
ja
K.=1
Erhöhe Laufzeit der Aggregate um 1 ZE. Erhöhe Lagerbestand der gerade produzierten Sorte um MK.
K.=1
Wartet Aggregat K wegen besetzter Instandhaltungsabteilung?
ja
nein
Report: Erhöhung Wartezeit des Aggregats.
Wartet Aggregat K wegen fehlender Ersatzteile?
ja
nein
Report: Erhöhung Wartezeit des Aggregats.
Hat Aggregat K einen isolierten Ersatzzeitpunkt (vorbeugend oder ausfallbedingt) erreicht?
nein
ja
Eingliederung des Aggregats in die Warteschlange. Kennzeichnung der Kette als "nicht in Betrieb". Kennzeichnung, daß mindestens ein Aggregat einen isolierten Ersatzzeitpunkt erreicht hat. Berechnung der Prioritätsziffer.
K.=K+1
K > Zahl der Aggregate der Kette?
nein
ja
K.=K+1
K > Zahl der Aggregate der Kette?
nein
ja
Ist der Fertigstellungszeitpunkt des Aggregats mit dem kürzesten Fertigstellungstermin gleich ZEIT?
nein
ja
Hat mindestens ein Aggregat einen isolierten Ersatzzeitpunkt erreicht?
nein
ja
Setze freigewordene Instandhaltungsgruppe auf "frei". Setze Einsatzalter des Aggregats gleich o. Berechnung des neuen Ausfallzeitpunktes. Kennzeichnung der Kette als "in Betrieb". Report: Erhöhung der Ersatzzeiten.
K.=1
Hat Aggregat K einen Ersatzzeitpunkt der verbundenen Politik erreicht?
nein
ja
Befindet sich noch ein Aggregat der Kette in der Instandhaltungsabteilung?
nein
ja
Eingliederung des Aggregats in die Warteschlange. Berechnung der Prioritätsziffer.
K.=K+1
Kennzeichnung der Kette als "nicht in Betrieb".
Suche das Aggregat der Kette mit dem frühesten Fertigstellungszeitpunkt.
K > Zahl der Aggregate der Kette?
nein
ja
Verringere Lagerbestand der Fertigprodukte um Absatzmengen. Report: Erhöhung Absatzmengen. Report: Berechnung Lagerkosten für Ersatzteile und Fertiglager.
2

Abb. (8.02a)

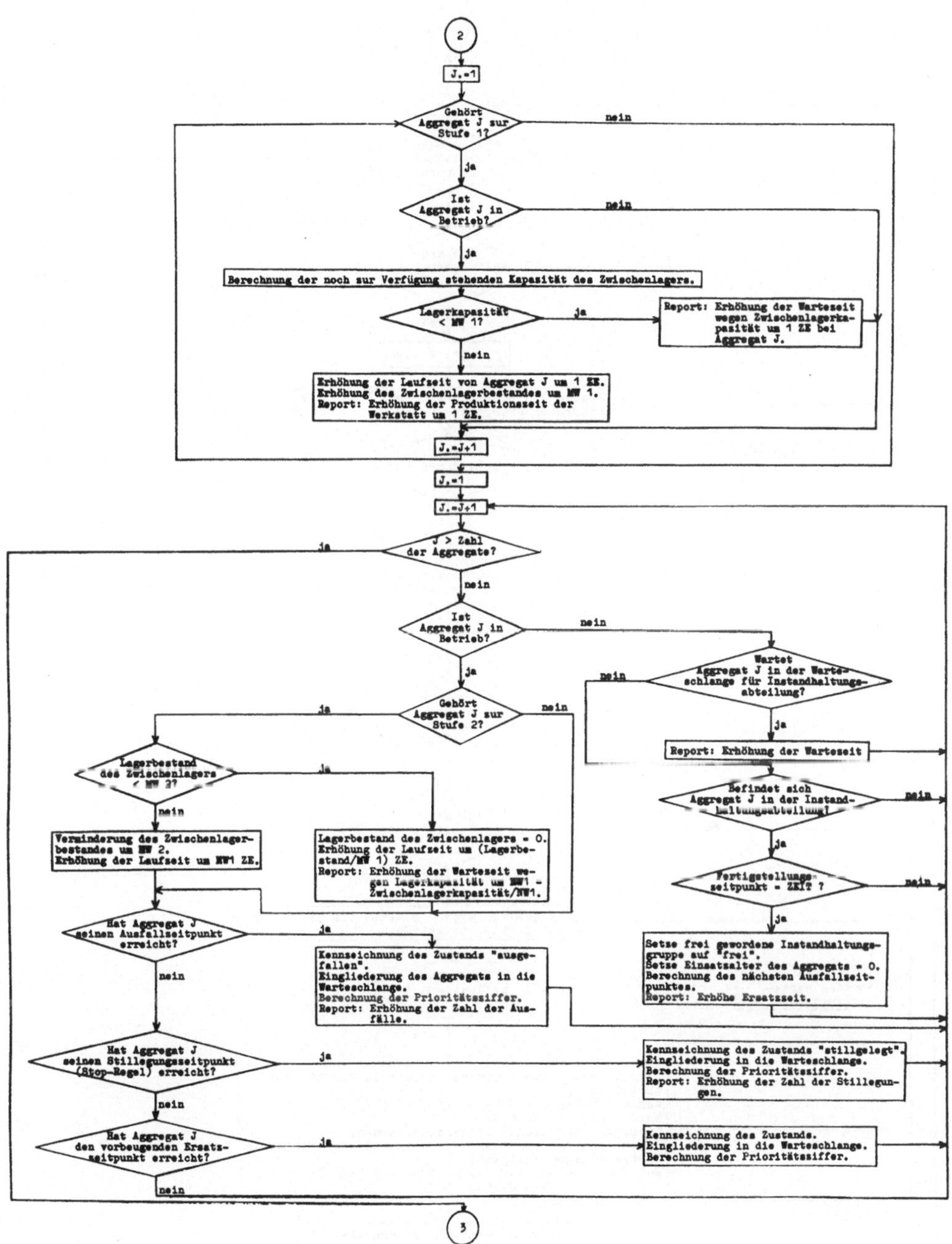

2
J. = 1
Gehört Aggregat J zur Stufe 1?
nein
ja
Ist Aggregat J in Betrieb?
nein
ja
Berechnung der noch zur Verfügung stehenden Kapasität des Zwischenlagers.
Lagerkapasität < MW 1?
ja
Report: Erhöhung der Warteseit wegen Zwischenlagerkapasität um 1 ZE bei Aggregat J.
nein
Erhöhung der Laufzeit von Aggregat J um 1 ZE.
Erhöhung des Zwischenlagerbestandes um MW 1.
Report: Erhöhung der Produktionszeit der Werkstatt um 1 ZE.
J. = J+1
J. = 1
J. = J+1
J > Zahl der Aggregate?
ja
nein
Ist Aggregat J in Betrieb?
nein
ja
Wartet Aggregat J in der Warteschlange für Instandhaltungsabteilung?
nein
ja
Gehört Aggregat J zur Stufe 2?
ja
nein
Report: Erhöhung der Warteseit
Befindet sich Aggregat J in der Instandhaltungsabteilung?
nein
ja
Lagerbestand des Zwischenlagers < MW 2?
ja
nein
Fertigstellungszeitpunkt = ZEIT ?
nein
ja
Verminderung des Zwischenlagerbestandes um MW 2.
Erhöhung der Laufzeit um MW1 ZE.
Lagerbestand des Zwischenlagers = 0.
Erhöhung der Laufzeit um (Lagerbestand/MW 1) ZE.
Report: Erhöhung der Warteseit wegen Lagerkapasität um MW1 - Zwischenlagerkapasität/MW1.
Setze frei gewordene Instandhaltungsgruppe auf "frei".
Setze Einsatzalter des Aggregats = 0.
Berechnung des nächsten Ausfallzeitpunktes.
Report: Erhöhe Ersatzzeit.
Hat Aggregat J seinen Ausfallzeitpunkt erreicht?
ja
nein
Kennzeichnung des Zustands "ausgefallen".
Eingliederung des Aggregats in die Warteschlange.
Berechnung der Prioritätsziffer.
Report: Erhöhung der Zahl der Ausfälle.
Hat Aggregat J seinen Stillegungszeitpunkt (Stop-Regel) erreicht?
ja
nein
Kennzeichnung des Zustands "stillgelegt".
Eingliederung in die Warteschlange.
Berechnung der Prioritätsziffer.
Report: Erhöhung der Zahl der Stillegungen.
Hat Aggregat J den vorbeugenden Ersatzzeitpunkt erreicht?
ja
nein
Kennzeichnung des Zustands.
Eingliederung in die Warteschlange.
Berechnung der Prioritätsziffer.
3

Abb. (8.02b)

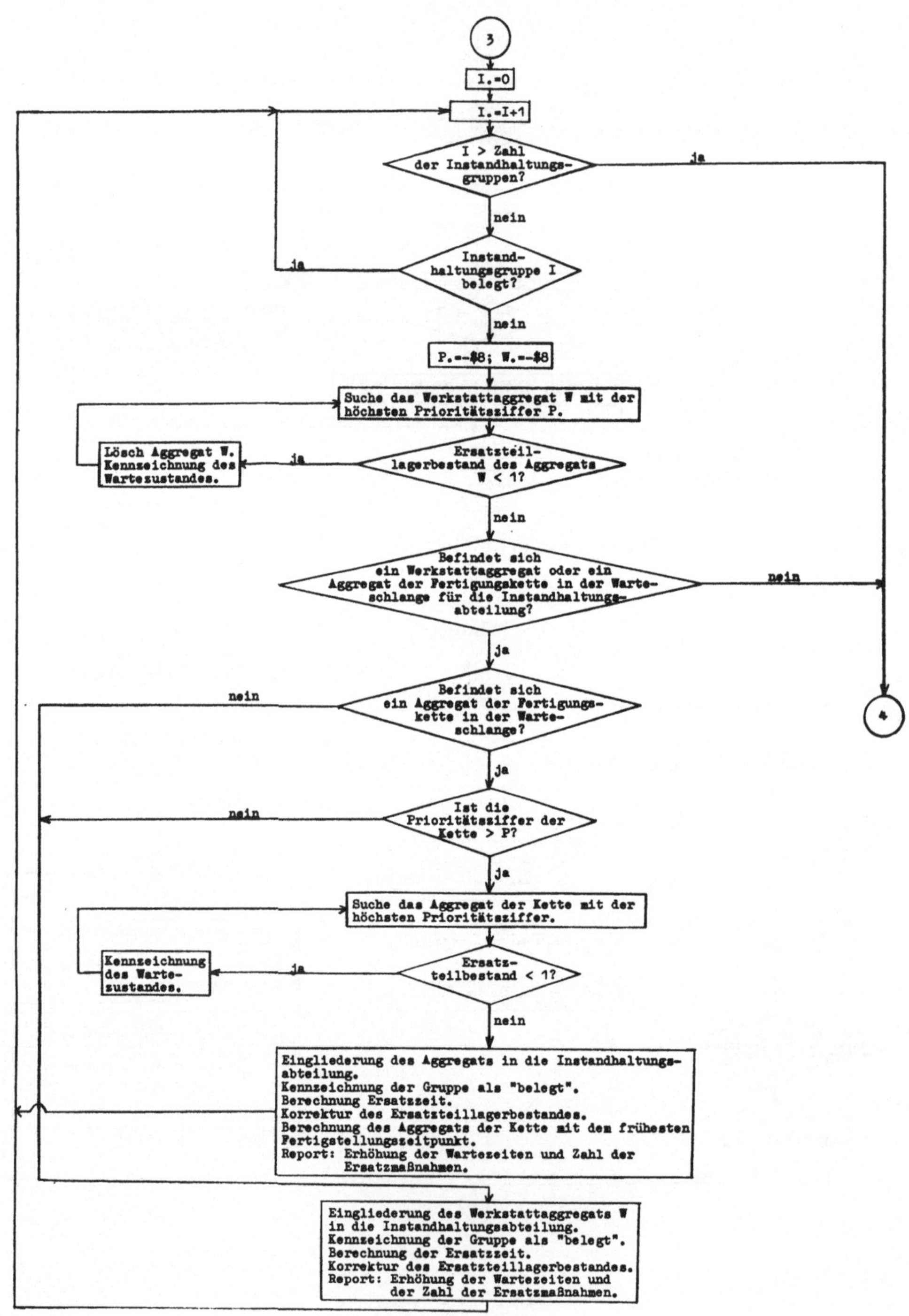
3
I.=0
I.=I+1
I > Zahl der Instandhaltungs- gruppen?
ja
nein
Instand- haltungsgruppe I belegt?
ja
nein
P.=-$8; W.=-$8
Suche das Werkstattaggregat W mit der höchsten Prioritätsziffer P.
Ersatzteil- lagerbestand des Aggregats W < 1?
ja
Lösch Aggregat W. Kennzeichnung des Wartezustandes.
nein
Befindet sich ein Werkstattaggregat oder ein Aggregat der Fertigungskette in der Warte- schlange für die Instandhaltungs- abteilung?
nein
ja
Befindet sich ein Aggregat der Fertigungs- kette in der Warte- schlange?
nein
ja
Ist die Prioritätsziffer der Kette > P?
nein
ja
Suche das Aggregat der Kette mit der höchsten Prioritätsziffer.
Ersatz- teilbestand < 1?
ja
Kennzeichnung des Warte- zustandes.
nein
Eingliederung des Aggregats in die Instandhaltungs- abteilung.
Kennzeichnung der Gruppe als "belegt".
Berechnung Ersatzzeit.
Korrektur des Ersatzteillagerbestandes.
Berechnung des Aggregats der Kette mit dem frühesten Fertigstellungszeitpunkt.
Report: Erhöhung der Wartezeiten und Zahl der Ersatzmaßnahmen.
Eingliederung des Werkstattaggregats W in die Instandhaltungsabteilung.
Kennzeichnung der Gruppe als "belegt".
Berechnung der Ersatzzeit.
Korrektur des Ersatzteillagerbestandes.
Report: Erhöhung der Wartezeiten und der Zahl der Ersatzmaßnahmen.
4

Abb. (8.02c)

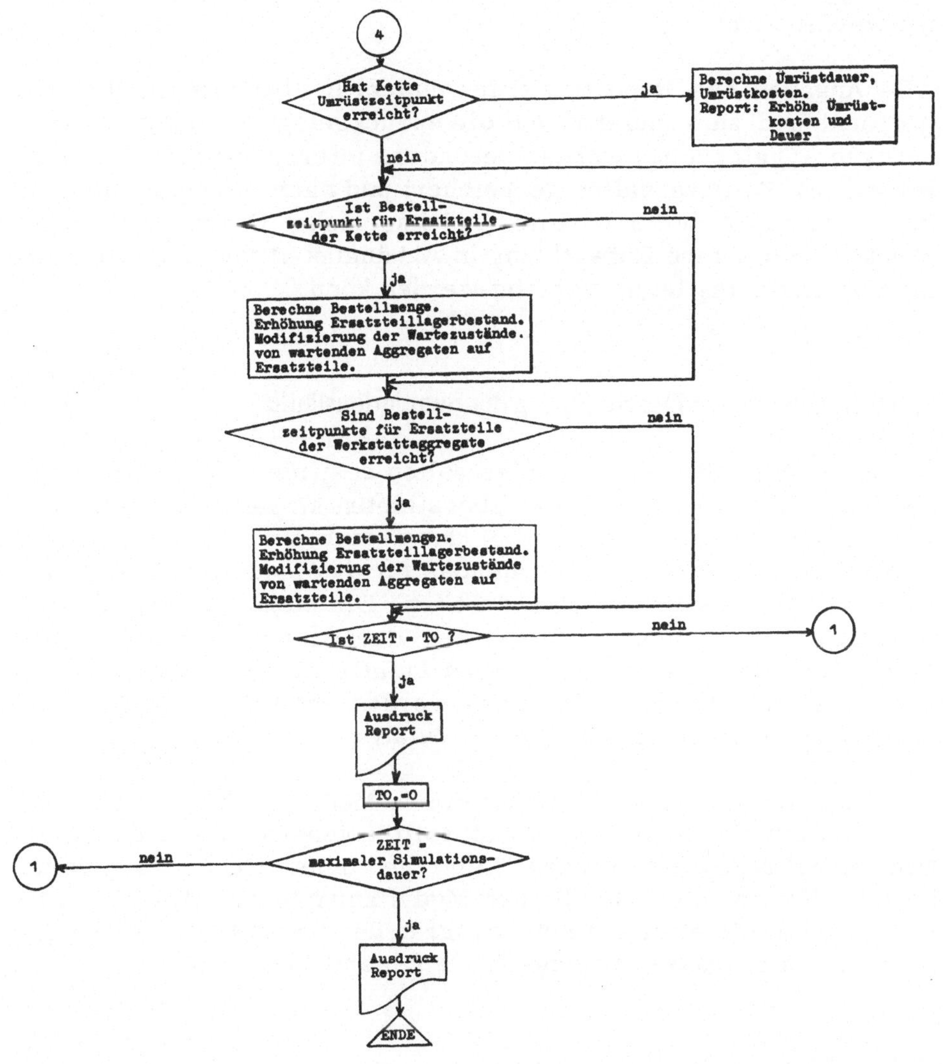
4
Hat Kette
Umrüstzeitpunkt
erreicht?
ja
Berechne Umrüstdauer,
Umrüstkosten.
Report: Erhöhe Umrüst-
kosten und
Dauer
nein
Ist Bestell-
zeitpunkt für Ersatzteile
der Kette erreicht?
nein
ja
Berechne Bestellmenge.
Erhöhung Ersatzteillagerbestand.
Modifizierung der Wartezustände.
von wartenden Aggregaten auf
Ersatzteile.
Sind Bestell-
zeitpunkte für Ersatzteile
der Werkstattaggregate
erreicht?
nein
ja
Berechne Bestellmengen.
Erhöhung Ersatzteillagerbestand.
Modifizierung der Wartezustände
von wartenden Aggregaten auf
Ersatzteile.
Ist ZEIT = TO ?
nein
1
ja
Ausdruck
Report
TO.=0
ZEIT =
maximaler Simulations-
dauer?
nein
1
ja
Ausdruck
Report
ENDE

Abb. (8.02d)

der Aggregate nicht aus den Angaben der Einzelaggregate errechnet werden kann.

Alle Angaben des Reports werden einmal in absoluten Zahlen ausgedruckt und zum anderen auf die zurückgelegte Simulationsdauer bezogen. Gleichzeitig werden besonders interessierende Größen in konstanten Zeitintervallen gespeichert und nach Abschluß eines Simulationslaufes in Form einer zeichnerischen Darstellung ausgedruckt, so daß ihre Entwicklung in Abhängigkeit von der Dauer des Simulationslaufes leicht verfolgt werden kann.

b) Überlegungen zur Durchführung der Simulationsläufe

Mit Hilfe eines Simulationslaufes sollen bestimmte Werte ermittelt werden, die das Verhalten des abgebildeten Modells charakterisieren. Ein Simulationslauf umfaßt dabei eine Vielzahl von Realisationen (Experimente), um daraus das für das Modell und deren Parameter typische Verhalten abzuleiten. Die einzelnen Experimente werden mit Hilfe des beschriebenen Rechenprogramms durchgeführt. Die in dem System enthaltenen Zufallsvariablen: Ausfallzeiten und Dauer der Ersatzmaßnahmen werden entsprechend den angesetzten Verteilungen mit Hilfe von Zufallszahlen erzeugt (6).

Zur Charakterisierung einer bestimmten Modellsituation bzw. einer zu testenden Strategie der Ersatzpolitik können eine Vielzahl von Größen herangezogen werden. Um einen einheitlichen Vergleichsmaßstab für die unterschiedlichen Modellansätze zu haben, wird für alle Modellansätze der Zeitnutzungsgrad der betrachteten Aggregatgruppen als charakteristische Größe gewählt (7).

---

6)   Zu Verfahren der Zufallszahlenerzeugung vgl. z. B. J. M. Hammersley und D. C. Handscomb, a. a. O. , S. 25 ff; N. P. Buslenko und J. A. Schreiber, a. a. O. , S. 26 ff. In dieser Arbeit werden die von R. A. Fisher und F. Yates, in: Statistical Tables of Biological, Agricultural and Medical Research, London 1963, S. 134 ff, veröffentlichten gleichverteilten Zufallszahlen verwendet, die innerhalb des Rechenprogramms in erlangverteilte Zufallszahlen transformiert werden.

7)   Der Zeitnutzungsgrad ist gleich der produktiven Zeit pro ZE und entspricht damit dem Ausdruck $\int_0^{TP} R(t)dt/E(Z)$.

Er zeigt vor allem den Kapazitätseffekt der Ersatzpolitik an.

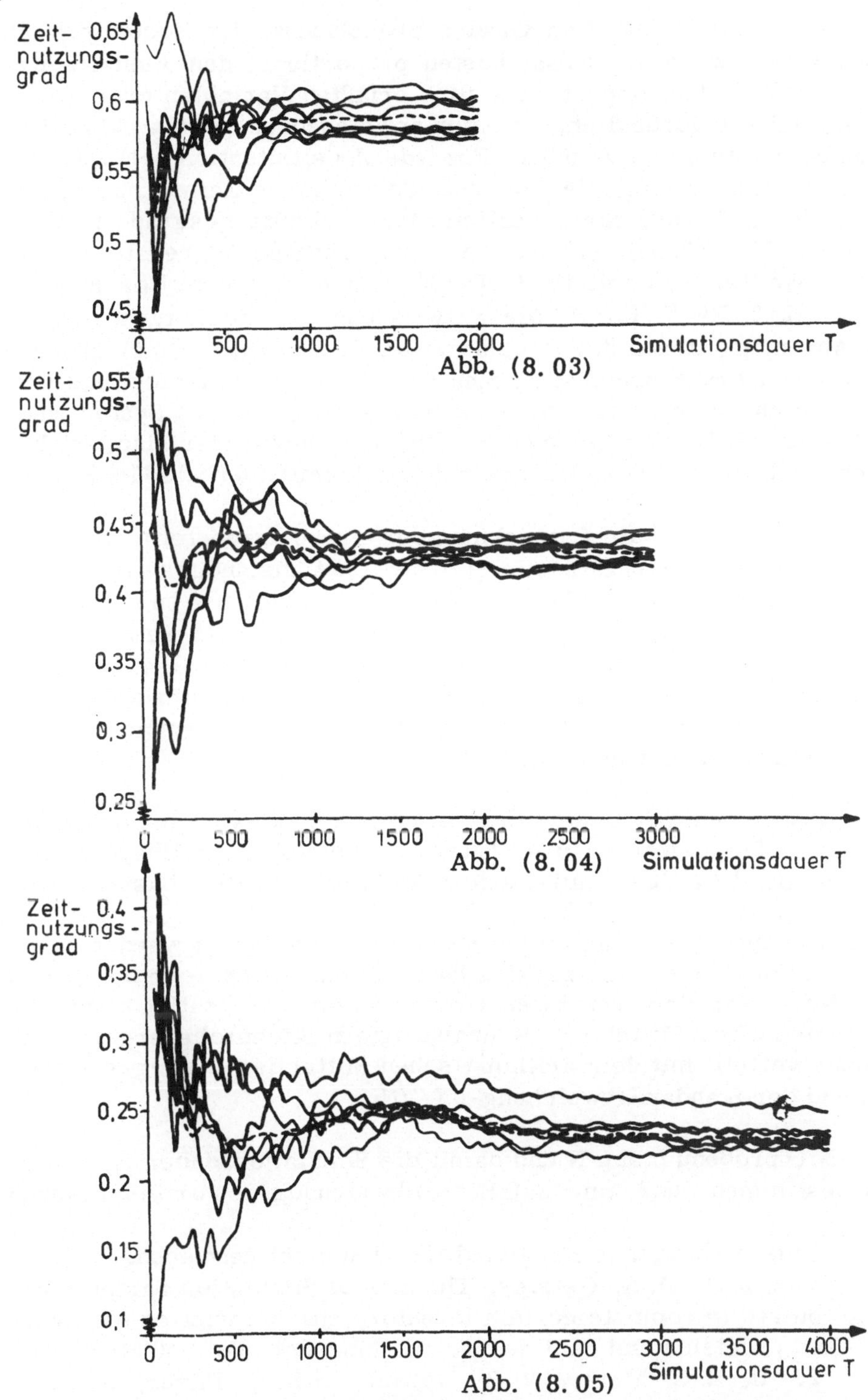

Abb. (8. 03)

Abb. (8. 04)

Abb. (8. 05)

Erläuterung: ——— Zeitnutzungsgrad der einzelnen
Aggregate

- - - - Durchschnittlicher Zeitnutzungsgrad der Aggregate

Er ist nur dann mit dem Gewinn pro ZE bzw. den Kosten pro ZE
äquivalent, wenn die Ersatzkosten proportional den Ausfallzeiten
sind. Die in dem Report zusätzlich erfaßten Variablen erlauben es
aber, falls erforderlich, zu einer abweichenden Kosten- bzw. Gewinnbetrachtung überzugehen. Für jede Modellsituation soll mit Hilfe eines Simulationslaufes der charakteristische Zeitnutzungsgrad,
d. h. der auf lange Sicht realisierbare Zeitnutzungsgrad ermittelt
werden. Abb. (8.03) zeigt für sechs unabhängige Aggregate mit erlangverteilter Laufzeit (k=8; Ta=20) und erlangverteilter Ersatzdauer (k=8; Rv=3, Ra=15) die Entwicklung des Zeitnutzungsgrades
in Abhängigkeit von der Simulationsdauer T auf (8). Es zeigt sich,
daß der Ausdruck zunächst starken Schwankungen unterliegt und erst
allmählich einem stationären Zustand zustrebt, der das System charakterisiert. Da alle Aggregate unabhängig voneinander sind, wirken
sich nur die Ausfallverteilungen und Ersatzzeiten auf die Größe aus.

In Abb. (8.04) ist die Entwicklung der Größe dargestellt, wenn lediglich z w e i Aggregate zur gleichen Zeit instandgesetzt werden
können, und in Abb. (8.05) der Fall, daß lediglich e i n e Instandhaltungsgruppe zur Verfügung steht. In diesem Fall treten Wartezeiten auf, und das System bekommt einen höheren Grad an Komplexität. Aus diesem Grund ist die Simulationsdauer in diesen Fällen erhöht. Trotzdem schwingen die Modelle relativ schnell auf einen stationären Zustand ein.

Zur Bestimmung der Dauer eines Simulationslaufes, d. h. des Stich-
probenumfangs, werden in der Literatur umfangreiche Überlegungen
angestellt, die auf der statistischen Stichprobentheorie basieren (9).

Das Grundprinzip soll an einem Beispiel demonstriert werden. Jede
Realisation eines Ersatzzyklus kann als eine Stichprobe betrachtet
werden. Nach dem zentralen Grenzwertsatz der Statistik sind die
arithmetischen Mittel von N unabhängigen Stichprobenergebnissen
normalverteilt mit dem arithmetischen Mittel der Grundgesamtheit
Ta und der Standardabweichung $\sigma / \sqrt{N}$.

Der Stichprobenumfang N und damit die Simulationsdauer ist nun so
zu bestimmen, daß eine zufällige Abweichung des arithmetischen

---

8)   Eine vorbeugende Ersatzpolitik wird nicht betrieben.

9)   Vgl. z. B. M. A. Geisler, The Size of Simulation Samples re-
      quired to compute certain inventory characteristics with stat-
      ed precision and confidence, in: Mng. Sci. Vol. 10 (1964), S.
      261 ff; R. C. Meier, W. T. Newell und H. L. Paser, a. a. O.,
      S. 294 ff; K. Opfermann, a. a. O., S. 191 f; A. V. Gafarian
      und C. J. Ancker, Mean Value Estimation from Digital Com-
      puter Simulation, in: O. R. (1966), S. 25 ff.

Mittels der Stichprobenergebnisse $\overline{Ta}$ vom Wert der Grundgesamtheit, die größer als $\bar{e}$ ist, nur gleich einer Wahrscheinlichkeit von α ist. $\bar{e}$ und α sind dabei vorgegebene Werte.

Wird lediglich die Zufallsvariable Laufzeit betrachtet, dann folgt daraus:

(8.01) $P\,(Ta-\bar{e} \leq \overline{Ta} \leq Ta+\bar{e}) = 1 - \alpha$.

Für eine erlangverteilte Laufzeit mit Ta=20 und k=8 gilt die Standardabweichung (10) $20\cdot\sqrt{8}/8$=7.07. Werden alle Werte standardisiert, d. h. von ihnen das arithmetische Mittel abgezogen und durch die Standardabweichung dividiert, dann ist (8.01) äquivalent dem Ausdruck (8.02):

(8.02) $P(\dfrac{-\bar{e}\cdot\sqrt{N}}{7.07} \leq t \leq \dfrac{\bar{e}\cdot\sqrt{N}}{7.07}) = 1 - \alpha$.

Die Größe $t=\dfrac{(\overline{Ta}-Ta)\cdot\sqrt{N}}{7.07}$ folgt einer standardisierten Normalverteilung und N ist so zu bestimmen, daß

(8.03) $\displaystyle\int_{-c}^{c} \dfrac{1}{\sqrt{2\pi}}\, e^{-\frac{1}{2}t^2}\, dt = 1 - \alpha$

ist. Für α=0.02 ist c gleich 2.33, d. h. $\dfrac{\bar{e}\cdot\sqrt{N}}{7.07}$=2,33. Wenn für $\bar{e}$, der maximalen Abweichung des arithmetischen Mittels der Stichprobenergebnisse vom Wert der Grundgesamtheit Ta=20, ein Wert von 1 angesetzt wird (d. h. eine Abweichung von mehr als 5% soll nur mit einer Wahrscheinlichkeit von 0.02 zugelassen sein), dann folgt daraus ein Stichprobenumfang von N=265. Bei diesem Stichprobenumfang liegen 98% der arithmetischen Mittel in dem Bereich der Laufzeit zwischen 19 und 21 Zeiteinheiten. Gleichzeitig liegen 80% der arithmetischen Mittel zwischen 19,45 und 20,55 Zeiteinheiten.

Die Simulationsdauer wird nun so lange ausgedehnt, bis die gewünschte Anzahl von Stichproben, d. h. Ersatzzyklen, realisiert ist.

---

10)   Vgl. dazu oben S. 46.

Bei dem zu Abb. (8.03) gehörigen Beispiel von 6 unabhängigen Aggregaten mit einer Simulationsdauer von jeweils 2000 ZE wurden für die Aggregate 1 bis 4 jeweils 58 Zyklen (gleich Ausfälle) realisiert mit mittleren Laufzeiten von $\overline{Ta}_1$ = 19,84 ZE; $\overline{Ta}_2$ = 19,95 ZE; $\overline{Ta}_3$ = 20,26 ZE; $\overline{Ta}_4$ = 20,79 ZE. Bei dem Aggregat 5 wurden 60 Zyklen mit $\overline{Ta}_5$ = 19,02 ZE und beim Aggregat 6 55 Zyklen mit $\overline{Ta}_6$ = 21,90 ZE durchgeführt.

Obwohl die Stichprobenumfänge weit unter dem Wert von 265 liegen, sind die arithmetischen Mittel der Stichprobenergebnisse recht nahe dem tatsächlichen Wert von Ta=20 (11). Das arithmetische Mittel aller 6 Simulationsläufe mit einem Stichprobenumfang von N=347 beträgt 20,29 ZE.

Die in diesem Kapitel betrachteten Prozesse und damit auch die Zufallsvariablen sind allerdings wesentlich komplizierter als in dem aufgezeigten Beispiel. Hier überlagern sich Ausfallprozesse, Ersatzprozesse, Warteprozesse, die gleichzeitig von Faktoren wie Lagerkapazitäten usw. beeinflußt werden. Deshalb ist es sehr schwer, die Parameter der Verteilung der Stichprobenergebnisse aufzustellen. Weiter muß berücksichtigt werden, daß beispielsweise bei Warteprozessen die einzelnen Wartezeiten nicht voneinander unabhängig sind und damit das Stichprobenmodell gestört ist (12). Grundsätzlich gilt, daß je größer die Varianz der untersuchten Zufallsvariablen ist, desto größer die Simulationsdauer sein muß. Aus praktischen Gründen wird die Sumulationsdauer jeweils vorgegeben. Durch den Vergleich von Zwischenwerten sowie der Auswertung von zeichnerischen Darstellungen der Entwicklung von relevanten Modellgrößen wird entschieden, ob zur Absicherung eines Ergebnisses weitere Simulationen erforderlich sind. Insgesamt wurde versucht, einen Kompromiß zwischen der Genauigkeit der Ergebnisse und der benötigten Rechenzeit zu finden. Aus dem Vergleich der Abb. (8.03) bis (8.05) ist zu ersehen, daß eine Simulationsdauer von 3000 ZE bis 4000 ZE auch für relativ komplexe Prozesse ausreichend ist.

In der Literatur sind verschiedene Verfahren entwickelt worden (13), um bei vorgegebenem Stichprobenumfang die Varianz der Ergebnisse

---

11)   Zudem ist ein Teil der Abweichungen auf die Tatsache zurückzuführen, daß die kontinuierliche Verteilung durch ganzzahlige Werte approximiert wird.

12)   Vgl. die gestrichtelten Linien in Abb. (8.03) bis Abb. (8.05).

13)   Vgl. z. B. R. W. Conway, Some Tactical Problems in Digital Simulation, in: Mng. Sci. Vol. 10 (1963), S. 58 ff.

zu reduzieren bzw. für eine vorgegebene Varianz den Stichprobenumfang herabzusetzen (14).

Bei den in diesem Kapital vorgenommenen Simulationen wird vor allem der Effekt ausgenutzt, der entsteht, wenn für unterschiedliche Modellbedingungen (beispielsweise unterschiedliche Ersatzstrategien) die Simulationsläufe mit den gleichen Anfangsbedingungen und den gleichen Zufallszahlen durchgeführt werden. Durch die enge Korrelation der Stichproben wird die Varianz der Differenz der Stichprobenergebnisse sehr klein, und etwaige Unterschiede im Ergebnis der Simulationsläufe sind hauptsächlich auf die unterschiedlichen Modellbedingungen zurückzuführen.

Außerdem werden, um die Simulationsdauer zu senken, bestimmte Größen des Modells überrepräsentiert. So werden z. B. relativ niedrige durchschnittliche Laufzeiten und zu den durchschnittlichen Laufzeiten relativ hohe Ersatzdauern angesetzt.

B. Ergebnisse des Simulationsmodells

Um den Einfluß unterschiedlicher Ersatzstrategien auf den Zeitnutzungsgrad (15) zu zeigen, werden zunächst einzelne Teile des Produktionssystems getrennt analysiert und erst zum Schluß das System insgesamt untersucht.

Zuerst wird der grundsätzliche Einfluß von unterschiedlichen Ersatzstrategien bei unterschiedlichen Kapazitätssituationen der Instandhaltungsabteilung untersucht. Dazu werden lediglich die 6 Aggregate der ersten Produktionsstufe der Werkstattfertigung betrachtet. Anschließend wird das Modell um die Problematik von Zwischenlagerkapazitäten erweitert, indem die zweite Produktionsstufe hinzugefügt wird.

Die Möglichkeiten einer Ersatzpolitik in verbundenen Systemen werden an der Fertigungskette erörtert, wobei auch hier zunächst die Kette isoliert betrachtet wird.

---

14) Eine knappe, aber anschauliche Diskussion dieser sogenannten varianzreduzierenden Verfahren findet sich bei H. Seelbach, a. a. O. , S. 35 ff.

15) Wie bereits oben gesagt wurde, wird der Zeitnutzungsgrad des Systems, der Ausdruck des Kapazitätseffektes der Ersatzpolitik ist, aus Gründen eines einheitlichen Maßstabes zur Beurteilung der Modellsituationen herangezogen. Er wird häufig durch die Angabe weiterer charakteristischer Größen ergänzt.

Das Zusammenwirken aller Komponenten des Systems wird dann in einem abschließenden Abschnitt verfolgt.

I. Ersatzstrategien bei mehreren Aggregaten und unterschiedlichen Kapazitätssituationen der Instandhaltungsabteilung

In Kapitel VII wurde die Ersatzpolitik e i n e s Aggregates mit steigender Ausfallrate in Abhängigkeit vom Zustand der Instandhaltungsabteilung erörtert (16). Nunmehr wird die Ersatzpolitik bei mehreren Aggregaten mit steigender Ausfallrate und einer unterschiedlichen Anzahl von Instandhaltungsgruppen untersucht. Dazu werden die 6 Aggregate der ersten Stufe der Werkstattfertigung mit jeweils erlangverteilter Laufzeit (Ta=20, k=8) und erlangverteilten Ersatzzeiten (Ra=15, k=8; Rv=3, k=8) einbezogen.

In Kapitel VII wurde gezeigt, daß in der Regel bei knapper Kapazität der Instandhaltungsabteilung nicht e i n vorbeugendes Ersatzintervall optimal ist, sondern in Abhängigkeit vom Zustand der Instandhaltungsabteilung eine differenzierte Ersatzpolitik verfolgt wird. Eine solche Politik mit Hilfe von Simulationsstudien zu ermitteln, ist allerdings wegen des erforderlichen Rechenumfanges nur schwer durchzuführen. Es soll deshalb versucht werden, die in Kapitel VII gewonnenen Erkenntnisse in vereinfachte Entscheidungsregeln einfließen zu lassen, die in Simulationsstudien leichter zu handhaben sind.

a) FIFO-Abfertigungsregel

Zunächst soll die Ersatzpolitik lediglich aus e i n e m vorbeugenden Ersatzintervall bestehen. Für I = 6, 3, 2, 1 nebeneinander bestehende Instandhaltungsgruppen wird für Tp/Ta-Verhältnisse zwischen 0. 3 und 1. 2 der durchschnittliche Zeitnutzungsgrad der 6 Aggregate ermittelt. Ferner werden die sich für Tp/Ta = ∞ - also für reinen Ausfallersatz - ergebenden Grenzwerte ermittelt. Zur Ermittlung eines jeden Wertes ist - je nach Komplexität des Systems - ein Simulationslauf mit einer Simulationsdauer von 2000 bis 4000 ZE erforderlich (17). Der Fall I=6 bedeutet, daß quasi jedem Aggregat eine Instandhaltungsgruppe zugeordnet ist, und entspricht damit dem Fall freier Kapazität. Warteschlangen entstehen hier nicht.

Ein Aggregat, das seinen vorbeugenden Ersatzzeitpunkt erreicht hat, wird stillgelegt und in die Warteschlange eingereiht. Die Schlan-

---

16)   Vgl. oben S. 196 ff.

17)   Die Rechenzeit für einen Simulationslauf von 3000 ZE beträgt rund 75 Sekunden.

gendisziplin richtet sich nach der FIFO-Regel, wobei kein Unterschied zwischen ausgefallenen und vorbeugend stillgelegten Aggregaten gemacht wird.

In Abb. (8.06) geben die mit durchgezogenen Strichen verbundenen Punkte die Simulationsergebnisse dieser Ersatzpolitik an. Dabei sind für I=1, 3, 6 die relativen vorbeugenden Ersatzzeitpunkte Tp/Ta in 0.1-Schritten verändert. Für I=2 dagegen in Abständen von 0.05.

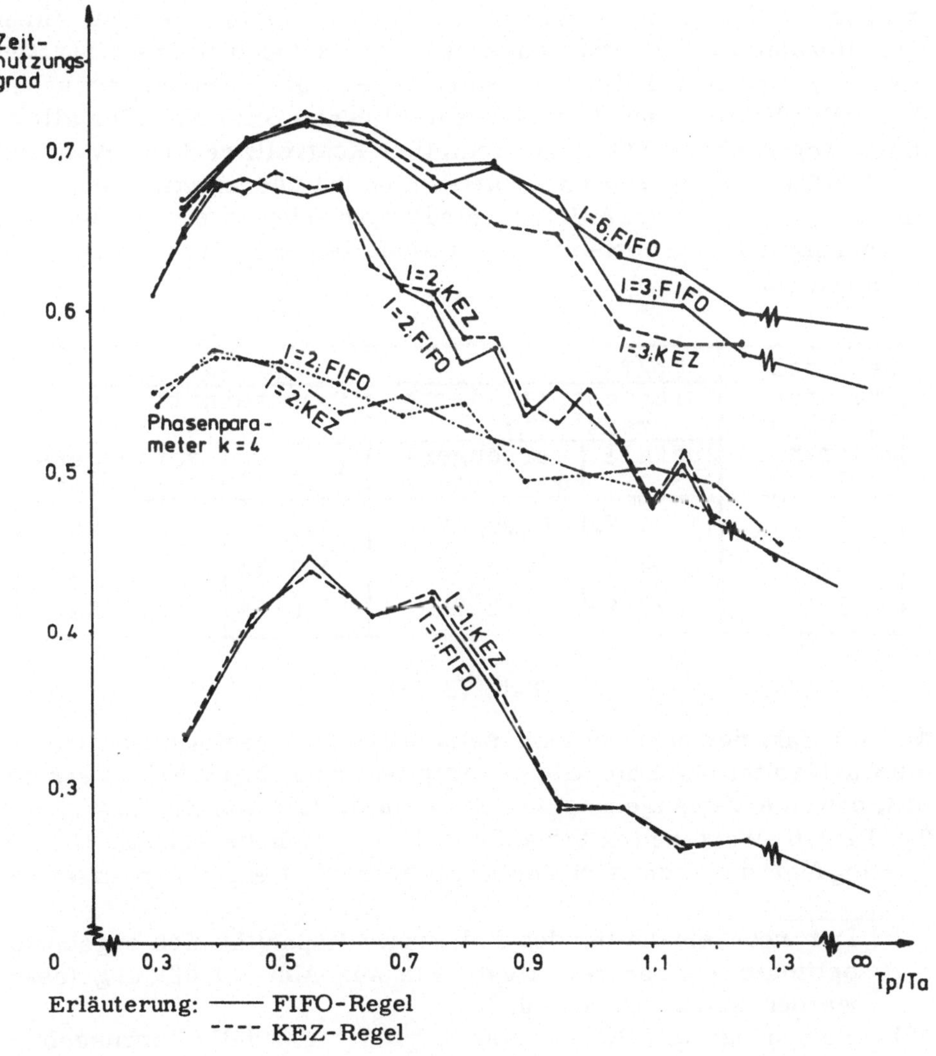

Abb. (8.06)

Als erstes Ergebnis zeigt sich, daß bei den unterschiedlichen Werten für I eine wesentliche Verschiebung des optimalen Tp/Ta-Wertes, d. h. des Wertes mit dem höchsten Zeitnutzungsgrad, nicht zu erkennen ist (18). Die mit einer Vorverlegung des Ersatzzeitpunktes verbundenen Vorteile der Vermeidung von Ausfallzeiten und damit auch geringeren Wartezeiten durch eine Blockierung der Instandhaltungsabteilung werden hier mithin durch die Nachteile der häufigeren vorbeugenden Ersatzzeiten und entsprechenden Blockierung der Instandhaltungsabteilung in etwa aufgewogen (19).

In Tab. (8.01) sind die durchschnittlichen Wartezeiten auf einen ausfallbedingten bzw. vorbeugenden Ersatz bei den Ersatzstrategien Tp/Ta=0.5 und Tp/Ta=1 eingetragen. Die Trennung zwischen "ausfallbedingter" und "vorbeugender" Wartezeit dient hier allerdings wegen der FIFO-Regel lediglich Kontrollzwecken. Während bei Tp/Ta=1 die jeweiligen Wartezeiten gut übereinstimmen, sind bei Tp/Ta=0.5 größere Unterschiede vorhanden, die vor allem auf den geringen Stichprobenumfang der Ausfälle bei Tp/Ta=0.5 zurückzuführen sind.

Zahl der Instand-haltungs-gruppen I	Tp/Ta=0.5 Durchschnittl. Wartezeit bei:		Tp/Ta=1 Durchschnittl. Wartezeit bei:	
	Ausfall	vorbeugendem Ersatz	Ausfall	vorbeugendem Ersatz
1	11.01 ZE	8.05 ZE	33,5 ZE	32.3 ZE
2	0.82 ZE	0.96 ZE	5.1 ZE	5.4 ZE
3	0.27 ZE	0.12 ZE	1.2 ZE	1.2 ZE

Tab. (8. 01)

Mit der Zahl der parallel eingesetzten Bedienungsstationen nehmen die Wartezeiten stark ab. Gleichzeitig ist aus Tab. (8.01) zu erkennen, daß eine Verlängerung des Ersatzintervalls von Tp/Ta=0.5 auf Tp/Ta=1 die Wartezeiten bis auf das 4- bis 10fache erhöht. Dieser Anstieg führt dazu, daß sich der Kapazitätseffekt einer vorbeugenden

---

18)   Der rechnerisch für den Fall freier Kapazität sich ergebende optimale Tp/Ta-Wert liegt, wie aus Abb. (3.06) abgelesen werden kann, bei rund 0. 5.

19)   Vergin hat mit Hilfe seines Simulationsmodells herausgefunden, daß sich die optimalen Tp/Ta-Verhältnisse in bestimmten Fällen knapper Instandhaltungskapazität verringern. Allerdings wird in dem Modell von einer anderen Bedienungsdisziplin und anderen Verteilungstypen ausgegangen. Vgl. dazu R. C. Vergin, a. a. O. , S. 60 f.

Ersatzpolitik bei knapper Instandhaltungskapazität verstärkt. In Tab. (8.02) ist für die unterschiedliche Zahl von Instandhaltungsgruppen die Steigung des Zeitnutzungsgrades bei optimalem Tp/Ta= 0.5 gegenüber dem Ausfallersatz eingetragen.

Zahl der Instandhaltungsgruppen	Kapazitätssteigerung bei Tp/Ta=0.5 gegenüber Ausfallersatz (Tp/Ta=∞)
1	95 %
2	59 %
3	30 %
6	22 %

Tab. (8.02)

Während bei freier Instandhaltungskapazität (I=6) "lediglich" eine Steigerung um 22% erfolgt, wird der Zeitnutzungsgrad bei I=1 fast verdoppelt.

Damit bleibt als Ergebnis der Simulationsläufe festzuhalten: Die Vorteile einer vorbeugenden Ersatzpolitik erhöhen sich bei knapper Kapazität der Instandhaltungsabteilung, da sich nicht nur - wie bei freier Kapazität - die durchschnittlichen Ersatzzeiten verringern, sondern gleichzeitig auch die durchschnittlichen Wartezeiten.

Diese Beobachtungen bestätigen sich auch, wenn von einer größeren Streuung der Laufzeitverteilungen ausgegangen wird. Für einen Phasenwert von k=4 ist in Abb. (8.06) für I=2 der Verlauf des Zeitnutzungsgrades eingezeichnet (vgl. gepunktete Linie). Allerdings ist hier der Vorteil der Ersatzpolitik nicht so hoch, da wegen der höheren Streuung die Zahl der Ausfälle relativ höher ist.

b) KEZ-Abfertigungsregel

Entsprechend den Ergebnissen der Warteschlangentheorie wird versucht, die Wartezeiten durch eine Änderung der Abfertigungsregel zu senken und dadurch den Zeitnutzungsgrad zu erhöhen (20).

---

20) Zum Einfluß unterschiedlicher Abfertigungsregeln auf die Wartezeiten im Rahmen der Ablaufplanung vgl. z.B. H. v. Falkenhausen, Arbeitsverteilung mit Vorrangregeln, in: VDI-Berichte Nr. 101 (1966), S. 97-103; K. Hoss, Fertigungsablaufplanung mittels operationsanalytischer Methoden, Würzburg-Wien 1966, S. 157 ff; ferner die dort angegebene Literatur, insbesondere die angeführten Untersuchungen von Conway und Maxwell.

Anstelle der FIFO-Regel wird deshalb den Aggregaten mit der vermutlich kleineren Ersatzzeit eine höhere relative (21) Priorität eingeräumt. Indiz für die Länge der Ersatzzeit ist die Art der Ersatzmaßnahme - ob vorbeugend ersetzt werden soll oder ausfallbedingt. Die KEZ-Regel (KEZ = Kürzeste Ersatzzeit) gibt deshalb vorbeugend stillgelegten Aggregaten eine höhere Priorität gegenüber ausgefallenen Aggregaten und richtet sich damit an den Erwartungswerten der Ersatzzeiten aus. Wegen des stochastischen Charakters dieser Zeiten kann es aber durchaus sein, daß in Einzelfällen eine vorbeugende Ersatzzeit länger dauert als ein Ausfallersatz und die KEZ-Regel nicht erfüllt wird.

Durch die neue Abfertigungsregel werden die auf Ersatz wartenden Aggregate in zwei Klassen eingeteilt: Die Klasse mit höherer Priorität umfaßt Aggregate, die vorbeugend stillgelegt sind, die andere Klasse ausgefallene Aggregate (22).

In Abb. (8.06) sind die Ergebnisse als gestrichelte Linien eingezeichnet. Dabei zeigt sich, daß sich bei relativ kleinen und relativ großen Tp/Ta-Verhältnissen die Werte der FIFO- und der KEZ-Regel überdecken. Dieser Effekt ist darauf zurückzuführen, daß bei niedrigen Tp/Ta-Werten die Klasse der ausgefallenen Aggregate nahezu leer ist, und bei hohen Tp/Ta-Werten gilt das gleiche für die Klasse der vorbeugend stillgelegten Aggregate. In dem mittleren Bereich der Tp/Ta-Verhältnisse liegen bei I=1 und I=2 die Werte der KEZ-Regel im allgemeinen über denen der FIFO-Regel. Bei I=3 treten allerdings ohnehin kaum Wartezeiten auf, so daß sich hier die KEZ-Regel nicht voll auswirken kann.

In Tab. (8.03) sind die durchschnittlichen Wartezeiten bei Ausfall oder einer vorbeugenden Stillegung für I=1, 2, 3 und Tp/Ta=0.5 bzw. Tp/Ta=1 eingetragen. Aus einem Vergleich dieser Tabelle mit Tabelle (8.01) ist deutlich der Einfluß der geänderten Prioritätsregel auf die durchschnittlichen Wartezeiten zu ersehen.

Bei I=1 und I=2 haben die durchschnittlichen Wartezeiten bei Ausfall gegenüber der FIFO-Regel stark zugenommen - entsprechend haben sich die Wartezeiten bei vorbeugendem Ersatz verringert.

---

21)   Relative Priorität bedeutet, daß ein Aggregat, das bereits bearbeitet wird, noch zu Ende bearbeitet wird, bevor das Aggregat mit der höheren Priorität in Angriff genommen wird.

22)   Innerhalb einer Klasse gilt weiterhin die FIFO-Regel als Abfertigungsregel.

Zahl der Instandhaltungsgruppen I	Tp/Ta = 0.5 Durchschnittl. Wartezeit bei		Tp/Ta = 1 Durchschnittl. Wartezeit bei	
	Ausfall	vorbeugendem Ersatz	Ausfall	vorbeugendem Ersatz
1	51.03 ZE	6.3 ZE	50.5 ZE	7.0 ZE
2	1.3 ZE	0.78 ZE	6.1 ZE	2.8 ZE
3	0.2 ZE	0.1 ZE	1.2 ZE	0.5 ZE

Tab. (8.03)

Obwohl sich damit die Verteilungen der Wartezeiten infolge der geänderten Abfertigungsregel e r h e b l i c h geändert haben, ist ihr Einfluß auf den Zeitausnutzungsgrad nicht in gleichem Maße festzustellen. Der Grund dafür ist in den vielfältigen Kompensationseffekten und der Ansetzung lediglich einer r e l a t i v e n Priorität zu suchen.

c) Einführung einer differenzierten Stillegungspolitik

In den vorigen Simulationsmodellen wird ein Aggregat stillgelegt, sobald es seinen vorbeugenden Ersatzzeitpunkt Tp erreicht hat.

Wenn sich bereits mehrere Aggregate im Wartezustand befinden, bedeutet das entsprechend den Ergebnissen aus Kapitel VII, daß der Ersatzzeitpunkt (Stillegungszeitpunkt) eigentlich hinausgezögert werden müßte. Dieser Effekt soll nunmehr berücksichtigt werden, indem eine differenzierte Stillegungspolitik eingeführt wird. Diese wird durch die zwei Parameter Tp und Tp_S (mit $Tp \leq Tp_S$) bestimmt. Wenn ein Aggregat das Einsatzalter Tp erreicht hat, so wird es nur dann stillgelegt, wenn die Instandhaltungsabteilung nicht belegt ist und es aufgrund seiner Prioritätszahl sofort bearbeitet werden kann. Zum Zeitpunkt Tp_S wird dagegen das Aggregat in jedem Fall stillgelegt (23). Durch diese Politik werden zwar Wartezeiten auf vorbeugenden Ersatz vermieden, andererseits wird aber eine höhere Zahl von Ausfällen in Kauf genommen.

Für den Fall, daß zwei parallele Instandhaltungsgruppen zur Verfügung stehen, sind für mehrere Tp-Werte jeweils unterschiedliche Tp_S-Werte angesetzt, um zunächst innerhalb eines Tp-Wertes den optimalen Stillegungszeitpunkt Tp_S festzulegen und dann durch einen Vergleich die optimale Tp, Tp_S-Kombination zu ermitteln.

---

23) In den bisher durchgeführten Simulationen war demnach Tp_S stets gleich Tp.

In Abb. (8. 07) sind für die FIFO-Abfertigungsregel die Zeitnutzungsgrade eingezeichnet (24). Es zeigt sich, daß die Anfangswerte, bei denen $Tp = Tp_S$ ist, bei höheren Stillegungszeitpunkten erheblich überschritten werden. Die maximal erreichten Ausnutzungsgrade reichen nahezu an die Werte bei freier Kapazität heran (vgl. in Abb. (8. 06) die Linie für I=6). Der Verlauf des Zeitnutzungsgrades unterliegt in Abhängigkeit vom Stillegungszeitpunkt relativ starken Schwankungen, obwohl relativ lange Simulationsdauern angesetzt wurden. Dieser Effekt weist auf eine starke Empfindlichkeit der Politik hin, die die Bestimmung eines optimalen Stillegungszeitpunktes erschwert.

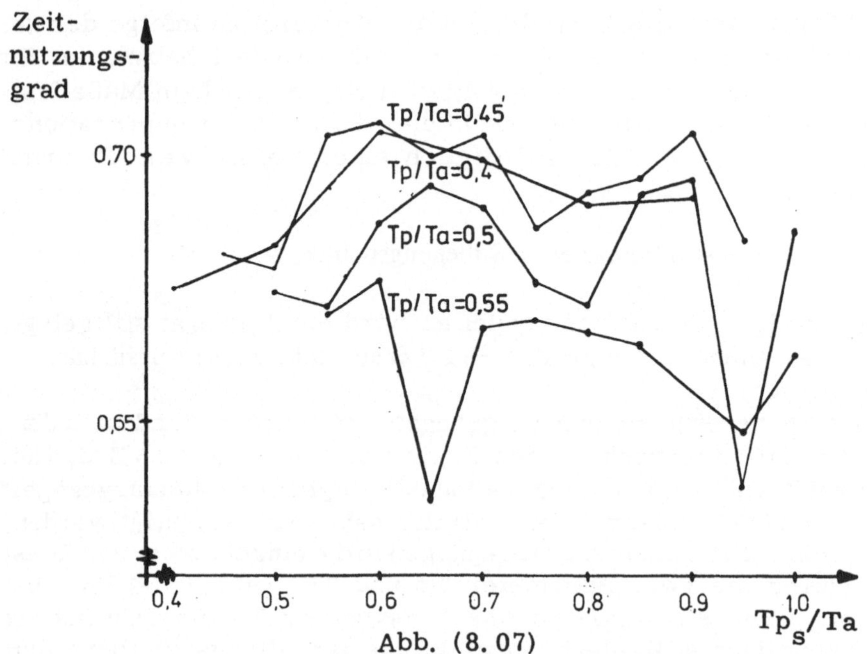

Abb. (8. 07)

Zur näheren Untersuchung der Auswirkungen dieser Ersatzpolitik sind in Abb. (8. 08) die Entwicklungen mehrerer charakteristischer Größen für Tp=0. 45 in Abhängigkeit von Tp_S eingetragen. Aus ihr geht hervor, daß die Wartezeit - auf die Zeiteinheit bezogen - bei vorbeugendem Ersatz stärker absinkt als die vorbeugende Ersatzzeit, die proportional der Zahl vorbeugender Maßnahmen pro ZE

---

24)　　Die FIFO-Regel bewirkt hier, daß ein Aggregat, das seinen vorbeugenden Ersatzzeitpunkt Tp erreicht hat, vor allen Aggregaten bearbeitet wird, die nach ihm ausfallen bzw. ihren vorbeugenden Ersatzzeitpunkt Tp oder Stillegungszeitpunkt Tp_S erreichen.

ist. Daraus folgt, daß die durchschnittliche Wartezeit einer vorbeugenden Stillegung sinkt. Gleichzeitig steigen die Zahl der Ausfälle und damit die ausfallbedingten Warte- und Ersatzzeiten an.

Im Bereich $0.6 \leq Tp_S/Ta \leq 0.75$ steigen die Ausfälle pro ZE stark an, so daß in diesem Bereich der Zeitnutzungsgrad sinkt. Im Bereich $0.75 \leq Tp_S \leq 0.9$ bleibt die Zahl der Ausfälle pro ZE nahezu konstant, so daß der Zeitnutzungsgrad zunimmt. Dabei muß beachtet werden, daß bei diesen Tp_S-Werten kaum noch Aggregate den Stillegungspunkt erreichen, so daß einige "zufällig" auftretende extreme Ausfallzeiten das Ergebnis stark verzerren können.

Ähnliche Ergebnisse ergeben sich auch, wenn die KEZ-Abfertigungsregel verfolgt wird (25). Sie sind in Abb. (8.09) dargestellt. Auch hier werden die Zeitnutzungsgrade bei $Tp=Tp_S$ von einer differenzierten Stillegungspolitik erheblich überschritten. Gegenüber Abb. (8.07) sind die Schwankungen (insbesondere für Tp-Werte unter 0.45) geringer. Bei Werten von $Tp > 0.45$ fällt es aber auch hier schwer, für ein Tp den optimalen Stillegungszeitpunkt zu bestimmen.

Da nicht alle in Frage kommenden Kombinationen von Tp und Tp_S untersucht werden konnten, werden für die FIFO- und KEZ-Abfertigungsregeln die Grenzwerte einer Stop-Politik mit $Tp_S = \infty$ ermittelt. Diese Politik bedeutet, daß Aggregate nie vorbeugend stillgelegt werden und damit Wartezeiten auf vorbeugende Maßnahmen nicht auftreten. Sowohl durch die FIFO-Regel als auch (verstärkt) durch die KEZ-Regel wird gleichzeitig erreicht, daß die Ausfälle nicht zu stark anwachsen.

In Abb. (8.10) sind für Tp/Ta-Werte zwischen 0.2 und 1.2 die Zeitnutzungsgrade eingezeichnet (26). Zum Vergleich sind auch die entsprechenden Werte der Politik $Tp=Tp_S$ aus Abb. (8.06) eingetragen. Zunächst fällt auf, daß die optimalen Tp/Tp_S-Werte sich gegenüber der Politik $Tp=Tp_S$ nach links verschoben haben. Weiterhin kommt hier auch der Vorteil der KEZ-Regel stärker zum Tragen. Sowohl bei der FIFO- als auch der KEZ-Abfertigungsregel wird die $Tp=Tp_S$-Politik von der differenzierten Stillegungsregel dominiert.

---

25) Diese Regel besagt hier, daß vorbeugend stillgelegte Aggregate die höchste Priorität besitzen; die nächst höchste Priorität erhalten Aggregate, die den vorbeugenden Ersatzzeitpunkt Tp erreicht haben, und die niedrigste Priorität besitzen ausgefallene Aggregate.

26) Den eingezeichneten Werten liegen relativ lange Simulationsläufe von 4000 ZE zugrunde und können deshalb als hinreichend signifikant angesehen werden.

Anteil der
Ersatzzeit
vorbeugen-
der Maß-
nahmen
pro ZE
0,6
0,5
0,4
0,3
0,2
0,1
0
ausfallbedingte
Ersatzzeit
pro ZE
vorbeugende Ersatz-
zeit pro ZE
[Maßstab rechts]
Zahl der Ausfälle·10
pro ZE
Wartezeit pro ZE
bei Ausfall
Wartezeit pro ZE
bei vorbeugender
Stillegung
1,2
1,1
1,0
0,9
0,8
0,5
0,6
0,7
0,8
0,9
T_{ps}/T_a

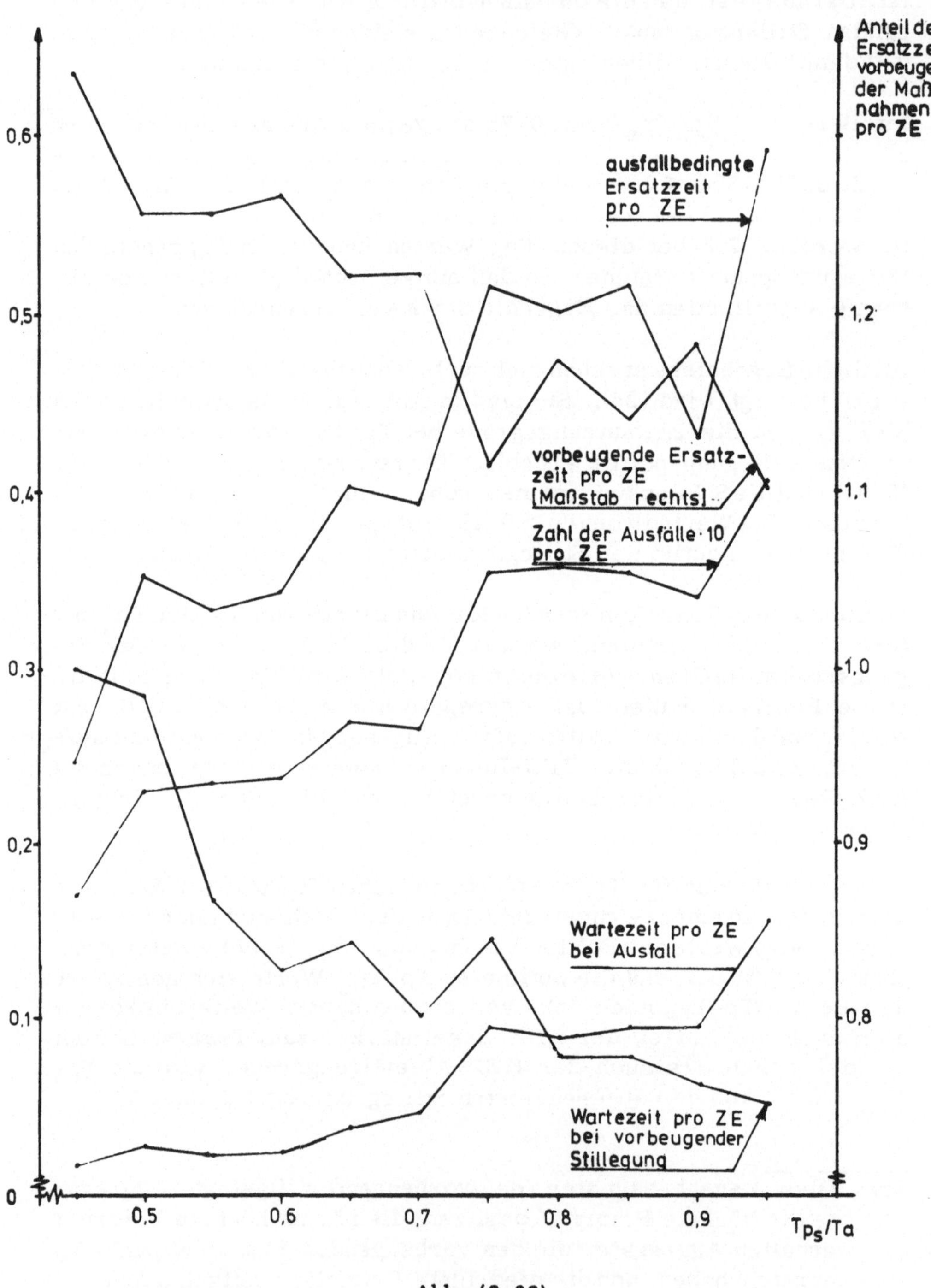

Abb. (8.08)

Zeitnutzungsgrad
Tp/Ta=0,35
Tp/Ta=0,4
Tp/Ta=0,5
Tp/Ta=0,6
Tp/Ta=0,3
Tp/Ta=0,25
Tp/Ta=0,15
Tp/Ta=0,1
0,7
0,65
0,6
0,55
0,5
0,45
0,4
0,22
0,33
0
0,1
0,2
0,3
0,4
0,5
0,6
0,7
0,8
0,9
1,0
1,1
1,2
Tps/Ta

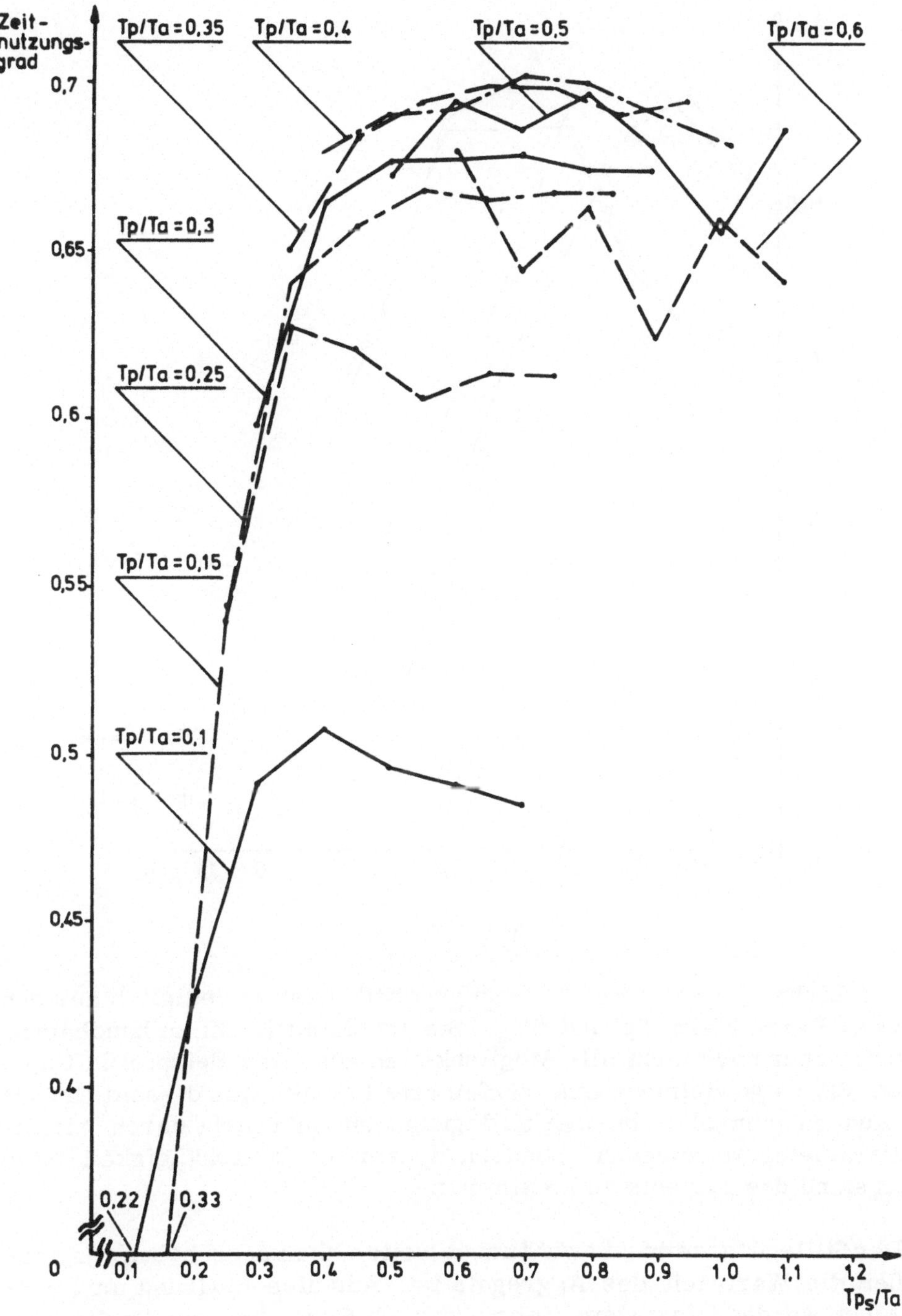

Abb. (8.09)

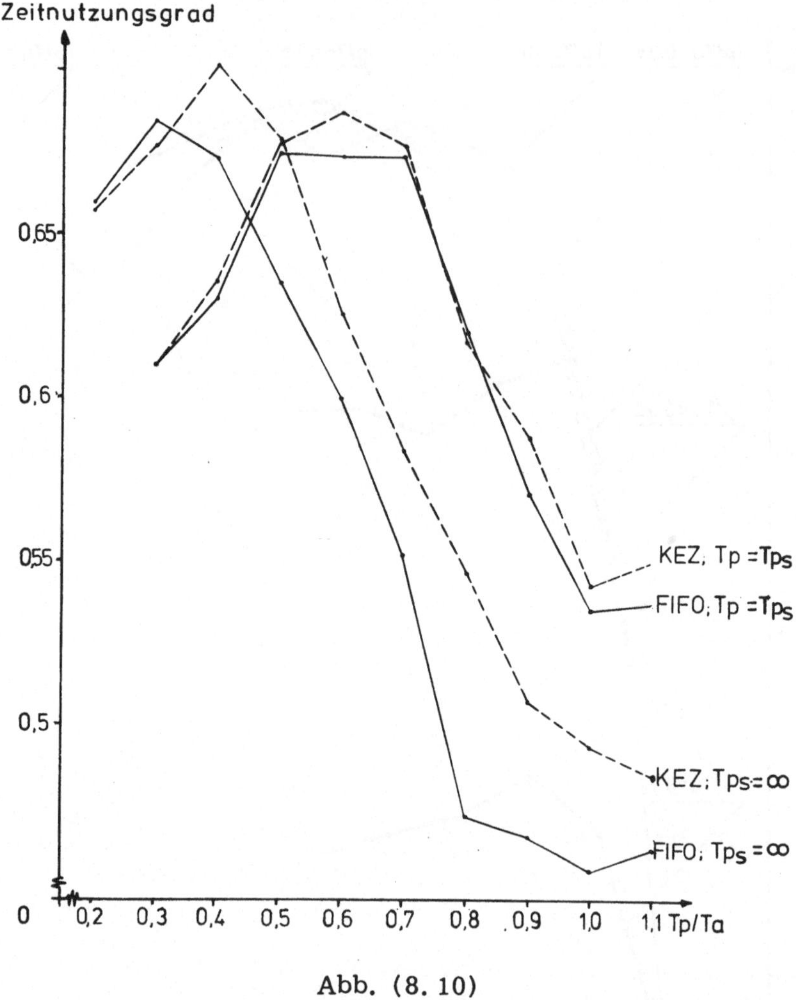

Abb. (8. 10)

Die bisher betrachtete Stillegungspolitik besteht lediglich aus den
zwei Parametern Tp und Tp_s. Sie ist damit leicht zu handhaben,
nutzt aber noch nicht alle Möglichkeiten aus. Das Beispiel in Kapitel VII zeigt vielmehr eine verfeinerte Politik. Aus diesem Grunde
kann es sinnvoll sein, den Stillegungszeitpunkt nicht durch e i n e n
Parameter vorzugeben, sondern dynamisch in Abhängigkeit vom
Zustand des Systems zu bestimmen.

Der Stillegungszeitpunkt wird um so weiter hinausgeschoben, je größer die Wartezeit des Aggregats ist. Aus diesem Grund muß versucht werden, in jedem Zeitpunkt nach Erreichen von Tp die vor-
aussichtliche Wartezeit des Aggregates abzuschätzen. Anhaltspunk-
te dafür können sein:

1. Die Zahl der bereits ausgefallenen bzw. auf vorbeugenden Ersatz
   wartenden Aggregate mit höherer Priorität.

2. Das Einsatzalter der noch laufenden Aggregate, die beim Ausfall oder Erreichen ihres Tp-Zeitpunktes höhere Priorität haben.

3. Die Art und bisherige Dauer der Ersatzmaßnahmen der bereits in Bearbeitung befindlichen Aggregate.

Anhand dieser Angaben kann eine erwartete Wartezeit abgeleitet werden. Diese kann dann zur Berechnung des Stillegungszeitpunktes herangezogen werden.

Da aber bereits eine Abschätzung der oben angewandten Stillegungsregel im Vergleich zu den Ergebnissen bei freier Kapazität der Instandhaltungsabteilung zeigt, daß kaum noch Spielraum für eine Verbesserung des Ergebnisses bleibt, sollen weitere Untersuchungen hier unterbleiben.

II. Ersatzstrategien in einem zweistufigen Produktionssystem bei unterschiedlicher Kapazität eines Zwischenlagers

Durch die Erweiterung der Werkstattfertigung um die zweite Produktionsstufe, die aus einem Aggregat mit der sechsfachen Produktionsgeschwindigkeit eines Aggregates der ersten Stufe besteht, treten drei neue Problemkreise zu den bisher behandelten hinzu:

1) Da auch das Aggregat der zweiten Stufe mit steigender Ausfallrate stochastisch ausfällt, ergibt sich die Frage nach der optimalen Ersatzstrategie für dieses Aggregat.

2) Alle Aggregate nehmen die Instandhaltungsabteilung in Anspruch, und damit konkurrieren die Aggregate beider Stufen um deren knappe Kapazität.

3) Zwischen den Produktionsstufen wird ein Lager eingerichtet. Das führt zu der Frage, wie sich unterschiedliche Lagerkapazitäten auf die Ersatzpolitik und auf den Zeitnutzungsgrad des Produktionssystems auswirken.

Die Produktionsgeschwindigkeit eines Aggregates der ersten Stufe beträgt 50 ME/ZE; des Aggregats der zweiten Stufe 300 ME/ZE. Die sechs Aggregate der ersten Stufe fallen gemäß Erlangverteilungen mit den Parametern Ta=20 und k=6 aus. Die Ersatzzeiten sind ebenfalls erlangverteilt mit Ra=15, k=8; Rv=3, k=8. Für das Aggregat der zweiten Stufe gelten die Erlangverteilungen Ta=60 (27), k=6;

---

27) Die Laufzeit des Aggregats der zweiten Stufen wird proportional zu den Produktionsgeschwindigkeiten der beiden Aggregattypen gemessen, d. h. , wenn das Aggregat eine volle Zeiteinheit produziert, so sind 6 Einheiten seiner Laufzeit verstrichen.

Rv=2, k=8; Ra=10, k=8. Die Instandhaltungsabteilung besteht aus zwei parallel arbeitenden Gruppen.

a) Der Zeitnutzungsgrad bei Ausfallersatz

Zunächst wird der Einfluß unterschiedlicher Lagerkapazitäten auf den Zeitnutzungsgrad bei Ausfallersatz ermittelt. Der Zeitnutzungsgrad wird nunmehr neben den Ersatz- und Wartezeiten auch von Stillstandszeiten wegen unzureichender Lagerkapazität beeinflußt (28).

Die zweite Stufe muß z. B. stillgelegt werden, wenn keine Zwischenprodukte mehr vorhanden sind. Das tritt auf, wenn nicht alle sechs Aggregate der ersten Stufe produzieren und das Zwischenlager leer ist (29).

Aggregate der ersten Stufe müssen stillgelegt werden, wenn das Zwischenlager gefüllt ist und die zweite Stufe nicht produziert.

In Abb. (8. 11) sind für die Lagerkapazitäten 0, 100, 200, 500, 1000, 5000 und 10 000 ME die Zeitnutzungsgrade des zweistufigen Systems (durchgezogene Linie), die durchschnittliche lagerbedingte Stillstandszeit pro ZE der ersten Stufe (punktierte Linie) und die durchschnittliche lagerbedingte Stillstandszeit der zweiten Stufe (gestrichelte Linie) eingezeichnet (30). Als Abfertigungsregel wird zunächst für alle Aggregate die FIFO-Regel angesetzt; die entsprechenden Linien sind in Abb. (8. 11) gekennzeichnet.

Bei einer Lagerkapazität von 0 wirkt sich der Ausfall eines Aggregates sofort auf das (die) Aggregat(e) der anderen Stufe aus. Je größer dagegen die Lagerkapazität ist, desto weniger wirken sich Ausfälle auf die andere Stufe aus und entsprechend erhöht sich der Zeitnutzungsgrad (31). Die Entwicklung des durchschnittlichen Lagerbestandes ist der zweiten Spalte der Tab. (8. 04) zu entnehmen.

---

28)   Während solcher Stillstandszeiten wird die Laufzeit der Aggregate nicht erhöht und damit der Ausfallzeitpunkt nicht beeinflußt.

29)   Die zweite Stufe kann, wenn nur ein Teil der Aggregate der ersten Stufe produziert, auch Bruchteile einer Zeiteinheit stillgelegt werden.

30)   Die daneben auftretenden Wartezeiten wegen knapper Instandhaltungskapazität sollen hier nicht untersucht werden.

31)   Bei hoher Zwischenlagerkapazität kann in bestimmten Zeitintervallen der Zeitnutzungsgrad beider Stufen unterschiedlich hoch sein. Es zeigt sich aber, daß nur relativ geringfügige Unterschiede auftreten, die hier vernachlässigt werden können.

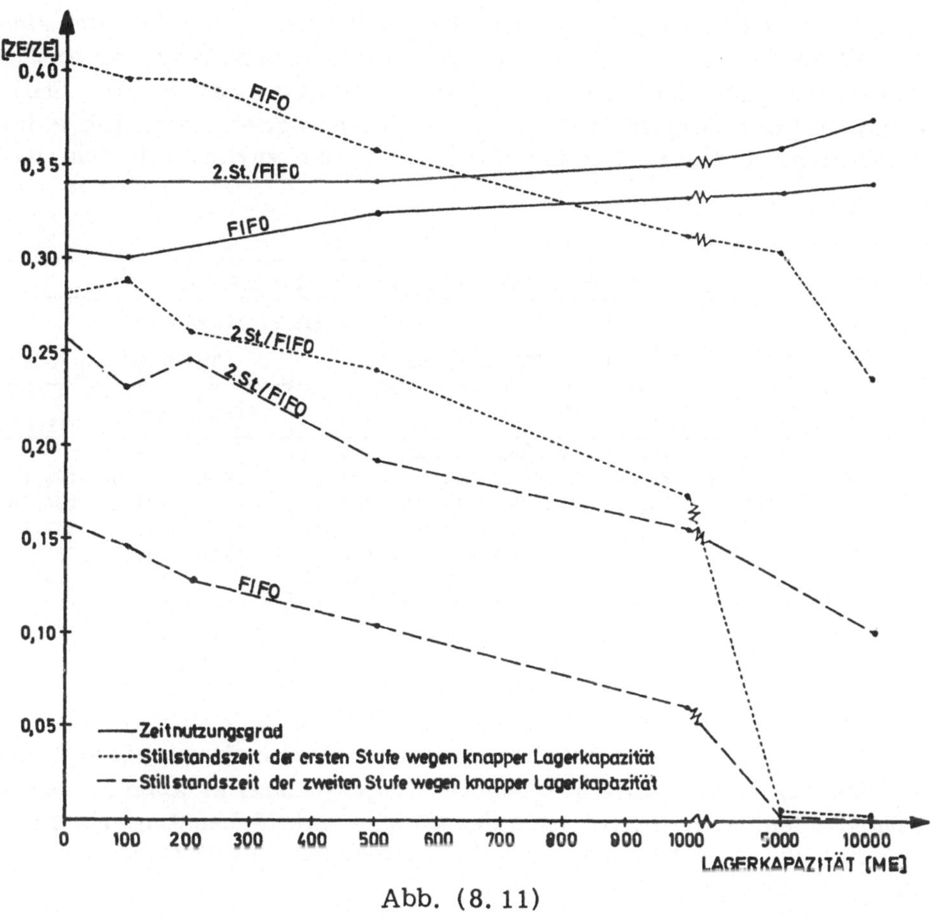

Abb. (8. 11)

Die Linie der Stillstandszeit der zweiten Stufe verläuft in Abb. (8. 11) unterhalb der entsprechenden Linie der ersten Stufe. Die erste Stufe wartet damit häufiger auf die zweite Stufe als umgekehrt, wenn auch mit zunehmender Lagerkapazität beide Arten der Stillstandszeiten sinken. Bei den Lagerkapazitäten 5000 und 10 000 ME ist die Stillstandszeit der zweiten Stufe nahezu gleich 0. Ursache dafür ist, daß wegen der FIFO-Regel die zweite Stufe relativ längere Wartezeiten vor der Instandhaltungsabteilung in Kauf nehmen muß, während der die Aggregate der ersten Stufe das Zwischenlager füllen können.

Da offensichtlich ist, daß die zweite Stufe den Engpaß des Produktionssystems bildet, wird dem Aggregat der zweiten Stufe gegenüber den Aggregaten der ersten Stufe bei der Instandhaltungsabteilung Vorrang gewährt. Diese Abfertigungsregel ist in Abb. (8. 11) und in Tab. (8. 04) mit "2. St. /FIFO" gekennzeichnet (32). Der Zeit-

---

32)   Für die Aggregate der ersten Stufe gilt weiterhin die FIFO-Regel.

ausnutzungsgrad liegt bei dieser Politik deutlich über dem bei reiner FIFO-Regel (vgl. Abb. (8. 11)). Die Stillstandszeit der ersten Stufe wird gegenüber der FIFO-Regel gesenkt, während die Stillstandszeit der zweiten Stufe oberhalb der entsprechenden Linie der FIFO-Regel verläuft. Dieser Effekt ist darauf zurückzuführen, daß

Lager-kapazi-tät	Durchschnittlicher Lagerbestand in ME/ZE							
	Ausfallersatz		Vorbeugende Ersatzpolitik					
			Tp_I=0. 5, Tp_{II}=1			Tp_I=0. 5, Tp_{II}=0. 5		
	FIFO	2. St. / FIFO	FIFO	KEZ	2. St. / FIFO	FIFO	KEZ	2. St. / FIFO
100	64, 06	48, 03	56, 96	47, 69	46, 7	-	-	-
200	132, 4	95, 08	116, 69	91, 06	87, 43	146, 8	97, 6	120, 5
500	345, 925	265, 3	322, 95	244, 83	264, 9	382, 5	271, 1	264, 05
1. 000	731, 05	535, 1	760, 11	563, 86	531, 975	889, 6	626, 0	559, 8
5. 000	4. 537, 58	1. 597, 2	4. 443, 9	2. 648, 7	2. 995, 9	4. 688, 2	2. 036, 1	3. 297, 2
10. 000	9. 091, 92	1. 792, 78	9. 428, 2	6. 202, 4	6. 843, 22	-	-	-

Tab. (8. 04)

die z w e i t e S t u f e nunmehr geringere Wartezeiten aufweist und ein von der ersten Stufe aufgebautes Lager schneller abbaut. Diese Tendenz geht auch deutlich aus den durchschnittlichen Lagerbeständen in Tab. (8. 04) hervor, die sich gegenüber der FIFO-Regel erheblich verringert haben.

Bei Lagerkapazitäten von 5000 und 10 000 ME sinkt nunmehr die Stillstandszeit der e r s t e n Stufe nahezu auf 0 ab und liegt damit unter der entsprechenden Linie der z w e i t e n Stufe. Auch in diesem Bereich ist zwar die 2. St. /FIFO-Regel der reinen FIFO-Regel überlegen, führt aber dazu, daß n u n m e h r d i e e r s t e S t u f e den Engpaß des Produktionssystems bildet. Es muß deshalb geprüft werden, ob durch eine Modifizierung der Prioritätsregel der Zeitnutzungsgrad weiter erhöht werden kann. Zuvor soll aber der Einfluß vorbeugender Maßnahmen auf das Produktionssystem untersucht werden.

b) Der Zeitnutzungsgrad bei vorbeugenden Maßnahmen

Um den Einfluß vorbeugender Maßnahmen bei unterschiedlichen Lagerkapazitäten zu erfassen, wird für die Aggregate der ersten Stufe ein vorbeugendes Ersatzintervall von Tp_I/Ta_I=0. 5 angesetzt, für das Aggregat der zweiten Stufe Intervalle von Tp_{II}/Ta_{II}=1 und Tp_{II}/Ta_{II} = 0. 5. Gleichzeitig werden drei Prioritätsregeln angesetzt: FIFO, 2. St. /FIFO und 2. St. /KEZ. Während die beiden ersten Regeln bereits im vorigen Abschnitt vorgestellt wurden, tritt hier nun die Regel hinzu, daß die zweite Stufe Vorrang vor Aggregaten der ersten Stufe besitzt und innerhalb der Aggregate der ersten Stufe vorbeugende Maßnahmen Vorrang vor ausfallbedingtem Ersatz haben.

Die Ergebnisse sind für $Tp_{II}/Ta_{II}=1$ in Abb.(8. 12) und für Tp_{II}/Ta_{II} =0. 5 in Abb. (8. 13) dargestellt.

Den Abbildungen ist im Vergleich mit Abb. (8. 11) zunächst zu entnehmen, daß die vorbeugende Ersatzpolitik selbst bei einer Lagerkapazität von 0 zu einem höheren Zeitnutzungsgrad führt als die höchste Lagerkapazität bei reinem Ausfallersatz.

Gleichzeitig führen die Abfertigungsregeln 2. St. /FIFO und 2. St. / KEZ zu einem erheblichen Anstieg gegenüber der reinen FIFO-Regel. Der Unterschied zwischen den zwei modifizierten Regeln ist allerdings nicht erheblich. Dagegen führt eine Vorverlegung des vorbeugenden Ersatzzeitpunktes der zweiten Stufe zu einem erheblichen Anstieg des Zeitnutzungsgrades.

Aus Abb. (8. 13) ist zu ersehen, daß bei einer Lagerkapazität von 5000 ME die Stillstandszeiten der zweiten Stufe erheblich absinken (insbesondere bei der 2. St. /KEZ-Regel), so daß auch hier wie in Abb. (8. 11) bei hohen Lagerkapazitäten der zweiten Stufe eine zu hohe Priorität eingeräumt wird.

c) Prioritätsregeln in Abhängigkeit von der Höhe des Zwischenlagerbestandes

In Kapitel IV wurde eine Ersatzpolitik entwickelt, bei der dynamisch in Abhängigkeit vom Zustand eines Zwischenlagers die Entscheidungen getroffen wurden (33). Eine solche Politik mit Hilfe der Simulation zu entwickeln, würde zu einem erheblichen Rechenaufwand führen. Aus diesem Grund soll untersucht werden, ob bereits durch eine Veränderung der Abfertigungsregeln eine Verbesserung der bisherigen Ersatzstrategien erreicht werden kann.

Sowohl bei reinem Ausfallersatz als auch bei der Verfolgung einer vorbeugenden Ersatzpolitik (insbesondere bei $Tp_I=0. 5$ und $Tp_{II}=0. 5$) hat sich gezeigt, daß die Prioritätsregeln 2. St. /FIFO bzw. 2. St. / KEZ bei Lagerkapazitäten ab 1000 ME zu relativ höheren Wartezeiten der zweiten Produktionsstufe führten, so daß hier die erste Stufe zum Engpaß wurde.

---

33) Vgl. dazu oben S. 134 ff.

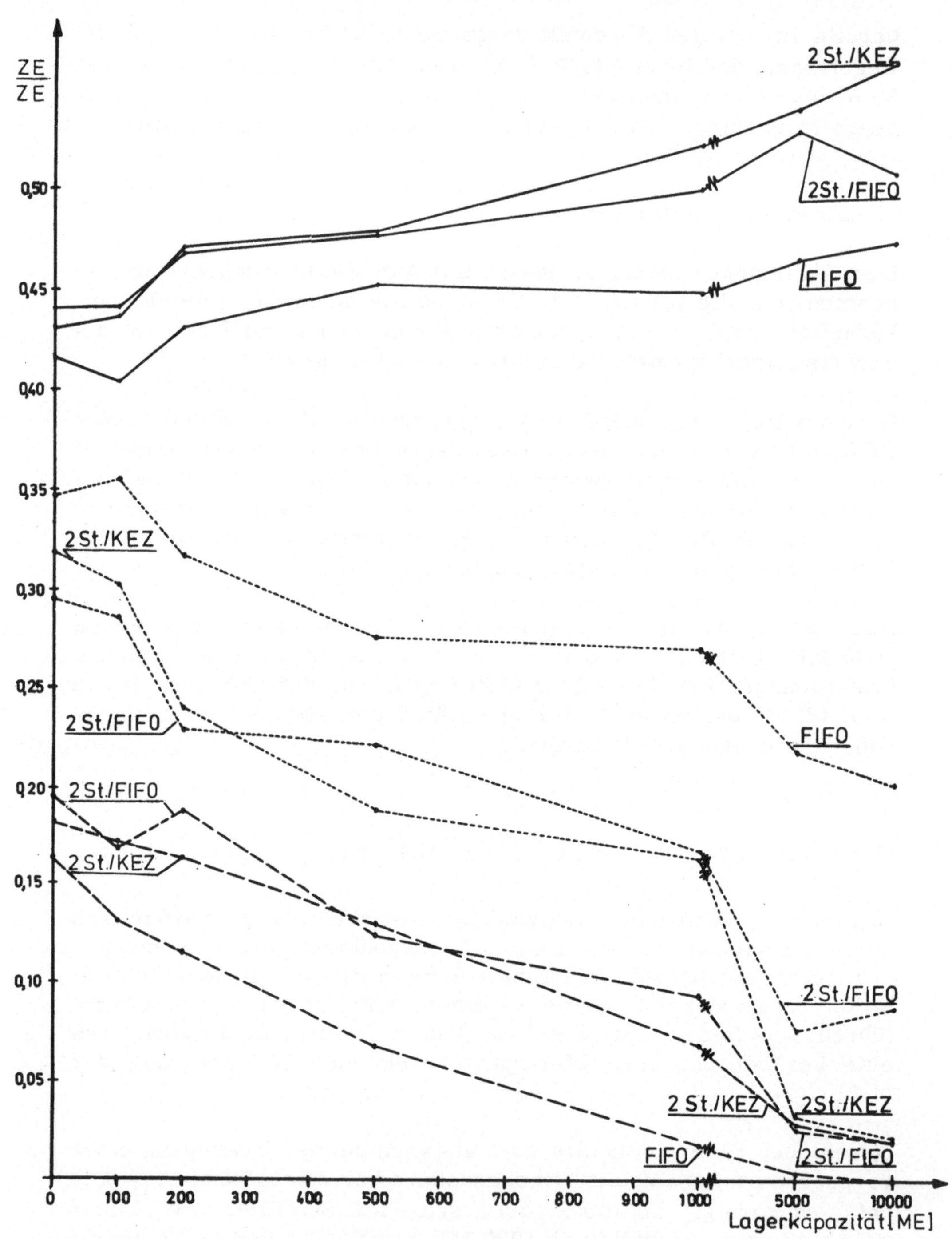

Erläuterung: ———— Zeitnutzungsgrad des Systems
                 ..... Stillstandszeit der ersten Stufe
                 - - - - - Stillstandszeit der zweiten Stufe

Abb. (8. 12)

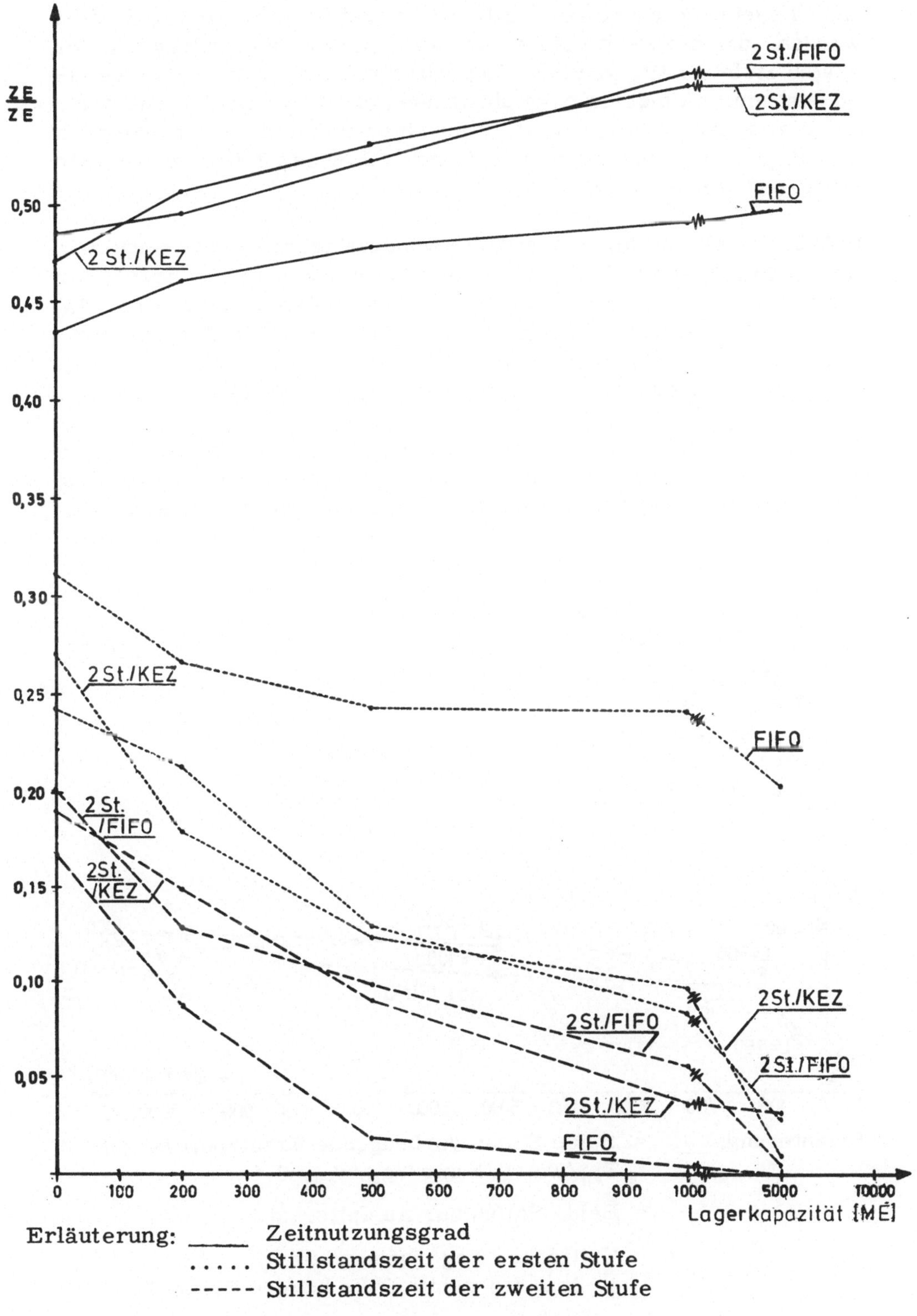

Erläuterung: _______ Zeitnutzungsgrad

.... Stillstandszeit der ersten Stufe

- - - - - Stillstandszeit der zweiten Stufe

Abb. (8. 13)

Aus diesem Grund sollen die Prioritätsregeln derartig abgeändert werden, daß die zweite Stufe nur dann Vorrang vor Aggregaten der ersten Stufe erhält, wenn der Lagerbestand des Zwischenlagers eine bestimmte Mindestmenge überschreitet. Damit wird verhindert, daß die zweite Stufe vorrangig instandgesetzt wird, obwohl sie nach Beendigung der Instandsetzung wegen fehlender Zwischenprodukte stillgelegt werden muß.

In Abb. (8. 14) sind für ausgewählte Mindestlagerbestände L und unterschiedliche Lagerkapazitäten die Zeitnutzungsgrade sowohl für Ausfallersatz als auch für eine vorbeugende Ersatzpolitik mit Tp_I/Ta_I und $Tp_{II}/Ta_{II} = 0.5$ eingetragen. Diesen Werten sind die Zeitnutzungsgrade der Prioritätsregeln 2. St. /FIFO bei Ausfallersatz bzw. 2. St. /KEZ bei vorbeugender Ersatzpolitik gegenübergestellt.

Es zeigt sich, daß die modifizierte Prioritätsregel bei hohen Lagerkapazitäten zu einer weiteren Steigerung des Zeitnutzungsgrades führt, während bei Lagerkapazitäten, die geringer als 1000 ME sind,

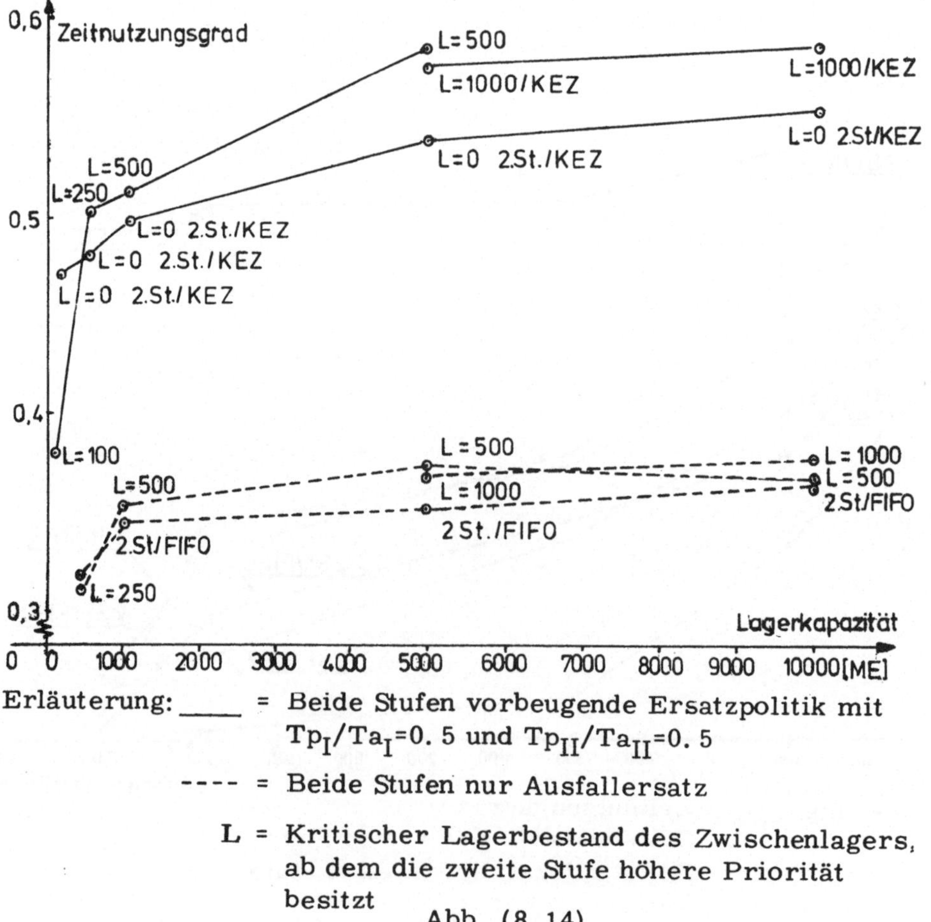

Erläuterung: _____ = Beide Stufen vorbeugende Ersatzpolitik mit $Tp_I/Ta_I = 0.5$ und $Tp_{II}/Ta_{II} = 0.5$

- - - - = Beide Stufen nur Ausfallersatz

L = Kritischer Lagerbestand des Zwischenlagers, ab dem die zweite Stufe höhere Priorität besitzt

Abb. (8. 14)

die Regel schlechtere Ergebnisse zeitigt, da hier die zweite Stufe
den stärkeren Engpaß darstellt. Aus Abb. (8. 14) geht gleichzeitig
noch einmal deutlich der Einfluß der vorbeugenden Ersatzpolitik
auf den Zeitnutzungsgrad hervor.

III. Ersatzstrategien bei starr verketteten Aggregaten

Für die drei Aggregate der Fertigungskette des in Abb. (8. 01) dargestellten Produktionssystems werden zunächst gleiche Laufzeiten
angesetzt - in einem zweiten Modell werden für die Aggregate unterschiedliche mittlere Laufzeiten angenommen. Die Ersatzzeiten
sind für alle Aggregate identisch erlangverteilt mit den Parametern
$k=8$, $Rv=3$, $Ra=12$. Die Instandhaltungsabteilung besteht aus zwei
unabhängigen Gruppen. Den Simulationsläufen liegt jeweils eine Simulationsdauer von 4000 ZE zugrunde.

Zunächst wird jeweils der Zeitnutzungsgrad (34) der Kette unter der
Voraussetzung ermittelt, daß keine vorbeugenden Maßnahmen durchgeführt werden.

Anschließend wird für jedes Aggregat i s o l i e r t eine vorbeugende
Ersatzpolitik angesetzt. Diese Politik wird weiter zu verbessern
versucht, indem die Vorteile einer verbundenen Ersatzpolitik, wie
sie in Kapitel IV abgeleitet wurden, ausgenutzt werden. Dazu wird
der vorbeugende Ersatzzeitpunkt eines Aggregates vorverlegt, wenn
bereits ein Aggregat ausgefallen ist oder seinen isolierten vorbeugenden Ersatzzeitpunkt erreicht hat.

Weiterhin wird neben der FIFO-Regel die Wirksamkeit der Abfertigungsregel, daß a u s g e f a l l e n e Aggregate eine höhere Priorität besitzen, geprüft.

a) Identische Laufzeitverteilungen

Die drei Aggregate $i=1, 2, 3$ fallen jeweils entsprechend erlangverteilten Laufzeiten mit $k=8$ und $Ta_i=Ta=30$ ZE aus. In Tab. (8. 05)
sind für die untersuchten Ersatzstrategien der Zeitnutzungsgrad,
die zeitliche Inanspruchnahme der beiden Instandhaltungsgruppen (35), die Zahl der Aggregatausfälle, die Zahl vorbeugender
Maßnahmen und die Summe aller Ersatzmaßnahmen eingetragen.

---

34) Infolge der starren Verkettung der Aggregate ist die Kette nur
     dann betriebsbereit, wenn alle Aggregate der Kette betriebs-
     bereit sind.

35) Die zweite Instandhaltungsgruppe wird nur dann in Anspruch
     genommen, wenn die erste Gruppe besetzt ist.

Die Werte beziehen sich auf einen Simulationszeitraum von 4000 ZE.

Ausfallverteilungen: k=8; Ta_i =Ta=30 Dauer der Ersetzungen: k=8, Ra=12, k=8, Rv=3	Ausfallersatz	Isolierte vorbeugende Ersatzpolitik Tp/Ta=0.5	Verbundene vorbeugende Ersatzpolitik					
			α =0.1		α =0.2		α =0.3	
			FIFO	Ausfall vor vorbeugend	FIFO	Ausfall vor vorbeugend	FIFO	Ausfall vor vorbeugend
Zeitnutzungsgrad	0.4500	0.6077	0.6538	0.6808	0.6840	0.6923	0.7010	0.6923
zeitl.Inanspruchnahme der Instandhaltungsabt. Gruppe 1: Gruppe 2:	2196 35	1557 84	1285 505	1113 764	1186 794	1153 824	1106 808	1005 933
Zahl der Ausfälle Aggreg.1 Aggreg.2 Aggreg.3	59 62 58	8 9 8	12 11 9	9 14 11	13 13 12	12 7 8	12 6 13	8 13 10
Zahl vorbeugender Maßn. Aggreg.1 Aggreg.2 Aggreg.3	0 0 0	155 155 156	169 168 170	179 176 175	179 176 177	178 184 182	184 185 181	183 179 181
Zahl der Ersetzungen insgesamt	179	491	539	564	570	571	581	574

Tab. (8.05)

Als (isoliertes) vorbeugendes Ersatzintervall wird ein Wert von Tp/Ta=0.5 gewählt. Bei der verbundenen Ersatzpolitik werden unterschiedliche Grade der Vorverlegung der vorbeugenden Ersatzzeitpunkte vom Zeitpunkt Tp/Ta=0.5 untersucht. Sobald ein Aggregat ausfällt oder seinen isolierten Ersatzzeitpunkt erreicht hat, errechnen sich die vorbeugenden Ersatzzeitpunkte nach der Formel:

$$(8.0) \qquad Tp^* = Tp - \alpha \cdot Ta.$$

Der Vorteil einer verbundenen Politik liegt darin, daß bei der gleichzeitigen Bearbeitung von mehr als einem Aggregat die Ersatzmaßnahmen von den zwei Instandsetzungsgruppen parallel ausgeführt werden (36).

Aus Tab. (8. 05) geht hervor, daß bei reinem Ausfallersatz der Ausnutzungsgrad lediglich 0. 45 beträgt (37). Bei der isolierten vorbeugenden Ersatzpolitik erhöht sich der Zeitnutzungsgrad bei Anwendung der FIFO-Regel auf 0. 61. Dieser Wert wird durch die Einführung einer verbundenen Politik weiter erhöht (38). Bei Werten für $\alpha \geq 0. 2$ sind kaum noch Ausfälle zu verzeichnen, da die Ersatzzeitpunkte sehr stark vorgezogen werden. Vielmehr strebt die optimale Politik für alle Aggregate gleiche Ersatzzyklen an, zu denen alle Aggregate erneuert werden. Bei einem "störenden" Ausfall werden deshalb alle anderen Aggregate vorbeugend ersetzt, um wieder einen gleichen Ausgangspunkt für alle Aggregate zu schaffen. Aus der gleichmäßigen Auslastung beider Reparaturgruppen ist der Grad von Parallelarbeiten zu ersehen. Allerdings steigt die Zahl der Ersatzmaßnahmen mit wachsendem α gegenüber der isolierten vorbeugenden Ersatzpolitik an, so daß im Falle erheblicher Ersatzteilkosten geprüft werden muß, ob nicht ein niedrigerer Zeitnutzungsgrad bei einem niedrigeren Ersatzteilverbrauch zu einem höheren Gewinn führt.

Erhalten ausgefallene Aggregate eine höhere Priorität gegenüber vorbeugend stillgelegten Aggregaten, dann kann bei $\alpha = 0. 1$ der Ausnutzungsgrad erheblich, bei höheren α-Werten wegen der geringen Zahl von Ausfällen nur noch geringfügig gesteigert werden. Der Vorteil dieser Regel liegt darin, daß bei einem Ersatz aller drei Aggregate, von denen ein Aggregat ausgefallen ist, auf jeden Fall das ausgefallene Aggregat instandgesetzt wird und die vorbeugenden Maßnahmen (mit der kürzeren Dauer) parallel von der anderen Gruppe ausgeführt werden. Würden dagegen zunächst die beiden Gruppen mit den vorbeugenden Maßnahmen beschäftigt und anschließend der ausfallbedingte Ersatz ausgeführt, so würde sich eine längere Ausfallzeit der Kette ergeben.

b) Unterschiedliche Laufzeitverteilungen

Da bei identischen Laufzeitverteilungen die (hinsichtlich des Zeitnutzungsgrades) optimale Ersatzpolitik einen für alle Aggregate

---

36) Die hier angesetzte Politik kann selbstverständlich noch modifiziert werden, falls weitere Ergebnisse des Kapitels IV herangezogen werden.

37) Bei unverbundenen Aggregaten und freier Instandhaltungskapazität beläuft sich der Ausnutzungsgrad auf 0. 71.

38) Die FIFO-Regel soll zunächst weiterhin beibehalten werden.

gemeinsamen Ersatzzyklus anstrebt, werden für die Aggregate unterschiedliche Erlangverteilungen für die Laufzeiten angesetzt: für Aggregat 1 die Parameter Ta_1=20, k=8; für Aggregat 2 Ta_2=30, k=8 und für Aggregat 3 Ta_3=40, k=8. Die Ergebnisse der Simulationsläufe sind in Tab (8.06) eingetragen.

Auch hier zeitigt die vorbeugende Ersatzpolitik gegenüber dem Ausfallersatz einen erheblichen Anstieg des Zeitnutzungsgrades. Gegenüber dem vorigen Modellansatz strebt die optimale Politik hier aber nicht mehr gegen einen einheitlichen Zyklus (39), sondern der maximale Zeitnutzungsgrad wird von einem Wert für α von 0.2 erreicht. Auch hier haben die unterschiedlichen Abfertigungsregeln kaum einen Einfluß.

Aus der letzten Zeile in Tab. (8.06) geht wiederum hervor, in welchem Maße insgesamt die Zahl der Ersatzmaßnahmen, d.h. der Ersatzteilverbrauch, zunimmt.

IV. Der Einfluß unterschiedlicher Ersatzstrategien auf das gesamte Produktionssystem

Zum Abschluß soll das in Abb. (8.01) dargestellte Produktionssystem im Zusammenwirken von Fertigungskette, Werkstattaggregaten und Instandhaltungsabteilung untersucht werden. Für die Laufzeiten und Ersatzdauern der Aggregate werden die bereits in den Abschnitten II und III benutzten Parameter angesetzt.

Insgesamt werden 13 Ersatzstrategien in ihren Auswirkungen auf die Zeitnutzungsgrade von Kette und Werkstatt getestet. Die Strategien sind in Tab. (8.07) angeführt und unterscheiden sich bezüglich der Art der Ersatzzeitpunkte und der Prioritätsregeln.

Um den Einfluß unterschiedlicher Kapazitätssituationen der Instandhaltungsabteilung zu untersuchen, werden die Ersatzstrategien für z w e i parallel arbeitende Gruppen und für vier Gruppen getestet.

Für das Zwischenlager der Werkstatt wird eine Kapazität von 5000 Mengeneinheiten angesetzt.

Die Ergebnisse der Simulationsläufe sind in den Tabellen (8.08) und

---

39)   Dieser Zyklus müßte sich an dem Aggregat mit der kürzesten durchschnittlichen Laufzeit ausrichten und würde bei den anderen Aggregaten in vielen Fällen zu überflüssigen Ersatzzeiten führen.

Ausfallverteilungen: $k=8$; $Ta_1=20$, $Ta_2=30$, $Ta_3=40$ Dauer der Ersetzungen: $k=8$, $Ra=12$, $k=8$, $Rv=3$	Ausfallersatz	Isolierte Ersatzpolitik $Tp/Ta =0.5$	Verbundene vorbeugende Ersatzpolitik							
			$\alpha = 0.1$		$\alpha = 0.2$		$\alpha = 0.3$		$\alpha = 0.4$	
			FIFO	Ausfall vor vorbeugend	FIFO	Ausfall vor vorbeugend	FIFO	Ausfall vor vorbeugend	FIFO	Ausfall vor vorbeugend
Zeitnutzungsgrad	0.4457	0.5768	0.6328	0.6410	0.6607	0.6590	0.6368	0.6203	0.6302	0.6350
zeitl. Inanspruchnahme der Instandhaltungsabt. Gr. 1	2203	1667	1394	1339	1166	1159	1344	1327	1359	1310
Gr. 2	45	83	490	496	990	1050	1027	1120	1044	1053
Zähl der Ausfälle Aggr. 1	87	14	15	18	18	18	9	20	17	17
Aggr. 2	58	7	15	4	4	4	3	4	2	1
Aggr. 3	46	7	6	7	3	3	1	0	1	0
Zahl vorbeugender Maßnahmen Aggr. 1	0	220	245	249	257	257	250	238	243	247
Aggr. 2	0	151	161	171	256	256	250	246	252	255
Aggr. 3	0	111	124	125	132	137	253	247	253	256
Zahl der Ersetzungen insgesamt	191	510	566	574	670	675	766	755	768	776

Tab. (8.06)

(8. 09) eingetragen. Es wurden jeweils Simulationen zwischen 4000 bis 6000 Zeiteinheiten durchgeführt. Reportiert werden die Zeitnutzungsgrade und die Zahl der ausfallbedingten bzw. vorbeugenden Ersatzmaßnahmen pro ZE. Anhand dieser Angaben kann für bestimmte. Deckungsspannen und Ersatzteilkosten zu einer Kosten- bzw. Gewinnbetrachtung übergegangen werden.

Aus den Ergebnissen geht wiederum hervor, daß die Einführung einer vorbeugenden Ersatzpolitik zu einem erheblichen Anstieg der Zeitnutzungsgrade führt. Er wird z. T. um mehr als 50% erhöht. Anhand eines Vergleichs der Zeitnutzungsgrade bei unterschiedlichen Prioritätsregeln kann ersehen werden, in welchem Ausmaß durch sie die Zeitnutzungsgrade der Fertigungskette auf Kosten der Werkstatt (bzw. umgekehrt) verändert werden können. Insbesondere zeigt sich, daß bei Gewährung eines Vorranges für die zweite Werkstattstufe (40) der Zeitnutzungsgrad der Werkstatt erheblich erhöht werden kann (vgl. z. B. den Übergang von Strategie 5 zu Strategie 6).

Eine Verdoppelung der Instandhaltungskapazität von 2 auf 4 Gruppen führt in Tabelle (8. 09) zu einem weiteren Anstieg der Zeitnutzungsgrade. Der Effekt wirkt sich in den Fällen, in denen der Kette Vorrang vor den Werkstattaggregaten gewährt wird, insbesondere auf den Zeitnutzungsgrad der Werkstatt aus.

---

40)   Der zweiten Stufe wird allerdings nur dann Vorrang vor allen Aggregaten gewährt, wenn das Zwischenlager einen Lagerbestand von mindestens 800 ME aufweist.

Nr. der Ersatz-strategie	Vorbeugender Ersatzzeitpunkt Tp/Ta — Kette	Vorbeugender Ersatzzeitpunkt Tp/Ta — Werkst.	Verbundene Ersatzpolitik der Kette :α	Prioritätsregeln — Verhältnis der Kette zur Werkstatt — 1. Stufe	Verhältnis der Kette zur Werkstatt — 2. Stufe	Verhältnis der 1. Stufe Werkstatt zur 2. Stufe	Verhältnis von ausfallbedingtem Ersatz der Kette zu vorbeugendem Ersatz	Verhältnis von ausfallbedingtem Ersatz der Werkstattaggregate zu vorbeugendem Ersatz
1			0	FIFO	FIFO	FIFO	FIFO	FIFO
2			0	Kette besitzt Vorr.	Kette besitzt Vorrang	FIFO	FIFO	FIFO
3			0	Kette besitzt Vorrang	Werkstatt besitzt Vorrang	2. Stufe besitzt Vorrang	FIFO	FIFO
4	0.5	0.5	0	FIFO	FIFO	FIFO	FIFO	FIFO
5	0.5	0.5	0	Kette besitzt Vorrang	Kette besitzt Vorrang	FIFO	FIFO	FIFO
6	0.5	0.5	0	Kette besitzt Vorrang	Werkstatt besitzt Vorrang	2. Stufe besitzt Vorrang	FIFO	FIFO
7	0.5	0.5	0.2	Kette besitzt Vorrang	Werkstatt besitzt Vorrang	2. Stufe besitzt Vorrang	Ausfallersatz besitzt Vorrang	FIFO
8	0.5	0.5	0.2	Kette besitzt Vorrang	Werkstatt besitzt Vorrang	2. Stufe besitzt Vorrang	Ausfallersatz besitzt Vorrang	vorbeugender Ersatz besitzt Vorr.
9	0.5	0.5	0.1	Kette besitzt Vorrang	Kette besitzt Vorrang	FIFO	Ausfallersatz besitzt Vorrang	vorbeugender Ersatz besitzt Vorr.
10	0.5	0.5	0.2	Kette besitzt Vorrang	Kette besitzt Vorrang	FIFO	Ausfallersatz besitzt Vorrang	vorbeugender Ersatz besitzt Vorr.
11	0.5	0.5	0.3	Kette besitzt Vorrang	Werkstatt besitzt Vorrang	2. Stufe besitzt Vorrang	Ausfallersatz besitzt Vorrang	vorbeugender Ersatz besitzt Vorr.
12	0.5	0.5	0.4	Kette besitzt Vorrang	Werkstatt besitzt Vorrang	2. Stufe besitzt Vorrang	Ausfallersatz besitzt Vorrang	vorbeugender Ersatz besitzt Vorr.
13	0.5	0.5	0.5	Kette besitzt Vorrang	Werkstatt besitzt Vorrang	2. Stufe besitzt Vorrang	Ausfallersatz besitzt Vorrang	vorbeugender Ersatz besitzt Vorr.

Tab. (8.07)

Zahl der Instandhaltungsgruppen:2 / Nr. der Ersatzstrategie	Zeitnutzungsgrad		Zahl der ausfallbedingten (vorbeugenden) Ersatzmaßnahmen pro ZE				
			Kette			Werkstatt	
	Kette	Werkstatt	1.Aggr.	2.Aggr.	3.Aggr.	Summe aller Aggr. der 1. Stufe	2. Stufe
1.	0.341	0.249	0.018	0.010	0.010	0.076 (0)	0.023 (0)
2.	0.390	0.235	0.020	0.013	0.010	0.071 (0)	0.023 (0)
3.	0.335	0.286	0.016	0.012	0.008	0.086 (0)	0.028 (0)
4.	0.496	0.386	0.003 (0.048)	0.002 (0.032)	0.001 (0.024)	0.023 (0.212)	0.007 (0.071)
5.	0.552	0.381	0.003 (0.054)	0.002 (0.036)	0.002 (0.026)	0.025 (0.208)	0.007 (0.071)
6.	0.495	0.4964	0.004 (0.047)	0.003 (0.031)	0.001 (0.024)	0.029 (0.273)	0.010 (0.091)
7.	0.5597	0.488	0.003 (0.055)	0.001 (0.055)	0.001 (0.028)	0.090 (0.269)	0.009 (0.090)
8.	0.523	0.472	0.003 (0.052)	0.000 (0.052)	0.002 (0.025)	0.036 (0.254)	0.009 (0.086)
9.	0.569	0.384	0.004 (0.049)	0.001 (0.060)	0.001 (0.040)	0.024 (0.210)	0.008 (0.069)
10.	0.588	0.3737	0.006 (0.057)	0.001 (0.057)	0.001 (0.030)	0.023 (0.205)	0.007 (0.069)
11.	0.510	0.473	0.004 (0.049)	0.000 (0.051)	0.000 (0.051)	0.027 (0.264)	0.008 (0.089)
12.	0.507	0.472	0.002 (0.050)	0.000 (0.051)	0.000 (0.051)	0.030 (0.258)	0.009 (0.087)
13.	0.497	0.464	0.003 (0.048)	0.001 (0.050)	0.000 (0.050)	0.032 (0.253)	0.007 (0.086

Tab. (8. 08)

Zahl der Instandhaltungsgruppen:4 Nr. der Ersatzstrategie	Zeitnutzungsgrad		Zahl der ausfallbedingten (vorbeugenden) Ersatzmaßnahmen pro ZE				
			Kette			Werkstatt	
	Kette	Werkstatt	1.Aggr.	2.Aggr.	3.Aggr.	Summe aller Aggregate der 1. Stufe	2. Stufe
1.	0.412	0.456	0.022	0.022	0.014	0.138 (0)	0.040 (0)
2.	0.446	0.460	0.022	0.014	0.011	0.140 (0)	0.043 (0)
3.	0.425	0.480	0.022	0.013	0.010	0.140 (0)	0.048 (0)
4.	0.586	0.625	0.003 (0.057)	0.003 (0.037)	0.000 (0.029)	0.036 (0.344)	0.009 (0.117)
5.	0.599	0.609	0.003 (0.059)	0.002 (0.038)	0.001 (0.029)	0.031 (0.339)	0.012 (0.112)
6.	0.582	0.651	0.005 (0.055)	0.003 (0.037)	0.002 (0.028)	0.045 (0.354)	0.009 (0.123)
7.	0.681	0.638	0.004 (0.067)	0.000 (0.067)	0.002 (0.033)	0.039 (0.350)	0.012 (0.118)
8.	0.651	0.624	0.006 (0.062)	0.001 (0.062)	0.001 (0.032)	0.037 (0.343)	0.013 (0.113)
9.	0.618	0.603	0.003 (0.060)	0.003 (0.039)	0.002 (0.029)	0.038 (0.330)	0.012 (0.109)
10.	0.695	0.610	0.003 (0.068)	0.003 (0.068)	0.001 (0.034)	0.038 (0.335)	0.011 (0.113)
11.	0.681	0.623	0.002 (0.067)	0.001 (0.068)	0.000 (0.068)	0.035 (0.345)	0.013 (0.113)
12.	0.661	0.654	0.006 (0.063)	0.000 (0.063)	0.000 (0.067)	0.043 (0.356)	0.009 (0.122)
13.	0.667	0.629	0.003 (0.065)	0.000 (0.067)	0.000 (0.067)	0.048 (0.338)	0.010 (0.117)

Tab. (8. 09)

Literaturverzeichnis

Adam, D. , Produktionsplanung bei Sortenfertigung, Wiesbaden 1969.

Albach, H. , Zur Verbindung von Produktionstheorie und Investitionstheorie, in: Zur Theorie der Unternehmung, Festschrift zum
65. Geburtstag von Erich Gutenberg, Hrsg. H. Koch, Wiesbaden 1962, S. 137 ff.

Angermann, A. , Industrielle Planungsrechnung, Bd. I, Entscheidungsmodelle, Frankfurt/Main 1963.

Barlow, R. E. and Hunter, L. C. , Optimum Preventive Maintenance
Policies, in: Operations Research, Vol. 8, 1960, S. 90-100.

Barlow, R. E. und Proschan, F. , Planned Replacement, in: K. J.
Arrow, S. Karlin and Scarf, H. (eds), Studies in Applied Prob-
ability and Management Science, Stanford University Press,
Stanford 1962, S. 63-87.

Barlow, R. E. und Proschan, F. , Mathematical Theory of Reliability, New York-London-Sydney 1967.

Barten, K. A. , A Queuing Simulator for Determining Optimum Inventory Levels in a Sequential Process, in: The Journal of
Industrial Engineering, Vol. 13 (1962), S. 245-252.

Bartholomew, D. J. , Two-Stage Replacement Strategies, in: Oper-
ational Research Quarterly, Vol. 14, Number 1, 1963, S. 71-87.

Bellman, R. and Dreyfus, St. , Dynamic Programming and the Reliability of Multicomponent Devices, in: Operations Research,
Vol. 6 (1958), S. 200-206.

Bellman, R. , Dynamic Programming, Princeton 1957.

Bellman, R. and Dreyfus, S. , Applied Dynamic Programming,
Princeton 1962.

Beckmann, M. J. , Dynamic Programming of Economic Decisions,
Berlin-Heidelberg-New York 1968.

Bhat, U. N. , A Study of the Queuing Systems M/G/1 and GI/M/1,
Berlin-Heidelberg-New York 1968.

Bhat, U. N. , Sixty Years of Queuing Theory, in: Mng. Sci. Vol. 15
(1969), S. B 280-294.

Birnbaum, Z. W. und Saunders, S. C. , A Statistical Model for Life-
Length of Materials, in: Journal of the American Statistical
Ass. , Vol. 53 (1958), S. 151 ff.

Bharucha-Reid, A. T. , Elements of the Theory of Markov-Process-
es and their Applications, New York-Toronto-London 1960.

Boothroyd, H. and Tomlinson, R. C. , The Stock Control of Engineering Spores - A Case Study, in: Oper. Res. Quarterly, Vol. 14 (1963), S. 317-332.

Buffa, E. S. , Models for Production and Operations Management, New York-London 1963.

Buslenko, N. P. und Schreider, J. A. , Die Monte-Carlo-Methode und ihre Verwirklichung mit elektronischen Digitalrechnern, Leipzig 1964.

Churchman, C. W. , Ackoff, R. L. und Arnoff, E. L. , Operations Research, deutsche Übers. , Wien 1966, 3. Aufl.

Conway, R. W. , Some Tactical Problems in Digital Simulation, in: Mng. Sci. Vol. 10 (1963), S. 47 ff.

Cornely, H. , Hilfsmittel zur Werkzeugvoreinstellung und Organisation des planmäßigen Werkzeugschnellwechsels, in: Werkstattechnik, Jg. 50 (1960), S. 154 ff.

Cox, D. R. , Erneuerungstheorie, München-Wien 1966.

Cox, D. R. und Miller, H. D. , The Theory of Stochastic Processes, London 1965.

Cox, D. R. und Smith, W. L. , Queues, London 1961.

Dantzig, G. B. und Wolfe, Ph. , Linear Programming in a Markov Chain, in: Oper. Res. 1962, S. 702-710.

Dellmann, K. und Nastansky, L. , Kostenminimale Produktionsplanung bei rein intensitätsmäßiger Anpassung mit differenzierten Intensitätsgraden, in: ZfB Jg. 39 (1969).

Derman, C. and Klein, M. , Some Remarks on finite Horizon Markovian Decision Models, in: Oper. Res. Vol. 13 (1965), S. 272 bis 278.

Derman, C. , On Sequential Decisions and Markov Chains, in: Management Science, Vol. 9 (1962), S. 16-24.

Dreyfus, St. E. , A Note on an Industrial Replacement Process, in: Oper. Res. Vol. 8 (1957), S. 190-193.

Domke, E. , Betriebswirtschaftliche Probleme bei der Integration automatischer Aggregate zu Fertigungsketten, Diss. Hamburg 1966.

Drinkwater, R. W. and Hastings, N. A. J. , An Economic Replacement Model, In: Oper. Res. Quarterly, Vol. 18 (1967), S. 121-138.

Eilon, S. , King, J. R. and Hutchinson, D. E. , A Study in Equipment Replacement, in: Operations Research Quarterly, Vol. 17 (1966), S. 59-71, Vgl. Mortimore, R. H. , Oper. Res. Quart. Vol. 17 (1966), S. 193-194; Allen, D. S. , Jones, H. G. , Eilen, S. and King, J. R. , Oper. Res. Quart. Vol. 17 (1966), S. 317-319.

Eisen, M. und Leibowitz, M. , Replacement of Randomly Deteriorating Equipment, in: Management Science, Vol. 9 (1963), S. 268-276.

Fabrycky, W. J. und Torgerson, P. E. , Operations Economy, Englewood Cliffs, N. J. 1966.

Falkenhausen v. , H. , Arbeitsverteilung mit Vorrangregeln, in: VDI-Berichte Nr. 101 (1966), S. 97-103.

Feller, W. , An Introduction to Probability Theory and its Applications, Vol. I, Sec. Ed. , New York-London 1957.

Ferrero di Roccaferrera, G. M. , Operations Research for Business and Industry, Cincinnati 1964.

Ferschl, F. , Zufallsabhängige Wirtschaftsprozesse, Grundlagen und Anwendungen der Theorie der Wartesysteme, Wien und Würzburg 1964.

Finch, P. D. , The Output Process of a Queuing System M/G/1, in: J. Roy. Sta. Soc. Vol. 21 (1959), S. 375-380.

Fisher, R. A. und Yates, F. , Statistical Tables of Biological, Agricultural and Medical Research, London 1963.

Fisz, M. , Wahrscheinlichkeitsrechnung und mathematische Statistik, 5. erweiterte Aufl. , Berlin 1970.

Fox, B. , (g, w)-Optima in Markow Renewal Programs, in: Mng. Sci. Vol. 15 No. 3 (1968), S. 210-212.

Friedman, H. D. , Reduction Methods for Tandem Queuing Systems, in: Oper. Res. Vol. 13 (1965), S. 121 ff.

Frotscher, J. , Ein Simulationsmodell for den Reparaturdienst, in: Simulationsmodelle, Hrsg. Institut für Datenverarbeitung, Dresden 1968.

Gafarian, A. V. und Ancker, C. J. , Mean Value Estimation from Digital Computer Simulation, in: Oper. Res. (1966), S. 25 ff.

Geisler, M. A. , The Size of Simulation Samples required to compute certain inventory characteristics with stated precision and confidence, in: Management Science, Vol. 10 (1964), S. 261 ff.

Ghare, P. M. und Taylor, R. E. , Optimal Redundancy for Reliability in Series Systems, in: Oper. Res. Vol. 17 (1969), S. 838-847.

Ghellinck, G. T. und Eppen, G. D. , Linear Programming Solutions for Separable Markovian Decision Problems, in: Mng. Sci. Vol. 13 (1967), S. 371-394.

Goetz, B. E. , Monte Carlo Solution of Waiting-Line Problems, in: Management Technology, Mass. 1960, S. 7 ff.

Goodwin, J. M. und Giese, E. W. , Reliability of Spare Part Support for a complex System with Repair, in: Oper. Res. Vol. 13 (1965), S. 413-423.

Gröger, H. , EROS (Engine Repairs and Overhaul Simulation) - ein Planungsinstrument für Triebwerksinstandhaltungswerkstätten von Luftverkehrsgesellschaften, in: Bussmann, K. F. und Mertens, P. , Hrsg. , Operations Research und Datenverarbeitung bei der Instandhaltungsplanung, Stuttgart 1968, S. 137 ff.

Groß-Hardt, E. , Über den Einfluß von Werkstückpuffern auf die Kapazitätsausnutzung von Maschinenfließreihen, Diss. Aachen 1966.

Groß-Hardt, E. , Untersuchungen zur kostenoptimalen Dimensionierung von Werkstückpuffern in Maschinenfließreihen, F. L. N. W. , Köln und Opladen 1968.

Gutenberg, E. , Grundlagen der Betriebswirtschaftslehre, 1. Band: Die Produktion, 13. Aufl. Berlin-Heidelberg-New York 1967.

Hald, A. , Statistical Theory with Engineering Applications, 4. Aufl. , New York-London 1960.

Hammersley, J. M. und Handscomb, D. C. , Monte Carlo Methods, London 1964.

Hake, O. , Radioaktive Verschleißmessung - ein betriebsnahes Kurzprüfverfahren, in: Industrieanzeiger VI 1955.

Hastings, N. A. J. , Some Notes on Dynamic Programming and Replacement, in: Oper. Res. Quart. Vol. 19 (1968), S. 453-644.

Hastings, N. A. J. , The Repair Limit Replacement Method, in: Oper. Res. Quart.

Henn, R. und Künzi, H. P. , Einführung in die Unternehmensforschung, Bd. II, Berlin-Heidelberg-New York 1968.

Heinen, E. , Betriebswirtschaftliche Kostenlehre, Bd. I, Begriff und Theorie der Kosten, 2. Aufl. Wiesbaden 1965.

Hillier, F. S. und Miller, H. D. , The Theory of Stochastic Processes, London 1965.

Hölzel, P. , Zur Lösung von Problemen der Maschineninstandhaltung mit Hilfe der Warteschlangentheorie, in: Operations Research und Datenverarbeitung bei der Instandhaltungsplanung, Hrsg. Bussmann, K. F. und Mertens, P. , Stuttgart 1968, S. 126 ff.

Hormann, J. , Computergesteuerte Wartung im Werk Sindelfingen der IBM Deutschland, in: IBM-Nachrichten, Nr. 199, 20. Jg. (1970), S. 59-67.

Hoss, K. , Fertigungsablaufplanung mittels operationsanalytischer Methoden, Würzburg-Wien 1966.

Howard, R. A. , Dynamische Programmierung und Markov-Prozesse, Zürich 1965.

Hsu, J. I. S. , An Empirical Study of Computer Maintenance Policies, in: Mng. Sci. Vol. 15 (1968), S. B 180-195.

Hunt, G. C. , Sequential Arrays of Waiting Lines, in: Oper. Res. Vol. 4 (1956), S. 674-683.

Jacke, S. , Zur Übertragung von Optimierungsmodellen der Mehrmaschinenbedienung auf die Instandhaltungsbereitstellungsplanung, in: Operations Research und Datenverarbeitung bei der Instandhaltungsplanung, Hrsg. Bussmann, K. F. und Mertens, P. , Stuttgart 1968, S. 109 ff.

Jacob, H. , Preispolitik, Wiesbaden 1962.

Jacob, H. , Produktionsplanung und Kostentheorie, in: Zur Theorie der Unternehmung, Festschrift für Erich Gutenberg, hrsg. von Koch, H. , Wiesbaden 1962, S. 204 ff.

Jacob, H. , Investitionsrechnung, in: Allgemeine Betriebswirtschaftslehre in programmierter Form, Hrsg. Jacob, H. , Wiesbaden 1969.

Jacob, H. , Flexibilitätsüberlegungen in der Investitionsrechnung, in: ZfB Jg. 37 (1967), S. 1 ff.

Jacob, H. , Zum Problem der Unsicherheit bei Investitionsrechnungen, in: ZfB 37. Jg. (1967), S. 153 ff.

Jacob, H. , Neuere Entwicklungen in der Investitionsrechnung, Wiesbaden 1965.

Jewell, W. S. , Markov-Renewal Programming, in: Operations Research, Vol. 11 (1963), S. 938-971.

Johnson, J. W. , On Stock Selection at Spare Parts Stores Sections, in: Nov. Res. Log. Qu. Vol. 9 (1962), S. 49-59.

Jorgenson, D. W. and McCall, J. J. , Optimal Scheduling of Replacement and Inspection, in: Operations Research Vol. 11 (1963), S. 732-746.

Jorgenson, D. W. , McCall, J. J. und Radner, R. : Optimal Replacement Policy, Amsterdam 1967.

Karrenberg, R. und Scheer, A. W. , Kostenoptimale Zuverlässigkeit produktiver Systeme, in: ZfB 40. Jg. (1970), S. 557-560.

Kaufmann, A. und Cruon, R. , Les Phénomènes d'attente, Paris 1961.

Khintchine, A. Y. , Mathematical Methods in the Theory of Queuing, London 1960.

Klein, M. , Inspection - Maintenance - Replacement Schedules under Markovian Deterioration, in: Managements Science Vol. 9 (1962/63), S. 25 ff.

Koenigsberg, E. , Production Lines and Internal Storage - A Review, in: Mng. Sci. 6 (1959), S. 410 ff.

Kolesar, P. , Randomized Replacement Rules which Maximize the Expected Cycle Length of Equipment subject to Markovian Deterioration, in: Mng. Sci. Vol. 13 (1967), S. 867-876.

Koxholt, R. , Die Simulation - ein Hilfsmittel der Unternehmensforschung, München 1967.

Kreß, W. , Bibliographie der Instandhaltungsliteratur, Meisenheim am Glan 1970.

Küpper, W. , Optimierung von Gruppenreparaturen, in: Proceedings in Operations Research 2, Würzburg-Wien 1973, S. 279-293.

Lahres, H. , Einführung in die diskreten Markoff-Prozesse und ihre Anwendungen, Braunschweig 1964.

Lampkin, W. and Flowerdew, A. D. J. , Computation of Optimum Re-order Levels and Quantities for a Re-order Level Stock Control System, in: Oper. Res. Quart. Vol. 14 (1963), S. 263-278.

Lampkin, W. and Flowerdew, A. D. J. , On a multiple re-order point inventory policy, in: Oper. Res. Quart. Vol. 12 (1961), S. 187-190.

Lawrence, J. R. and Stephenson, G. G. and Lampkin, W. , A Stock Control Policy for Important Spares in a Two Level Stores System, in: Oper. Res. Quart. Vol. 12 (1961), S. 261-271.

Lee, A. M. , Applied Queuing Theory, London und Beccles 1966.

Lee, T. C. , Judge, G. G. and Zellner, A. , Estimating the Parameters of the Markov Probability Model from Aggregate Time Series Data, Amsterdam und London 1970.

Lehmann, S. , Beitrag zur Anwendung der Warteschlangentheorie bei Mehrstellenarbeit für eine optimale Produktions- und Fertigungsplanung in Industriebetrieben, in: F. L. N. W. , Köln und Opladen 1966, S. 21 ff und S. 56 ff.

Lieberman, G. J. , The Status and Impact of Reliability Methodology, in: Nav. Res. Log. Qu. Vol. 16 (1969), S. 17-35.

Manne, A. , Linear Programming and Sequential Decisions, in: Management Science, Vol. 6 (1960).

Marathe, V. P. and Nair, K. P. K. , Multistage Planned Replacement Strategies, in: Oper. Res. Vol. 14 (1966), S. 874-887.

Marathe, V. P. and Nair, K. P. K. , On Multistage Replacement Strategies, in: Oper. Res. Vol. 14 (1966), S. 537-538.

McCall, J. J. , Maintenance Policies for Stochastically Failing Equipment, in: Management Science, Vol. 11 (1965), S. 493 bis 524.

McGlothlin, W. H. und Radner, R. , The Use of Bayesian Techniques for Predicting Spare-Parts Demand, Project Rand Research Memorandum RM-2536, 1960.

Mertens, P. , Die gegenwärtige Situation der betriebswirtschaftlichen Instandhaltungstheorie, in: ZfB 38. Jg. (1968), S. 805 bis 836.

Mertens, P. , Simulation, Stuttgart 1969.

Mohr, G. B. , Das Ersatzproblem aus der Sicht der Unternehmensforschung, Diss. Köln 1965.

Morrison, D. F. , Cost Functions for Systems with Spare Components, in: Oper. Res. Vol. 9 (1961), S. 688-694.

Morrison, D. F. and Davis, H. A. , The Life Distribution and Reliability of a System with Spare Components, in: Annals of Math. and Stat. , Vol. 31 (1960), S. 1084-1094.

Morse, P. M. , Queues, Inventories and Maintenance, New York 1958.

Muyen, A. R. W. , Optimum Lot-size Policy if Tools break down frequently, in: Oper. Res. Quart. Vol. 12 (1961), S. 41-53.

Müller, W. , Technik und Leistungsfähigkeit betriebswirtschaftlicher Simulationsstudien, in: ZfB (1968), S. 605 ff.

Naik, M. D. and Nair, K. P. K. , Multistage Replacement Strategies, in: Oper. Res. Vol. 13 (1965), S. 279-290.

Naik, M. D. and Nair, K. P. K. , Multistage Replacement Strategies with Finite Duration of Transfer, in: Management Science, Vol. 13 (1965), S. 828-835.

Naylor, Th. H. , Balintfly, J. L. , Burdick, D. S. and Chu, K. , Computer Simulation Techniques, New York-London-Sydney 1968.

Nelson, W. , Hazard Plotting for Incomplete Failure Data, in: Journal of Quality Technology, Vol. 1 No. 1 Jan. 1969, S. 27-52.

Neumann, K. , Dynamische Optimierung, Mannheim 1969.

Ohse, H. , Wirtschaftliche Probleme industrieller Sortenfertigung, Köln und Opladen 1963.

Opfermann, K. , Kostenoptimale Zuverlässigkeit produktiver Systeme, Wiesbaden 1968.

Opitz, H. und Schaller, E. , Untersuchungen der Ursachen des Werkzeugverschleißes, F. L. N. W. , Köln und Opladen 1966.

Peck, L. G. und Hazelwood, R. N. , Finite Queuing Tables, New York 1958.

Phipps, T. E. jr. , Machine Repairs as a Priority Waiting-Line Problem, in: Oper. Res. Vol. 14 (1956), S. 75-85.

Preinreich, G. A. D. , The Economic Life of Industrial Equipment, in: Econometrica, Vol. 8 (1940), S. 12-44.

Pressmar, D. B. , Kosten- und Leistungsanalyse im Industriebetrieb, Wiesbaden 1970.

Pritsker, A. A. B. , A Deterministic Queuing Situation, in: J. I. E. Bd. 14 (1963), S. 284 ff.

Radner, R. and Jorgenson, D. W. , Optimal Replacement and Inspection of Stochastically Failing Equipment, in: Studies in Applied Probability and Management Science, Stanford University Press, 1962, S. 184-206.

Radner, R. and Jorgenson, D. W. , Opportunistic Replacement of a single Part in the presence of several monitored parts, in: Management Science, Vol. 10 (1963), S. 70 ff.

Richman, E. und Elmaghrabe, S. , The Design of In-Process Storage Facilities, in: The Journal of Industrial Engineering, Vol. 8 (1957), S. 7-9.

Rietdorf, B. , Die planmäßige Anlagenerhaltung von Werkzeugmaschinen und ihr Einfluß auf die Wirtschaftlichkeit eines Fertigungsbetriebes, Diss. TH Aachen 1964.

Rudolph, H. J. , Über den Einfluß von Werkstückspeichern auf das Ausstoßvermögen automatischer Maschinenfließreihen, Diss. TH Karl-Marx-Stadt 1964.

Ruiz-Palá, E. und Avila-Beloso, K. , Wartezeit und Warteschlange, Meisenheim am Glan 1967.

Rusch, E. , Theorie und Praxis von Lebensdauerverteilungen, in: Technische Zuverlässigkeit, Heft 2, 1964, S. 81-100.

Saaty, Th. L. , Elements of Queuing Theory, New York-Toronto-London 1961.

Sasieni, M. W. , A Markov Chain Process in Industrial Replacement, in: Oper. Res. Quart. , Vol. 7, No. 4 (1956), S. 148-155.

Scheer, A. -W. , Die Industrielle Investitionsentscheidung, Wiesbaden 1969.

Scheer, A. -W. , Sensitivitätsanalysen der Vorteilhaftigkeit vorbeugender Ersatzstrategien für stochastisch ausfallende komplexe Produktionssysteme, in: Proceedings in Operations Research 2, Würzburg-Wien 1973, S. 319-332.

Scheer, A. -W. und Seibt, H. , Aufbau eines integrierten Systems der statistischen Qualitätskontrolle in einem Industriebetrieb, in: Schriften zur Unternehmensführung, Bd. 17, Wiesbaden 1973, S. 97-122.

Schmidt, R. , Kapazitätsplanung in stochastischen Produktionssystemen, Meisenheim am Glan 1968.

Schneeweiss, H. , Buchbesprechung zu D. R. Cox, Erneuerungstheorie, in: Ablauf- und Planungsforschung, Bd. 8 (1967), S. 583.

Schneeweiss, H. , Entscheidungskriterien bei Risiko, Berlin-Heidelberg-New York 1967.

Schneeweiss, H. , Monte-Carlo-Methoden, in: Menges, G. (Hrsg.), Beiträge zur Unternehmensforschung - gegenwärtiger Stand und Entwicklungstendenzen, Würzburg 1969.

Schneider, D. , Die wirtschaftliche Nutzungsdauer von Anlagegütern als Bestimmungsgrund der Abschreibungen, Köln und Opladen 1961.

Schneider, D. , Ersatzzeitpunkt und Investitionsketten: eine Ergänzung, in: ZfB, Jg. 21, S. 625-630.

Schneider, E. , Wirtschaftlichkeitsrechnung, 4. Aufl. , Tübingen-Zürich 1962, S. 71 ff.

Schneider, E. , Einführung in die Wirtschaftstheorie, Bd. II, 5. Aufl. , Tübingen 1958.

Schumacher, C. C. und Smith, B. C. , A Sample Survey of Industrial Operations Research Activities II, in: Oper. Res. , Vol. 13 (1965), S. 1023-1027.

Schwarze, F. , Die Ermittlung der optimalen Reparatur- oder Ersatzstrategie mit Hilfe der Simulation und mit Hilfe analytischer Methoden, in: Operations Research und Datenverarbeitung bei der Instandhaltungsplanung, hrsg. von Bussmann, K. F. und Mertens, P. , Stuttgart 1968.

Seelbach, H. , Die Planung mehrstufiger Produktionsprozesse in Mehrproduktunternehmen mit Hilfe von Simulationsverfahren, unveröffentl. Habilitationsschrift der Universität Köln 1970.

Smith, W. L. , Renewal Theory and its Ramifications, in: Journal of the Royal Statistical Society, Ser. B. , Vol. 20 (1958), S. 243 bis 302.

Störmer, H. , Mathematische Theorie der Zuverlässigkeit, München 1970.

Sturm, S. , Mehrstufige Entscheidungen unter Ungewißheit - Zur Theorie adaptiver Prozesse, Meisenheim am Glan 1970.

Takàcs, T. , Stochastische Prozesse, München 1966.

Tempel, K. H. , Wartezeitmodelle, Diss. Göttingen 1964.

Turban, E. , The Use of Mathematical Models in Plant Maintenance Decision Making, in: Mng. Sci. , Vol. 13 (1967), No. 6, S. B 343-358.

Uhlmann, W. , Statistische Qualitätskontrolle, Stuttgart 1966.

Vergin, R. C. , Scheduling Maintenance and Determining Crew Size for Stochastically Failing Equipment, in: Management Science, Vol. 13 (1966), S. B 52-65.

Vergin, R. C. , Optimal Renewal Policies for Complex Systems, in: Naval Research L. Q. 1969, S. 523-534.

Wagner, H. M. , On Optimality of Pure Strategies, in: Management Science, Vol. 6, No. 3 (1960), S. 268-269.

Weber, K. , Entscheidungsprozesse unter Verwendung des Theorems von Bayes, in: Entscheidung bei unsicheren Erwartungen, Hrsg. Hax, H. , Opladen 1970.

Wedekind, H. , Primal- und Dual-Algorithmus zur Optimierung von Markov-Prozessen, in: Unternehmensforschung Bd. 8 (1964), S. 128-135.

Weinberg, F. , Grundlagen der Wahrscheinlichkeitsrechnung und Statistik sowie Anwendungen im Operations Research, Berlin-Heidelberg-New York 1968.

Wilk, M. B. , Gnanadesikan, R. und Huyett, M. J. , Estimation of Parameters of the Gamma Distribution Using Order Statistics, in: Biometrica, Vol. 49 (1962), S. 525-536.

Wilken, D. R. and Langford, E. S. , Failure Probability Formulas for Systems with Spares, in: Oper. Res. , Vol. 14 (1066), S. 731-732.

Wolf, W. , Die Howardsche Berechnung optimalen Anschaffungs- und Betriebsalters für Kraftwagen: Ein ergänzender Befund mit deutschen Daten, in: UF Bd. 12 (1968), S. 50-54.

Wolff, M. , Optimale Instandhaltungspolitiken in einfachen Systemen, Berlin-Heidelberg-New York 1970.

Schriftenreihe des Instituts für Unternehmensforschung und des Industrieseminars der Universität Hamburg

Herausgegeben von Prof. Dr. Herbert Jacob, Hamburg

Betriebswirtschaftlicher Verlag Dr. Th. Gabler · Wiesbaden

Schriften zur Unternehmensführung

Herausgegeben von Prof. Dr. Herbert Jacob, Hamburg

Die Schriftenreihe behandelt geschlossen, also schwerpunktmäßig, Themen, die den Unternehmer und seinen Stab interessieren. Der Stoff ist stets aktuell, jeder Band behält seinen Wert. Wissenschaftler und Praktiker liefern die Beiträge. Fachausdrücke werden durch kurzlexikalische Erläuterungen in jedem Band geklärt. Sehr wichtig ist der Fall- und Lösungsteil, der dem Unternehmer in anschaulicher Weise das Wie vor Augen führt. Für den Studenten ist diese Abteilung naturgemäß besonders aufschlußreich. Alle Interessierten — Unternehmer, Manager, Nachwuchskräfte sowie Studierende — werden ihr Wissen durch diese „Management-Universität" in einem neuartigen Buchstil erweitern und sich mit den wesentlichen Erkenntnissen auf dem behandelten Gebiet vertraut machen können, denn die augenblickliche Situation ist tatsächlich die „Stunde des Managements".

Band 1: **Unternehmenspolitik bei schwankender Konjunktur**

Band 2: **Aktive Konjunkturpolitik der Unternehmung**

Band 3: **Die Mehrwertsteuer in unternehmenspolitischer Sicht**

Band 4: **Optimale Investitionspolitik**

Band 5: **Rationelle Personalführung**

Band 6/7: **Kapitaldisposition, Kapitalflußrechnung und Liquiditätspolitik**

Band 8: **Exportpolitik der Unternehmung**

Band 9: **Anwendung der Netzplantechnik im Betrieb**

Band 10: **Bilanzpolitik und Bilanztaktik**

Band 11: **Zielprogramm und Entscheidungsprozeß in der Unternehmung**

Band 12: **Grundlagen der elektronischen Datenverarbeitung**

Band 13: **EDV als Instrument der Unternehmensführung**

Band 14: **Marketing und Unternehmensführung**

Band 15: **Rationeller Einsatz der Marketinginstrumente**

Band 16: **Spezialgebiete des Marketing**

Band 17: **Unternehmungskontrolle**

Band 18: **Mitbestimmung in der Unternehmung**

Die Reihe wird fortgesetzt.

Einzelband 15,— DM, bei Abonnement (jährlich 4 Bände) 13,50 DM je Band, Studentenpreis 9,80 DM je Band (befristet auf 2 Semester).

Betriebswirtschaftlicher Verlag Dr. Th. Gabler · Wiesbaden